数学演習ライブラリ＝5

代数演習［新訂版］

横井英夫／硲野敏博 共著

サイエンス社

サイエンス社のホームページのご案内
http://www.saiensu.co.jp
ご意見・ご要望は　rikei@saiensu.co.jp　まで.

新訂版へのまえがき

　線形代数演習に続いて本書が同じ数学演習ライブラリの第5巻として出版されて以来既に10数年の歳月がたちましたが，この間教育を取り巻く環境も大きく変化してきました．高等学校の学習指導要領が改訂され，高・大一貫教育の必要性が叫ばれ，また少子化の進展とともに大学への進学率も高まって学生の層も多様化してきました．このような諸情勢の変化も考慮して，線形代数演習も新訂版が出版されました．線形代数を基礎とする本書においても，この度の新訂版においては読者が取りかかりやすい問題などを各節の問題に追加したりして，多様化した多くの学生をはじめ，幅広い読者層に一層活用されやすくなるように配慮しました．

　最後になりましたが，この新訂版の出版を熱心に勧めて頂き大変お世話になったサイエンス社編集部の田島伸彦氏に心から感謝の意を表します．

　2003 年 4 月

横　井　英　夫
硲　野　敏　博

まえがき

　代数学は，現代数学の思考・研究の一方法として，また現代数学を記述するための言葉として数学における重要性が非常に高い．またさらに，数学以外の分野においてもその幅広い応用性が認められ，教養課程の後半または専門課程の前半で，各大学の理工系学生を対象として講義されている．しかし，その基本的素材である群・環・体等の概念は非常に抽象的であり，そのためこれらを真に理解しかつ幅広く活用してゆくためには，その適切な具体例を数多く脳裏に常に描きながら学習することが大切である．

　この本は，このような趣旨のもとで，群・環・体とそれらの応用として最も美しいガロアの理論を理解し，その応用力を身につけるための手助けになることを願って書かれた演習書である．したがって，代数学の演習時間におけるテキストとしてはもちろんのこと，講義におけるテキストまたは副読本としても利用できるように配慮した．

　本書の構成と特徴は
(1)　高等学校における数学以外の予備知識としては線形代数に限った．
(2)　新しく定義される抽象的概念に対しては，その定義の直後に典型的な具体例を挙げた．
(3)　各節の初めには，基本的な事項や定理を整理してまとめた．
(4)　次いで，各節ごとに代表的な例題を精選して掲げ，その解答はできるだけ懇切丁寧にし，それに続く演習問題を解くための手本になるよう心がけた．
(5)　各節の演習問題は，その節に関する基礎的かつ具体的問題を中心にした (A) と，やや程度の高い理論的問題も含めた (B) に分け，それらの「ヒントと解答」は各節末にまとめた．

　最後に，本書の出版に際して大変お世話になったサイエンス社の田島伸彦氏，清水健史氏に深く感謝します．

平成元年1月

横　井　英　夫
硲　野　敏　博

目　　次

第0章　集合と写像

0.1　集　　合 ··· 1
　　　集合の演算　問題　ヒントと解答

0.2　整　　数 ··· 9
　　　ユークリッドの互除法　問題　ヒントと解答

0.3　写　　像 ··· 16
　　　和集合と共通集合の像　問題　ヒントと解答

0.4　同値関係と類別 ·· 22
　　　対称行列の同値関係　問題　ヒントと解答

第1章　群

1.1　群 ··· 26
　　　群の公理　群の単位元と逆元　写像のつくる群　2面体群
　　　問題　ヒントと解答

1.2　部　分　群 ··· 35
　　　部分群　巡回群　群の元の位数　正規化群・中心化群　行列
　　　のつくる群　両側分解　2つの部分群の積の元の個数　問題
　　　ヒントと解答

1.3　準同型写像 ··· 47
　　　準同型写像の像と逆像　加法群の準同型　同型写像の例　自
　　　己同型群　問題　ヒントと解答

1.4　置　換　群 ··· 57
　　　有限群の対称群への埋め込み　対称群と交代群の生成元　4
　　　次の交代群　共役類と類等式　問題　ヒントと解答

1.5 直積と正規列 · 66
　　　直積　交換子群　対称群と交代群の交換子群　可解群とべき
　　　零群　可解群の部分群と剰余群　組成列をもつ群が可解にな
　　　る条件　べき零群　問題　ヒントと解答
1.6 有限群 · 81
　　　p 群の中心　位数 p^2 の群　シロー p 部分群と正規化群　群
　　　がべき零になる条件　位数 15 の群　位数 $2p$ の群　位数 18
　　　の群　問題　ヒントと解答
1.7 アーベル群 · 90
　　　自由アーベル群　自由加群　指標群　指標の直交性　問題
　　　ヒントと解答

第2章　環

2.1 環と体 · 99
　　　自己準同型環　整域の例　べき等元　ガウスの整数環　非可
　　　換体の例　整数環の剰余環　問題　ヒントと解答
2.2 可換環のイデアル · 112
　　　単項イデアルの整除　根基とイデアル商　Chinese Remainder Theorem　素イデアルの既約性　ネター環の既約イデアル　問題　ヒントと解答
2.3 整域と商環 · 123
　　　素元と既約元　ユークリッド整域の例　素元分解整域　単項
　　　イデアル整域の素イデアル　商環　問題　ヒントと解答
2.4 整数環 · 132
　　　1次方程式の整数解　連立1次合同式　既約剰余類群　問題
　　　ヒントと解答
2.5 多項式環 · 140
　　　原始多項式　多項式環 $Z[X]$　多項式の既約判定　問題　ヒントと解答
2.6 R 加群 · 149
　　　R 加群 $\mathrm{Hom}(R, M)$　完全系列の分裂　シューア（Schur）
　　　の補題　問題　ヒントと解答

目　　次　　　　　　　　　　v

第3章　体

3.1　拡 大 体 ································· 156
　　　有限次拡大の基底　2次体　2次体の合成体　問題　ヒント
　　　と解答
3.2　代 数 拡 大 ································· 163
　　　最小多項式　代数的元・代数拡大　問題　ヒントと解答
3.3　有限体と円分体 ····························· 170
　　　フロベニウスの写像　円分多項式と円分体　問題　ヒントと
　　　解答
3.4　分 離 拡 大 ································· 177
　　　多項式の分離性　純非分離性　問題　ヒントと解答
3.5　超 越 拡 大 ································· 184
　　　代数的独立　純超越単純拡大の自己同型写像　問題　ヒント
　　　と解答

第4章　ガロアの理論

4.1　ガロア拡大 ································· 190
　　　ノルム・スプールと共役な元　ガロア拡大とそのガロア群
　　　円分体　有限体の拡大体　問題　ヒントと解答
4.2　ガロアの基本定理 ··························· 201
　　　共役体の固定部分群　ガロア拡大の部分体　中間ガロア拡大
　　　問題　ヒントと解答
4.3　方程式の可解性 ····························· 207
　　　クンマー拡大　分離的多項式の既約性　円分多項式のガロア
　　　群　問題　ヒントと解答

索　　引 ··· 214

0 集合と写像

0.1 集　　合

◆ **集　合**　ある一定の条件に適合するもの全体の集まりを**集合**という．集合の構成分子をその集合の**元**，または**要素**という．a が集合 A の元であるとき，a は A に**属する**といって $a \in A$ で表し，そうでないとき，a は A に属さないといって $a \notin A$ で表す．元を全く含まないものも便宜上集合とみなし，これを**空集合**といって $\emptyset$ で表す．

　有限個の元からなる集合を**有限集合**，無限個の元を含む集合を**無限集合**という．A が有限集合であるとき，A の元の個数を $|A|$ で表す．

　集合 A の元がすべて集合 B の元でもあるとき，A は B の**部分集合**であるという．このとき，A は B に**含まれる**，または B は A を**含む**ともいって $A \subset B$ で表す．その否定は $A \not\subset B$ で表す．$A \subset B$ かつ $B \subset A$ のとき，集合 A と集合 B は**等しい**といって $A = B$ と書く．その否定は $A \neq B$ で表す．さらに，$A \subset B$ かつ $A \neq B$ のとき，A は B の**真の部分集合**であるといって $A \subsetneq B$ で表す．

◆ **集合の例**　　$\boldsymbol{N} = \{1, 2, 3, \cdots\}$：自然数全体の集合
　　　　　　　　$\boldsymbol{Z} = \{0, \pm 1, \pm 2, \cdots\}$：整数全体の集合
　　　　　　　　$\boldsymbol{Q}$：有理数全体の集合
　　　　　　　　$\boldsymbol{R}$：実数全体の集合
　　　　　　　　$\boldsymbol{C}$：複素数全体の集合
　　　　　　　　$M_n(K)$：集合 K の元を成分とする n 次の正方行列全体の集合
　　　　　　　　$GL(n, K)$：集合 K の元を成分とする n 次の正則行列全体の集合

　これらの集合を表す（太字）記号は，現在ほとんど世界共通に使用されている．したがって，本書でもとくに断りのない限り，これらの記号を用いることにする．

◆ **集合の演算**　2つの集合 A, B に対して，そのうちの少なくとも一方に属する元全体の集合を A と B の**和集合**，または**合併集合**といって $A \cup B$ で表す．

$$A \cup B = \{x \mid x \in A \text{ または } x \in B\}$$

　また，A と B の両方に属する元全体の集合を A と B の**積集合**，または**共通集合**といって $A \cap B$ で表す．

$$A \cap B = \{x \mid x \in A \text{ かつ } x \in B\}$$

　さらに $A \cap B = \emptyset$ であるとき，A と B は**互いに素**であるという．このとき，合併集合 $A \cup B$ を集合 A と B の**直和**といって $A + B$ で表す．

A の元と B の元の順序のついた対全体の集合を A と B の**直積集合**といい，$A \times B$ で表す．
$$A \times B = \{(a, b) \mid a \in A, b \in B\}$$

任意個の集合 A_λ についても，それらの合併集合，共通集合が同様に定義される．任意個の集合 A_λ の直積集合 $\prod_\lambda A_\lambda$ は，各 A_λ から元 a_λ を選んでつくった組 $\{a_\lambda\}_\lambda$ 全体の集合として定義される．

とくに，n 個の A の直積集合 $A \times \cdots \times A$ を単に A^n で表す．

A, B, C を任意の集合とするとき，次の関係式が常に成り立つ．

(1)　$A \cap (B \cup C) = (A \cap B) \cup (A \cap C)$

(2)　$A \cup (B \cap C) = (A \cup B) \cap (A \cup C)$

これを集合の演算についての**分配法則**という．

◆ **ド・モルガンの法則**　2つの集合 A, B に対して，A の元ではあるが，B の元ではないようなもの全体の集合を A と B の**差集合**，または A に関する B の**補集合**といって $A - B$ で表す．
$$A - B = \{x \mid x \in A \text{ かつ } x \notin B\}$$

また，ある議論の中で，集合 Ω の部分集合のみが考察の対象になっているときは，補集合 $\Omega - A$ は単に A の補集合といい，A^c で表す．

とくに $(A^c)^c = A$, $A - B = A \cap B^c$ である．

A と B を Ω の部分集合とするとき，次の関係式が成り立つ．

(3)　$(A \cup B)^c = A^c \cap B^c$

(4)　$(A \cap B)^c = A^c \cup B^c$

これを**ド・モルガン（de Morgan）の法則**という．

◆ **順序集合**　集合 M の2つの元の間のある関係 $\sim$ について，M の任意の2元 a, b に対して，この関係がある，すなわち $a \sim b$ であるか，またはこの関係がない，すなわち $a \not\sim b$ であるかが確定しているとき，集合 M に**2項関係**，または単に**関係** $\sim$ が定義されているという．

集合 M に定義された関係 $\geqq$ が，次の条件 (O1), (O2), (O3) を満たすとき，この関係 $\geqq$ を**順序**といい，順序の定義された集合 M を**順序集合**という．

M の任意の元 a, b, c に対して，

(O1)　$a \geqq a$　　　　　　　　　　　　（反射律）

(O2)　$a \geqq b$ かつ $b \geqq a$ ならば $a = b$　（反対称律）

(O3)　$a \geqq b$ かつ $b \geqq c$ ならば $a \geqq c$　（推移律）

また，順序集合において $a \geqq b$ かつ $a \neq b$ のとき，$a > b$ と書く．

集合の包含関係 $\subset$，および数の大小関係 $\geqq$ は順序である．

順序集合 M の任意の 2 元 a, b に対して，$a \geqq b$ または $b \geqq a$ が成り立つとき，M を**全順序集合**という．

整数全体の集合 $\boldsymbol{Z}$ は，大小関係 $\geqq$ による全順序集合である．

◆ **整列集合**　順序集合 M の元 a に対して，M のいかなる元 x も $x > a$ とはならないとき，a を M の**極大元**という．また，M の元 b が，M の任意の元 y に対して $b \geqq y$ を満たすとき，M の**最大元**という．

順序集合 M において，任意の空でない部分集合が（それ自身も順序集合と考えて）必ず極大元をもつとき，M において**極大条件**が成り立つという．

同様にして，**極小元**，**最小元**，**極小条件**も定義される．

極小条件が成り立つような全順序集合を**整列集合**といい，その順序を**整列順序**という．

自然数全体の集合 $\boldsymbol{N}$ は，大小関係 $\geqq$ による順序で整列集合である．

◆ **ツォルンの補題**　順序集合 M において，M の元 a が，M の部分集合 A の任意の元 x に対して $a \geqq x$ を満たすとき，a を A の**上界**といい，A は**上に有界**であるという．

下界，**下に有界**についても同様に定義される．

順序集合 M において，その任意の全順序部分集合が，すべて上に有界であるとき，M は**帰納的順序集合**であるという．

ツォルン（Zorn）の補題

空でない帰納的順序集合には，必ず極大元が存在する．

例題 1 ――――――――――――――――――(集合の演算)――

集合 A, B, C に対して，$A \supset B$ のとき，次の各々を証明せよ．
(ⅰ) $(A - B) \cap C = (A \cap C) - (B \cap C)$
(ⅱ) $(A - B) \cup C = (A \cup C) - (B \cup C)$ が成り立つための条件は $C = \emptyset$ である．

【解答】（ⅰ）左辺の集合 $(A - B) \cap C$ の任意の元を x とすると，
$$x \in A - B \quad \text{かつ} \quad x \in C$$
であるから，
$$x \in A, \quad x \notin B, \quad x \in C$$
よって
$$x \in A \cap C \quad \text{かつ} \quad x \notin B \cap C$$
したがって $x \in (A \cap C) - (B \cap C)$．
すなわち次式が成り立つ．
$$(A - B) \cap C \subset (A \cap C) - (B \cap C)$$
逆に，右辺の集合 $(A \cap C) - (B \cap C)$ の任意の元を y とすれば，
$$y \in A \cap C \quad \text{かつ} \quad y \notin B \cap C$$
であるから
$$y \in A, \quad y \in C, \quad y \notin B$$
よって
$$y \in A - B \quad \text{かつ} \quad y \in C$$
したがって $y \in (A - B) \cap C$．
すなわち次式が成り立つ．
$$(A - B) \cap C \supset (A \cap C) - (B \cap C)$$
よって
$$(A - B) \cap C = (A \cap C) - (B \cap C)$$

（ⅱ）$C = \emptyset$ ならば $(A - B) \cup C = A - B$．
一方，$A \cup C = A$, $B \cup C = B$ だから
$$(A \cup C) - (B \cup C) = A - B$$
逆に，もし $C \neq \emptyset$ とし，x を C の任意の元とすれば
$$x \in (A - B) \cup C$$
である．しかし他方で $x \in B \cup C$ であるから
$$x \notin (A \cup C) - (B \cup C)$$
となり矛盾する．
したがって $C = \emptyset$ である．

0.1 集合

######## 問題 0.1 A ########

1. (1) $(A \cup B) \cap (C \cup D) = (A \cap C) \cup (A \cap D) \cup (B \cap C) \cup (B \cap D)$
   (2) $(A \cap B) \cup (C \cap D) = (A \cup C) \cap (A \cup D) \cap (B \cup C) \cap (B \cup D)$
   を証明せよ．

2. 2つの集合 A, B について，$A \cup B = A \cap B$ ならば $A = B$ となることを証明せよ．

3. 集合 X の2つの部分集合 A, B について，$B \subset A$ ならば
$$A - B = A \cap (X - B),$$
$$X - (A - B) = (X - A) \cup B$$
となることを証明せよ．

4. 3つの集合 A, B, C について
$$A \cap (B \cup C) = (A \cap B) \cup C$$
が成り立つための条件は $C \subset A$ であることを証明せよ．

5. 3つの集合 A, B, C について次の各々を証明せよ．
   (1) $A - (B \cap C) = (A - B) \cup (A - C)$
   (2) $A - (B \cup C) = (A - B) \cap (A - C)$
   (3) $A \cup C = B \cup C$ かつ $A \cap C = B \cap C$ ならば $A = B$

6. 実数全体の集合 $\boldsymbol{R}$ は，普通の大小関係 $\geqq$ で全順序集合であり，自然数全体の集合 $\boldsymbol{N}$ はその整列部分集合であることを示せ．

7. 有理数全体の集合 $\boldsymbol{Q}$，実数全体の集合 $\boldsymbol{R}$ はいずれも，普通の大小関係で整列集合にならないことを示せ．

8. 2つ以上の元をもつ集合 M の部分集合全体の集まりは，普通の包含関係 $\supset$ で順序集合であるが，全順序集合ではないことを示せ．

9. 順序集合 M において，新しい関係 $\leqq$ を，もとの関係 $\geqq$ を使って
$$a \leqq b \Longleftrightarrow a \geqq b$$
で定義するとき，この新しい関係 $\leqq$ も順序であることを示せ．
   この新しい順序を，もとの順序の**双対順序**という．

######## 問題 0.1 B ########

1. $(A \cup B) \cap (B \cup C) \cap (C \cup A) = (A \cap B) \cup (B \cap C) \cup (C \cap A)$
   を証明せよ．

2. 次の (1)〜(3) はすべて同値であることを証明せよ．
   (1) $A \supset B$
   (2) $(A - B) \cup B = A$
   (3) $A - (A - B) = B$

3. $X \supset A, B$ のとき，
$$\{A \cap (X-B)\} \cup \{(X-A) \cap B\} = (A \cup B) \cap \{X - (A \cap B)\}$$
を証明せよ．

4. 集合の演算についての分配法則を証明せよ．

5. ド・モルガンの法則を証明せよ．

6. 正の実数全体は，極小元をもたないことを示せ．

7. 極小元は，必ずしも最小元でない例を挙げよ．

8. 順序集合 M において，$a_1 \geqq a_2 \geqq \cdots \geqq a_n \geqq \cdots$ ならば，必ずある番号 N から先では $a_N = a_{N+1} = \cdots$ となるとき，M において**降鎖律**が成り立つという．極小条件と降鎖律とは互いに同値であることを証明せよ．

9. 正の有理数 α, β を既約分数 $\alpha = p_1/q_1, \beta = p_2/q_2$ で表し，
 (1) $q_1 < q_2$ ならば $\alpha \prec \beta$
 (2) $q_1 = q_2$ かつ $p_1 < p_2$ ならば $\alpha \prec \beta$
と定義するとき，この関係 $\prec$ は正の有理数全体の集合 $\boldsymbol{Q}^+$ の順序関係になり，この順序で $\boldsymbol{Q}^+$ は整列集合になることを証明せよ．

━━ヒントと解答━━

問題 0.1 A

1. 分配法則を適用する．
 (1) 左辺 $= \{A \cap (C \cup D)\} \cup \{B \cap (C \cup D)\}$
   $=$ 右辺
 (2) 左辺 $= \{A \cup (C \cap D)\} \cap \{B \cup (C \cap D)\}$
   $=$ 右辺

2. $A \subset A \cup B = A \cap B \subset B$. 逆に，$B \subset A \cup B = A \cap B \subset A$.

3. ド・モルガンの法則を適用する．
$B^c = X - B$ から $A - B = A \cap B^c = A \cap (X - B)$.
$$X - (A - B) = (A - B)^c$$
$$= (A \cap B^c)^c$$
$$= A^c \cup B$$
$$= (X - A) \cup B$$

4. $C \subset A$ ならば $A \cap C = C$ であるから，分配法則により
$$A \cap (B \cup C) = (A \cap B) \cup (A \cap C)$$
$$= (A \cap B) \cup C$$
逆に，
$$C \subset (A \cap B) \cup C = A \cap (B \cup C) \subset A$$

5. 分配法則とド・モルガンの法則を適用する．

(1) 左辺 $= A \cap (B \cap C)^c = A \cap (B^c \cup C^c)$
$= (A \cap B^c) \cup (A \cap C^c)$
$=$ 右辺

(2) 左辺 $= A \cap (B \cup C)^c = A \cap (B^c \cap C^c)$
$= (A \cap B^c) \cap (A \cap C^c)$
$=$ 右辺

(3) $A = A \cap (A \cup C) = A \cap (B \cup C)$
$= (A \cap B) \cup (A \cap C)$
$= (A \cap B) \cup (B \cap C)$
$= B \cap (A \cup C)$
$= B \cap (B \cup C)$
$= B$

6. $\boldsymbol{N}$ の空でないどんな部分集合にも，必ず最小元が存在することに注意．

7. $A = \{x \in \boldsymbol{Q} \mid x > \sqrt{2}\}$ は極小元をもたない．

8. $M = \{a, b, \cdots\}$, $A = \{a\}$, $B = \{b\}$ に対しては
$$A \not\supset B \quad \text{かつ} \quad A \not\subset B.$$

問題 0.1 B

1. 分配法則を適用する．
$$左辺 = \{(A \cap C) \cup B\} \cap (C \cup A)$$
$$= \{(A \cap C) \cap (C \cup A)\} \cup \{B \cap (C \cup A)\}$$
$$= 右辺$$

2. $(A - B) \cup B = (A \cap B^c) \cup B$
$= (A \cup B) \cap (B^c \cup B)$
$= A \cup B$

よって，$A \supset B \iff A \cup B = A \iff (A - B) \cup B = A$.
次に
$$A - (A - B) = A \cap (A \cap B^c)^c$$
$$= A \cap (A^c \cup B)$$
$$= (A \cap A^c) \cup (A \cap B)$$
$$= A \cap B$$

よって，$A \supset B \iff A \cap B = B \iff A - (A - B) = B$.

3. 分配法則により，
$$\text{左辺} = [\{A \cap (X-B)\} \cup (X-A)] \cap [\{A \cap (X-B)\} \cup B]$$
$$= \{(X-A) \cup (X-B)\} \cap (A \cup B)$$
$$= \text{右辺}$$

4. $A \cap (B \cup C) \ni x \iff x \in A$ かつ $x \in B \cup C$
$\iff x \in A$ かつ $(x \in B$ または $x \in C)$
$\iff x \in (A \cap B) \cup (A \cap C)$

$A \cup (B \cap C) \ni x \iff x \in A$ または $(x \in B$ かつ $x \in C)$
$\iff x \in (A \cup B) \cap (A \cup C)$

5. $(A \cup B)^c \ni x \iff x \notin (A \cup B)$
$\iff x \notin A$ かつ $x \notin B$
$\iff x \in A^c$ かつ $x \in B^c$
$\iff x \in A^c \cap B^c$

$(A \cap B)^c \ni x \iff x \notin (A \cap B)$
$\iff x \notin A$ または $x \notin B$
$\iff x \in A^c$ または $x \in B^c$
$\iff x \in A^c \cup B^c$

6. もし，a が正の実数の極小元であったとすれば，$a/2$ も a より小さな正の実数となり矛盾．

7. 2つ以上の元をもつ集合 M の，部分集合全体のなす順序集合において，ただ1つの元を含む部分集合は，極小元であるが，最小元ではない（問題0.1A，8を参照）．

8. 順序集合 M において，$a_1 \geqq a_2 \geqq \cdots \geqq a_n \geqq \cdots$ なるとき，部分集合 $\{a_1, a_2, \cdots, a_n, \cdots\}$ の極小元 a_N が存在すれば，$a_N = a_{N+1} = \cdots$．

逆に，M の部分集合 A の極小元が存在しなければ，A の元で $a_1 > a_2 > \cdots > a_n > \cdots$ となる無限列が存在して，降鎖律は成り立たない．

9. 正の有理数 $\alpha_i = p_i/q_i$ の分母 q_i は自然数であり，自然数全体の集合 $\boldsymbol{N}$ は整列集合であることに着目せよ（問題0.1A，6）．

0.2 整数

◆ **約数と倍数** 2つの整数 $a, b \, (\neq 0)$ に対して，$a = bc$ となる整数 c が存在するとき，a は b の**倍数**，b は a の**約数**であるなどといって $b|a$ と書く．そうでないときは，$b \nmid a$ と書く．

整数 $a \, (\neq 0)$ に対して，$\pm 1, \pm a$ はいずれも a の約数である．これらの約数を a の**自明な約数**という．自明でない約数を**真の約数**という．

0と異なる整数 $a_1, \cdots, a_n$ に共通な倍数を，それらの**公倍数**という．正の公倍数のうち最小なものを**最小公倍数**という．また，すべては0でない整数 $b_1, \cdots, b_n$ に共通な約数を，それらの**公約数**という．正の公約数のうち最大なものを**最大公約数**といい，
$$(b_1, \cdots, b_n)$$
で表す．

とくに，2つの整数 a, b に対して
$$(a, b) = 1$$
のとき，a と b は**互いに素**であるという．

定理 1（除法定理）

2つの整数 $a, b \, (\neq 0)$ に対して
$$a = bq + r, \quad 0 \leqq r < |b|$$
を満たす整数 q と r が一意的に定まる．

この q と r をそれぞれ，a を b で割ったときの**商**，**剰余**（または**余り**）という．

整数 a を整数 $b \, (\neq 0)$ で割ったときの剰余が0であるとき，a は b で**割り切れる**という．これは，a が b の倍数であることと同値である．

定理 2

整数 a を整数 $b \, (\neq 0)$ で割ったときの剰余を r とすれば
$$(a, b) = (b, r)$$
である．

◆ **ユークリッドの互除法** 与えられた2つの整数 a, b の最大公約数を実際に求めるのに便利な以下のアルゴリズムを**ユークリッド**（**Euclid**）**の互除法**という．

すなわち，$a \geqq b > 0$ とするとき，

$$a = q_0 b + r_1, \quad 0 \leqq r_1 < b$$
$$b = q_1 r_1 + r_2, \quad 0 \leqq r_2 < r_1$$
$$r_1 = q_2 r_2 + r_3, \quad 0 \leqq r_3 < r_2$$
$$\cdots\cdots\cdots\cdots\cdots\cdots\cdots$$

とすれば，この演算は有限回の後に終わって

$$r_{n-2} = q_{n-1} r_{n-1} + r_n, \quad 0 \leqq r_n < r_{n-1}$$
$$r_{n-1} = q_n r_n$$

すなわち

$$r_{n+1} = 0$$

となる．このとき，r_n が a と b の最大公約数である．

$$r_n = (a, b)$$

定理 3

2つの整数 a, b に対して，
$$(a, b) = ax + by$$
を満たす整数 x, y が存在する．

とくに，a と b が互いに素であれば
$$ax + by = 1$$
を満たす整数 x, y が存在する．

◆ **素　数**　正の整数 $a (\neq 1)$ が真の約数をもたないとき，a を **素数** といい，そうでないとき，**合成数** という．素数である約数を **素因数** という．

定理 4（ユークリッド（Euclid））

素数は無限に存在する．

定理 5

n 個の整数 $a_1, \cdots, a_n$ の積 $a_1 \cdots a_n$ が素数 p で割り切れるならば，$a_1, \cdots, a_n$ のうち，少なくとも1つどれかが p で割り切れる．

定理 6（初等整数論の基本定理）

任意の自然数 $a (> 1)$ は，$a = p_1{}^{e_1} p_2{}^{e_2} \cdots p_r{}^{e_r}$ のように，相異なる有限個の素数のべきの積の形に，順序を除いて一意的に表される．

◆ **数論的関数**　整数全体の集合 $\boldsymbol{Z}$ の部分集合の上で定義された実数値，または複素数値の関数を（整）**数論的関数** という．

$$\mu(n) = \begin{cases} 1 & \cdots n = 1 \\ (-1)^r & \cdots n = p_1 p_2 \cdots p_r \quad (p_i \text{は} p \text{の相異なる素因数}) \\ 0 & \cdots p^2 \mid n \quad\quad\quad\quad (p \text{は} n \text{の素因数}) \end{cases}$$

によって定義される数論的関数 $\mu(n)$ をメービウス (**Möbius**) の関数という.

定理 7 (メービウスの反転公式)

$f(n), g(n)$ を自然数全体の集合 $\boldsymbol{Z}$ 上で定義された 2 つの数論的関数とするとき，すべての n に対して
$$g(n) = \sum_{d \mid n} f(d)$$
であることと，
$$f(n) = \sum_{d \mid n} \mu(n/d) g(d)$$
であることは同値である.

ここで，$\sum_{d \mid n}$ は n のすべての正の約数 d にわたる和を表す.

$1, 2 \cdots, n-1, n$ のうち，n と互いに素なものの個数を $\varphi(n)$ と書いて，**オイラー** (**Euler**) の関数という.

定理 8

オイラーの関数 $\varphi(n)$ に対して，次の各式が成り立つ.

素数 p に対して
 (ⅰ) $\varphi(p) = p(1 - p^{-1})$
 (ⅱ) $\varphi(p^e) = p^e(1 - p^{-1})$
$(m, n) = 1$ のとき
 (ⅲ) $\varphi(m \cdot n) = \varphi(m) \varphi(n)$

定理 9

すべての自然数の上で定義された数論的関数 $f(n)$ に対して
$$f(n) = \varphi(n) \quad (n \in \boldsymbol{N})$$
であることと，任意の自然数 n に対して，d が n のすべての正の約数を動くとき
$$\sum_{d \mid n} f(d) = n$$
が成り立つこととは同値である.

例題 2 ――――――――（ユークリッドの互除法）――――――

2つの整数 6188 と 4709 の最大公約数 d を求めよ．
また，この最大公約数 d に対して
$$d = 6188s - 4709t$$
を満たすすべての整数 s, t を求めよ．

【解答】 ユークリッドの互除法により
$$6188 = 4709 \times 1 + 1479$$
$$4709 = 1479 \times 3 + 272$$
$$1479 = 272 \times 5 + 119$$
$$272 = 119 \times 2 + 34$$
$$119 = 34 \times 3 + 17$$
$$34 = 17 \times 2$$

よって $d = 17$ が最大公約数である．

次に，上記のアルゴリズムから逆に
$$\begin{aligned}
17 &= \underline{119} - \underline{34} \times 3 \\
&= \underline{119} - (\underline{272} - \underline{119} \times 2) \times 3 = \underline{119} \times 7 - \underline{272} \times 3 \\
&= (\underline{1479} - \underline{272} \times 5) \times 7 - \underline{272} \times 3 \\
&= \underline{1479} \times 7 - \underline{272} \times 38 \\
&= \underline{1479} \times 7 - (\underline{4709} - \underline{1479} \times 3) \times 38 \\
&= \underline{1479} \times 121 - \underline{4709} \times 38 \\
&= (\underline{6188} - \underline{4709} \times 1) \times 121 - \underline{4709} \times 38 \\
&= \underline{6188} \times 121 - \underline{4709} \times 159
\end{aligned}$$
が得られる．よって
$$s_0 = 121, \quad t_0 = 159$$

さらに
$$17 = 6188 \times 121 - 4709 \times 159 = 6188s - 4709t$$
から
$$6188(s - 121) = 4709(t - 159)$$
すなわち $364(s - 121) = 277(t - 159)$．

ここで $(364, 277) = 1$ であるから $277 \mid (s - 121)$．よって
$$s - 121 = 277n \quad すなわち \quad s = 121 + 277n$$
とおけば
$$t - 159 = 364n \quad すなわち \quad t = 159 + 364n$$
したがって $s = 121 + 277n, \, t = 159 + 364n$（$n$ は任意の整数）．

問題 0.2 A

1. 次のメービウスの関数の値を求めよ．
   (1) $\mu(735)$
   (2) $\mu(798)$
2. 次のオイラーの関数の値を求めよ．
   (1) $\varphi(81)$
   (2) $\varphi(200)$
3. 次の各数の組の最大公約数を求めよ．
   (1) $(252, 60)$
   (2) $(483, 188)$
4. 合成数 a は $\sqrt{a}$ をこえない約数 $(\neq 1)$ をもつことを示せ．
5. p を素数，r を $1 \leqq r \leqq p-1$ である整数とすれば，$p \mid {}_pC_r$ であることを証明せよ．
6. $(a, b) = 1$ で，かつ $a \mid m$，$b \mid m$ ならば $ab \mid m$ であることを証明せよ．
7. $(a, b) = 1$ ならば，$(a, bc) = (a, c)$ であることを証明せよ．
8. $(a, b) = 1$ かつ $a \mid bc$ ならば $a \mid c$ であることを証明せよ．
9. 自然数 n に対して，整数 a が整数の n 乗でなければ，有理数の n 乗でもないことを証明せよ．
10. m を整数の平方と異なる整数とするとき，有理数 a, b に対して
    $$a + b\sqrt{m} = 0 \quad \text{ならば} \quad a = b = 0$$
    であることを証明せよ．

問題 0.2 B

1. 整数係数の方程式
   $$x^n + a_1 x^{n-1} + \cdots + a_{n-1} x + a_n = 0$$
   が有理数の解をもつならば，それは整数であることを証明せよ．
2. m を整数の平方と異なる整数とするとき，有理数 a_1, b_1, a_2, b_2 に対して
   $$a_1 + b_1\sqrt{m} = a_2 + b_2\sqrt{m}$$
   ならば
   $$a_1 = a_2, \quad b_1 = b_2$$
   であることを証明せよ．
3.
   $$1 + 1/2 + \cdots + 1/m \quad (m > 1)$$
   および
   $$1 + 1/3 + 1/5 + \cdots + 1/(2n-1) \quad (n > 1)$$
   はともに整数でないことを証明せよ．

4. α を無理数，N を正の整数とするとき，$|m\alpha - n| < 1/N$ を満たすような整数 m, n $(0 < m \leq N)$ が存在することを証明せよ．

5. 任意の自然数 n に対して，d が n のすべての正の約数を動くとき，$\sum_{d\,|\,n} \varphi(d) = n$ が成り立つことを証明せよ．

6. 数論的関数 $f(n)$ が，$(m, n) = 1$ ならば $f(mn) = f(m)f(n)$ を満たすとき，$f(n)$ は**乗法的関数**であるという．$f(n)$ が乗法的関数ならば，$g(n) = \sum_{d\,|\,n} f(d)$ によって定義される数論的関数 $g(n)$ も乗法的関数であることを証明せよ．

7. 定理 2 を証明せよ．

──── ヒントと解答 ────

問題 0.2 A

1. (1) $735 = 3 \cdot 5 \cdot 7^2$　∴ $\mu(735) = 0$
   (2) $798 = 2 \cdot 3 \cdot 7 \cdot 19$　∴ $\mu(798) = 1$

2. (1) $81 = 3^4$　∴ $\varphi(3^4) = 3^4(1 - 3^{-1}) = 54$
   (2) $200 = 2^3 \cdot 5^2$　∴ $\varphi(200) = \varphi(2^3) \cdot \varphi(5^2) = 4 \cdot 20 = 80$

3. (1) $252 = 60 \cdot 4 + 12$,　$60 = 12 \cdot 5$　∴ 最大公約数は 12．
   (2) $483 = 188 \cdot 2 + 107$,　$188 = 107 \cdot 1 + 81$,　$107 = 81 \cdot 1 + 26$,
   $81 = 26 \cdot 3 + 3$,　$26 = 3 \cdot 8 + 2$,　$3 = 2 \cdot 1 + 1$,　$2 = 1 \cdot 2$
   ∴ 最大公約数は 1．

4. $a = bc$ かつ $b \leq c$ ならば $\sqrt{a} \geq b$．

5. $_pC_r = p(p-1)\cdots(p-r+1)/r!$ かつ $(p, r!) = 1$ に着目せよ．

6. $as + bt = 1$ なる整数 s, t が存在するから
$$ams + bmt = m$$
ここで $ab\,|\,am,\ ab\,|\,bm$ だから
$$ab\,|\,m$$

7. $(a, c)\,|\,(a, bc)$ は明らか．逆は，$acx + bcy = c$ となる整数 x, y が存在し，左辺が (a, bc) で割り切れるから $(a, bc)\,|\,c$．よって
$$(a, bc)\,|\,(a, c)$$

8. 前問 7 を利用せよ．

9. $a = (b/c)^n$，$(b, c) = 1$ ならば，$b^n = ac^n$ かつ $(b^n, c^n) = 1$．一方，
$$c^n\,|\,b^n \quad \text{であるから} \quad c^n = 1$$
$$\therefore\ c = 1$$

10. もし $b \neq 0$ とすれば，$m = (-a/b)^2$ となり，m は有理数の平方であるから，整数の平方となり矛盾（前問 9 を参照）．

問題 0.2 B

1. 有理数解を b/c, $(b, c) = 1$ とすれば,
$$b^n = -a_1 b^{n-1} c - a_2 b^{n-2} c^2 - \cdots a_n c^n$$
となり, この右辺は c で割り切れるから, 左辺の b^n も c で割り切れる (問題 0.2A, 8 を参照).

よって
$$1 = (b, c) = (b^n, c) = c$$

2. $(a_1 - a_2) + (b_1 - b_2)\sqrt{m} = 0$ で, $a_1 - a_2$ および $b_1 - b_2$ がともに有理数であることに注目して, 問題 0.2A, 10 を参照.

3. $2^h \leqq m < 2^{h+1}$, $3^k \leqq n < 3^{k+1}$ となる自然数 h, k を選び,

$1, 2, \cdots, 2^h - 1, 2^h + 1, \cdots, m$ の最小公倍数を s,

$1, 3, \cdots, 3^k - 1, 3^k + 1, \cdots, n$ の最小公倍数を t,

とするとき,
$$as = s/1 + s/2 + \cdots + s/2^h + \cdots + s/m$$
および
$$bt = t/1 + t/3 + \cdots + t/3^k + \cdots + t/(2n-1)$$
の各右辺において, $s/2^h$ と $t/3^k$ はともに整数でないが, それら以外の各項はすべて整数であることに着目せよ.

4. 実数の N 個の小区間 $[i/N, (i+1)/N]$ $(i = 0, \cdots, N-1)$ および $N+1$ 個の数 $a_j = j\alpha - [j\alpha]$ $(j = 0, \cdots, N)$ を考える ($[j\alpha]$ は $j\alpha$ を越えない最大の整数を表すガウス記号). このとき, $N+1$ 個の a_j のうち, 少なくとも 2 つ, たとえば a_{j_1}, a_{j_2} $(j_1 < j_2)$ は同一の小区間に含まれる. そして
$$1/N > |a_{j_2} - a_{j_1}| = |(j_2 - j_1)\alpha - ([j_2\alpha] - [j_1\alpha])|$$
が成り立つことを使う (この論法を **部屋割論法** という).

5. n の与えられた約数 d に対して, $(a, n) = d$ かつ $1 \leqq a \leqq n$ となるような a の個数を考えよ.

6. $(m, n) = 1$ ならば, $m \cdot n$ の任意の約数は, m の約数 d_1 と n の約数 d_2 の積 $d_1 \cdot d_2$ として一意的に表されることに着目せよ.

7. $a = bq + r$ とおけば,
$$(b, r) \mid (b, bq + r) = (b, a)$$
かつ
$$(a, b) \mid (b, a - bq) = (b, r)$$

0.3 写　　　像

◆ **写像**　2つの集合 A, B において，A の各元に対して B のある1つの元が対応しているとき，このような対応を集合 A から集合 B への**写像**といって，$f : A \longrightarrow B$ または $A \xrightarrow{f} B$ で表すことにする．このとき，写像 f で A の元 a に対応する B の元を，写像 f による a の**像**といって $f(a)$ で表す．

またこのとき，集合 A を写像 f の**定義域**，写像 f による A の元の像全体の集合を，f による A の**像**，または f の**値域**といって $f(A)$ で表す．

$$f(A) = \{f(a) \mid a \in A\}$$

B の元 b に対して，b を像とする A の元全体の集合を b の**逆像**，または**原像**といって $f^{-1}(b)$ で表す．

$$f^{-1}(b) = \{a \in A \mid f(a) = b\}$$

f, g を集合 A から集合 B への写像とするとき，

"すべての $a \in A$ に対して $f(a) = g(a)$ が成り立つ"

ならば，2つの写像 f と g は**等しい**といって $f = g$ と書く．

2つの写像 f, g において，f の定義域 A が g の定義域 B を含み，かつすべての $b \in B$ に対して $f(b) = g(b)$ が成り立つならば，f を g の (A への) **拡張**，g を f の (B への) **縮小**，または**制限**といい，$g = f|B$ と書く．

◆ **全射・単射**　写像 $f : A \longrightarrow B$ において，A の像 $f(A)$ は一般には B の部分集合であるが，とくに $f(A) = B$ のとき，f は A から B の**上への写像**，または**全射**といい，$f(A) \subsetneq B$ のとき，f は A から B の**中への写像**という．

また，A の任意の2元 a, b に対して，

$$a \ne b \quad \text{ならば} \quad f(a) \ne f(b)$$

であるとき，f を A から B への**1対1の写像**，または**単射**という．全射であると同時に単射であるような写像を**全単射**という．

集合 A が集合 B の部分集合であるとき，A の任意の元 a に対して，a を B の元ともみて $A \ni a$ に $a \in B$ を対応させる写像

$$1_{A,B} : A \longrightarrow B$$

は明らかに単射である．この写像 $1_{A,B}$ を集合 A から集合 B への**標準的単射**という．とくに，集合 A から集合 A への標準的単射は全単射となり，この全単射を A の**恒等写像**といって 1_A で表す．

全単射 $f : A \longrightarrow B$ があるとき，B の任意の元 b に対してその逆元 $f^{-1}(b)$ はただ1つの元から成るから，元 $b \in B$ にその逆像 $f^{-1}(b)$ を対応させることによって B から A への写像が得られる．この写像も全単射であって f の**逆写像**といい，f^{-1} で表す．

◆ **合成写像** 2つの写像 $f: A \longrightarrow B$, $g: B \longrightarrow C$ に対して，A の元 a に C の元 $g(f(a))$ を対応させれば，この対応によって A から C への写像が得られる．この写像を $g \cdot f$ と書いて，f と g の**合成写像**，または**積**という．

全単射 $f: A \longrightarrow B$ とその逆写像 f^{-1} に対して，合成写像 $f^{-1} \cdot f$ および $f \cdot f^{-1}$ はいずれもそれぞれ A および B の恒等写像となる．
$$f^{-1} \cdot f = 1_A, \quad f \cdot f^{-1} = 1_B$$

定理 10

写像 $f: A \longrightarrow B$, $g: B \longrightarrow C$ に対して
(i) f と g がともに単射ならば，その積 $g \cdot f$ も単射である．
(ii) f と g がともに全射ならば，その積 $g \cdot f$ も全射である．

定理 11

写像の積に関しては結合法則が成り立つ．すなわち，
$$f: A \longrightarrow B, \quad g: B \longrightarrow C, \quad h: C \longrightarrow D$$
に対して
$$(h \cdot g) \cdot f = h \cdot (g \cdot f)$$

━━ 例題 3 ━━━━━━━━━━━━━━（和集合と共通集合の像）━━

集合 X の部分集合 A, B と，写像 $f\colon X \longrightarrow Y$ に対して
（ⅰ） $f(A \cup B) = f(A) \cup f(B)$
（ⅱ） $f(A \cap B) \subset f(A) \cap f(B)$
を証明せよ．
また，$f(A \cap B) \subsetneq f(A) \cap f(B)$ なる例を挙げよ．

【解答】（ⅰ） 集合 $f(A \cup B)$ の任意の元を y とすれば，$A \cup B$ のある元 x に対して $f(x) = y$ となる．
すなわち，$x \in A$ または $x \in B$ であり，かつ $f(x) = y$．よって $y = f(x) \in f(A) \cup f(B)$ となり，
$$f(A \cup B) \subset f(A) \cup f(B)$$
が証明された．

逆に，$f(A) \cup f(B)$ の任意の元を y とすれば，
$$y \in f(A) \quad \text{または} \quad y \in f(B)$$
したがって，$A \cup B$ のある元 x に対して $f(x) = y$ となる．よって，$y = f(x) \in f(A \cup B)$ となり，
$$f(A \cup B) \supset f(A) \cup f(B)$$
が証明された．したがって
$$f(A \cup B) = f(A) \cup f(B)$$

（ⅱ） $f(A \cap B)$ の任意の元を y とすれば，$A \cap B$ のある元 x に対して $f(x) = y$ となる．このとき，$x \in A$ かつ $x \in B$ であるから
$$y = f(x) \in f(A) \cap f(B)$$
となる．よって
$$f(A \cap B) \subset f(A) \cap f(B)$$

また，a, b, c を集合 X の相異なる 3 つの元とし，
$$A = \{a, c\}, \quad B = \{b, c\},$$
$$f(a) = f(b) = 0, \quad f(c) = 1$$
とおけば，
$$A \cap B = \{c\} \quad \text{から} \quad f(A \cap B) = \{1\}$$
一方，$f(A) = f(B) = \{0, 1\}$ であるから
$$f(A) \cap f(B) = \{0, 1\}$$
したがって
$$f(A \cap B) = \{1\} \subsetneq \{0, 1\} = f(A) \cap f(B)$$

0.3 写　像

|||||||| 問題 0.3　A ||||||||

1. $f(x) = x+1$ は $M = \{x \in \mathbf{R} \mid x > 0\}$ から $N = \{y \in \mathbf{R} \mid y > 1\}$ への全単射で，その逆写像は $f^{-1}(y) = y - 1$ であることを示せ．

2. $\mathbf{R}^+ = \{x \in \mathbf{R} \mid x > 0\}$ とおくとき，$f(x) = 2^x$ によって定義される写像 $f : \mathbf{R} \longrightarrow \mathbf{R}^+$ は全単射であることを示せ．
　　また，その逆写像 f^{-1} を求めよ．

3. $\mathbf{R}$ から $\mathbf{R}$ への写像 $f(x) = x^2 + 1$ は，全射でも単射でもないが，$A = \{x \in \mathbf{R} \mid x \geq 0\}$, $B = \{x \in \mathbf{R} \mid x \geq 1\}$ とおくとき，f の A への制限 $f \mid A$ は，A から B への全単射であることを示せ．

4. $\mathbf{R}$ から $\mathbf{R}$ への写像 f, g を $f(x) = x^2$, $g(x) = x + 1$ によって定義するとき，$f \cdot g \neq g \cdot f$ であることを示せ．

5. A を有限集合とするとき，写像 $f : A \longrightarrow A$ は，次の条件のうち，いずれか一方を満たせば，f は全単射であることを証明せよ．
    (1) f：単射
    (2) f：全射

6. $f : A \longrightarrow B$, $A \supset A_0$, $B \supset B_0$ に対して
    (1) $A_0 \subset f^{-1}(f(A_0))$
    (2) $f(f^{-1}(B_0)) \subset B_0$
   が成り立つことを示せ．

|||||||| 問題 0.3　B ||||||||

1. $f : A \longrightarrow B$, $g : B \longrightarrow C$ がともに全単射ならば，
$$(g \cdot f)^{-1} = f^{-1} \cdot g^{-1}$$
が成り立つことを証明せよ．

2. $f : A \longrightarrow B$, $B \supset B_1, B_2$ のとき，次の (1), (2) を証明せよ．
    (1) $f^{-1}(B_1 \cup B_2) = f^{-1}(B_1) \cup f^{-1}(B_2)$
    (2) $f^{-1}(B_1 \cap B_2) = f^{-1}(B_1) \cap f^{-1}(B_2)$

3. $a < b$, $c < d$ のとき，$A = \{x \in \mathbf{R} \mid a \leq x \leq b\}$ から $B = \{y \in \mathbf{R} \mid c \leq y \leq d\}$ への全単射を求めよ．

4. 集合 M から M への全射 f が $f \cdot f = f$ を満たすならば，$f = 1_M$ であることを証明せよ．

5. 集合 M から集合 N への全射 f，および N から M への全射 g があって，$g \cdot f = 1_M$ ならば $f \cdot g = 1_N$ であることを証明せよ．

6. 定理 10 を証明せよ．

7. 定理 11 を証明せよ．

---ヒントと解答---

問題 0.3　A

1. 直線 $y = x+1$ を考えよ．
2. 指数関数 $y = 2^x$ を考えよ．
$$f^{-1}(y) = \log_2 y$$
3. $f(-x) = f(x) \geqq 1$
4. $(f \cdot g)(1) = 4, \quad (g \cdot f)(1) = 2$
5. f が単射であれば $|f(A)| = |A|$．よって $f(A) \subset A$ から $f(A) = A$ となり，f は全射となる．逆に，f が全射であれば，$f(A) = A$ から $|f(A)| = |A|$．よって，f は単射である．
6. (1) A_0 の任意の元 a に対して
$$a \in f^{-1}(f(a))$$
(2) B_0 の元 b に対して
$$b \in f(A) \quad \text{ならば} \quad f(f^{-1}(b)) = b$$
$$b \notin f(A) \quad \text{ならば} \quad f^{-1}(b) = \emptyset$$
よって
$$f(f^{-1}(B_0)) = f(A) \cap B_0 \subset B_0$$

問題 0.3　B

1. C の任意の元 c に対して $g^{-1}(c) = b$, $f^{-1}(b) = a$ とすれば，
$$(f^{-1} \cdot g^{-1})(c) = f^{-1}(g^{-1}(c))$$
$$= f^{-1}(b) = a$$
一方，$(g \cdot f)(a) = g(f(a)) = g(b) = c$ であるから
$$(g \cdot f)^{-1}(c) = a$$
2. (1) 左辺の任意の元 y_1 に対して $f(y_1) \in B_1 \cup B_2$ から
$$y_1 \in f^{-1}(B_1) \cup f^{-1}(B_2) = 右辺$$
一方，右辺の任意の元 y_2 に対して $f(y_2) \in B_1 \cup B_2$ から
$$y_2 \in f^{-1}(B_1 \cup B_2) = 左辺$$
(2) 左辺の任意の元 y_1 に対して $f(y_1) \in B_1 \cap B_2$ から
$$y_1 \in f^{-1}(B_1) \cap f^{-1}(B_2) = 右辺$$
一方，右辺の任意の元 y_2 に対して $f(y_2) \in B_1 \cap B_2$ から
$$y_2 \in f^{-1}(B_1 \cap B_2) = 左辺$$
3. 平面上の 2 点 P(a, c), Q(b, d) を通る直線の方程式
$$y = ((d-c)/(b-a))(x-a) + c$$
は求める全単射の 1 つである．

4. M の任意の元 x に対して
$$f(x) = y \quad (\in M)$$
とおけば
$$y = f(x) = f(f(x))$$
$$= f(y)$$
ここで, f は全射であるから, M の任意の元 y に対して $y = f(y)$ が成り立つ. よって
$$f = 1_M$$

5. M の任意の元 x に対して $f(x) = y \ (\in N)$ とすれば,
$$x = 1_M(x) = (g \cdot f)(x)$$
$$= g(f(x)) = g(y)$$
から
$$(f \cdot g)(y) = f(g(y))$$
$$= f(x) = y$$
となる. 一方, f, g はともに全射であるから, N の任意の元 y に対して
$$(f \cdot g)(y) = y$$
が成り立つ. よって
$$f \cdot g = 1_N$$

6. (1) A の元 a_1, a_2 に対して
$$(g \cdot f)(a_1) = (g \cdot f)(a_2)$$
のとき, g が単射ならば
$$g(f(a_1)) = g(f(a_2)) \quad \text{から} \quad f(a_1) = f(a_2).$$
さらに, f が単射ならば $a_1 = a_2$. よって $g \cdot f$ も単射.

(2) f が全射ならば $f(A) = B$. さらに, g が全射ならば $g(B) = C$. よって
$$(g \cdot f)(A) = g(f(A))$$
$$= g(B) = C$$
となるから $g \cdot f$ も全射.

7. A の任意の元 a に対して
$$\{(h \cdot g) \cdot f\}(a) = (h \cdot g)\{f(a)\}$$
$$= h\{g(f(a))\}$$
一方,
$$\{h \cdot (g \cdot f)\}(a) = h\{(g \cdot f)(a)\}$$
$$= h\{g(f(a))\}$$

0.4 同値関係と類別

◆ **同値関係** 集合 M の 2 元の間に定義された関係 $\sim$ が，次の条件 (E1), (E2), (E3) を満たすとき，この関係 $\sim$ を**同値関係**という．

M の任意の元 a, b, c に対して
- (E1) $a \sim a$ （反射律）
- (E2) $a \sim b$ ならば $b \sim a$ （対称律）
- (E3) $a \sim b$ かつ $b \sim c$ ならば $a \sim c$ （推移律）

これら 3 つの条件を総称して**同値律**という．

2 つの 3 角形の間の合同関係や相似関係はいずれも同値関係である．

◆ **類別** 集合 M において，次の条件 (C1), (C2), (C3) を満たすような M の部分集合 M_i の集まりを M の**類別**，または**直和分割**という．
- (C1) $M_i \neq \emptyset$
- (C2) $M = \cup_i M_i$
- (C3) $M_i \neq M_j$ ならば $M_i \cap M_j = \emptyset$

集合 M の類別における各部分集合 M_i を，その**類**といい，類 M_i の元をその類の**代表元**という．各類から 1 つずつ選んだ代表元の集合 $\{a_i\}_i$ $(a_i \in M_i)$ をその類別の**完全代表系**という．

整数全体の集合 $\mathbf{Z}$ において，$n \, (> 1)$ を自然数とするとき，$0 \leqq r \leqq n-1$ なる各 r に対して，n で割ったときの剰余が r であるような整数全体のなす集合を
$$Z_r = \{a \in \mathbf{Z} \mid a = sn + r, \, s \in \mathbf{Z}\}$$
とするとき，$Z_0, Z_1, \cdots, Z_{n-1}$ は $\mathbf{Z}$ の類別を与える．またこのとき，$0, 1, 2, \cdots, n-1$ は，この類別における完全代表系である．

定理 12

集合 M に同値関係が定義されていれば，その同値関係によって M の類別が得られる．

逆に，M のある類別が与えられていれば，それによって M に同値関係が定義される．

同値関係によって定義される各類を**同値類**という．また，同値類全体の集合を，集合 M の同値関係 $\sim$ に関する**商集合**といい，$M/\sim$ で表す．

0.4　同値関係と類別

例題 4　　　　　　　　　　　　　　（対称行列の同値関係）

n 次の実対称行列 A, B に対して，
$$B = {}^tPAP \text{ となる正則行列 } P \text{ があれば } A \sim B,$$
$$B = T^{-1}AT \text{ となる直交行列 } T \text{ があれば } A \approx B$$
と定義するとき，これらの関係 $\sim, \approx$ はともに実対称行列の間の同値関係であることを証明せよ．

また，これらの同値関係による類別の間の関係を調べよ．

【解答】　n 次の単位行列を E とすれば，

(1)　$A = {}^tEAE$ から，まず $A \sim A$．

次に，$A \sim B$ ならば $B = {}^tPAP$ となる正則行列 P がある．よって
$$A = {}^t(P^{-1})BP^{-1}$$
となり，かつ P^{-1} も正則であるから $B \sim A$．

また，$A \sim B$ かつ $B \sim C$ ならば，
$$B = {}^tPAP, \quad C = {}^tQBQ$$
となる正則行列 P, Q があるから
$$C = {}^tQ({}^tPAP)Q = {}^t(PQ)A(PQ)$$
そして PQ も正則行列であるから $A \sim C$．

よって，$\sim$ は同値関係である．

(2)　単位行列 E は直交行列でもあり，かつ
$$A = E^{-1}AE \text{ であるから } A \approx A$$

次に，$A \approx B$ ならば，$B = T^{-1}AT$ となる直交行列 T がある．そして
$$A = TBT^{-1} = (T^{-1})^{-1}BT^{-1}$$
かつ T^{-1} も直交行列であるから $B \approx A$．

また，$A \approx B$, $B \approx C$ ならば，$B = T^{-1}AT$, $C = U^{-1}BU$ となる直交行列 T, U があるから，
$$C = U^{-1}(T^{-1}AT)U = (TU)^{-1}A(TU)$$
となり，かつ TU も直交行列であるから $A \approx C$．

よって $\approx$ も同値関係である．

(3)　$A \approx B$ ならば，$B = T^{-1}AT$ となる直交行列 T がある．

一方，直交行列 T は正則行列であり，かつ $T^{-1} = {}^tT$ であるから
$$B = T^{-1}AT = {}^tTAT$$
となり，$A \sim B$ である．

よって，同値関係 $\approx$ による類別は，同値関係 $\sim$ による類別の各類をさらに細分したものになっている．

第 0 章　集合と写像

問題 0.4　A

1. 実数全体の集合 R において，2 つの実数 a, b の差 $a - b$ が整数のとき $a \sim b$ と定義すれば，この関係 $\sim$ は同値関係であることを示せ．
2. 複素数全体の集合 C において，2 つの複素数 x, y がともに実数であるとき $x \sim y$ と定義すれば，この関係 $\sim$ は同値関係でないことを示せ．
3. 空間内の直線全体の集合において，2 直線 g_1, g_2 が直交しているとき，$g_1 \sim g_2$ と定義すれば，この関係 $\sim$ は同値関係であるか．
4. 平面上の有向線分全体のなす集合 V において，平面上の平行移動で重ね合せることができるとき，2 つの有向線分は合同であると定義するとき，この合同という関係は同値関係であるか．
5. 集合 X の部分集合 A, B に対して，$A \cap B \neq \emptyset$ のとき $A \equiv B$ と定義すれば，この関係 $\equiv$ は X の部分集合全体の中での同値関係になるか．

問題 0.4　B

1. 正の整数 $n\ (>1)$ が与えられたとき，2 つの整数 a, b に対して，$n \mid a-b$ のとき $a \equiv b$ と定義すれば，この関係 $\equiv$ は同値関係であることを示せ．
2. 2 つの整数 a, b に対して，$2 \mid (a-b)$ または $3 \mid (a-b)$ のとき，$a \sim b$ と定義すれば，この関係 $\sim$ は Z の中の同値関係となるか．
3. 2 つの実数列 $\{a_n\}, \{b_n\}$ に対して，$\lim_{n \to \infty}(a_n - b_n) = 0$ のとき $\{a_n\} \sim \{b_n\}$ と定義すれば，この関係 $\sim$ は実数列全体の集合の中での同値関係となるか．
4. n 次の正方行列 A, B に対して，$B = P^{-1}AP$ となる正則行列 P が存在するとき，A と B は相似であるという．この相似という関係は同値関係であることを証明せよ．

―― ヒントと解答 ――

問題 0.4　A

1.
$$a - a = 0 \in Z$$
$$\therefore\ a \sim a$$
$$a \sim b \Longrightarrow a - b \in Z \Longrightarrow b - a = -(a-b) \in Z$$
$$\therefore\ b \sim a$$
さらに $b \sim c$ ならば $b - c \in Z$ だから
$$a - c = (a - b) + (b - c) \in Z$$
$$\therefore\ a \sim c$$

2. 対称律と推移律は満たすが，反射律を満たさない．
3. 対称律は満たすが，反射律と推移律を満たさないから同値関係でない．

4． 同値関係である．

5． 反射律と対称律は満たすが，推移律を満たさないから同値関係でない．たとえば，集合 X が相異なる 4 個の元 a, b, c, d を含むとき，
$$A = \{a, b\}, \quad B = \{b, c\}, \quad C = \{c, d\}$$
とおけば，$A \cap B = \{b\}$，$B \cap C = \{c\}$ であるが，$A \cap C = \emptyset$

問題 0.4　B

1． $n \mid 0 = a - a$　　∴　$a \equiv a$
$n \mid (a-b)$ ならば $b-a = -(a-b)$ だから $n \mid (b-a)$．　　∴　$a \equiv b$ ならば $b \equiv a$．
さらに $n \mid (b-c)$ ならば
$$a - c = (a-b) + (b-c)$$
だから $n \mid (a-c)$．　　∴　$a \equiv b$ かつ $b \equiv c$ ならば $a \equiv c$．

2． $2 \sim 4$ かつ $4 \sim 7$ であるが，$2 \sim 7$ とはならないから推移律を満たさない．よって同値関係ではない．

3． 同値関係となる．

4． E を n 次の単位行列とすれば，
$$A = E^{-1} A E$$
$$B = P^{-1} A P \Longrightarrow A = (P^{-1})^{-1} B P^{-1}$$
さらに，$C = Q^{-1} B Q$ ならば $C = (PQ)^{-1} A (PQ)$．

1 群

1.1 群

◆ **代数系** 集合 X の任意の 2 元 a, b に対して,X の第 3 の元 $c = a \cdot b$ が一意的に対応しているとき,集合 X には**結合**または**演算**が定義されているという.この演算の定義された集合を**代数系**という.

本書で扱う群・環・体などは代数系の基本的な例である.

◆ **群** 代数系 G の結合が次の 3 つの条件(これらを**群の公理**という)を満たすとき,G はこの結合に関して**群**であるという,またはこの結合は G に**群の構造**を定めるという.

(G1) 結合法則:$(a \cdot b) \cdot c = a \cdot (b \cdot c)$ $(a, b, c \in G)$

(G2) 任意の $a \in G$ に対して,$a \cdot e = e \cdot a = a$ を満たす $e \in G$ が存在する.この元 e を G の**単位元**という.

(G3) 任意の $a \in G$ に対して $a \cdot a' = a' \cdot a = e$ を満たす $a' \in G$ が存在する.この元 a' を a の**逆元**といって,a^{-1} で表す.

単位元と a の逆元はただ 1 つ存在する.さらに,群 G における結合が

交換法則:$a \cdot b = b \cdot a$ $(a, b \in G)$

を満たすとき,G を**可換群**または**アーベル群**という.アーベル群においては,その結合 $a \cdot b$ を $a + b$ と和の形で書くこともある.このときは**加法群**または**加群**といい,単位元を 0,a の逆元を $-a$ で表す.

以後,結合 $a \cdot b$ を ab と書き,a と b の**積**という.

◆ **位数** 群 G が有限個の元からなるとき**有限群**といい,この元の個数を群 G の**位数**といって,$|G|$ で表す.無限個の元からなる群は**無限群**という.ただ 1 つの元からなる集合 $\{e\}$ は位数が 1 の群になり,**単位群**とよばれる.

◆ **群の例**

(ⅰ) 有理数全体の集合 $\boldsymbol{Q}$,実数全体の集合 $\boldsymbol{R}$,複素数全体の集合 $\boldsymbol{C}$ の各々から 0 を除いた集合をそれぞれ $\boldsymbol{Q}^\times$, $\boldsymbol{R}^\times$, $\boldsymbol{C}^\times$ と書くとき,これらは通常の積でアーベル群になる.このとき,たとえば,$\boldsymbol{R}^\times$ を**実数の乗法群**という.

(ⅱ) $\boldsymbol{Q}, \boldsymbol{R}, \boldsymbol{C}$ および整数全体の集合 $\boldsymbol{Z}$ は通常の和 $+$ で加法群になる.このとき,たとえば,$\boldsymbol{R}$ を**実数の加法群**という(これらは積では群にならない).

(iii) 方程式 $x^n - 1 = 0$ の解，すなわち 1 の n 乗根の全体は位数 n の有限群である．

(iv) 空間における点 O のまわりの回転の全体は回転をつづけて行う操作を結合にもつ群（回転群）になる．とくに，正多面体の重心を中心とする回転で，その正多面体をそれ自身にうつすものの全体は群になる．この群を**正多面体群**という．

(v) 実数および複素数を成分とする n 次正則行列（すなわち行列式が 0 でない行列）の全体 $GL(n, \boldsymbol{R})$ および $GL(n, \boldsymbol{C})$ は行列の積に関して群になる．これらを**一般線形群**という．

◆ **乗積表** 有限群 $G = \{a_1, a_2, \cdots, a_n\}$ $(a_1 = e)$ に対して，$a_i a_j = a_k$ のとき，右表のように，i 行と j 列の交点に a_k を置いた n 行 n 列よりなる元の表を群 G の**乗積表**または**群表**という．

	a_1	a_2	$\cdots$	a_j	$\cdots$	a_n
a_1						
$\vdots$				$\vdots$		
a_i			$\cdots$	a_k	$\cdots$	
$\vdots$				$\vdots$		
a_n						

$G = \{e, a, b, c\}$ として，結合を右下の乗積表で定義するとき，G は位数 4 のアーベル群になる．この群を**クライン (Klein) の 4 元群**という．

乗積表が対角線に関して対称になればアーベル群になる．乗積表を比較して 2 つの群の構造が同じであるかどうかを知ることができる．

	e	a	b	c
e	e	a	b	c
a	a	e	c	b
b	b	c	e	a
c	c	b	a	e

◆ **半群** 代数系 G における結合が結合法則 (G1) を満たすとき，G を**半群**という．

$\boldsymbol{Z}$ は通常の積で半群になる．群はもちろん半群である．

実数成分の n 次正方行列の全体 $M_n(\boldsymbol{R})$ は行列の積に関して半群になるが，群にはならない．

半群 G の n 個の元 $a_1, a_2, \cdots, a_n$ の積は結合を行う順序（括弧の付け方）によらず一意的に決まり，この順番での積を $a_1 a_2 \cdots a_n$ と書く．このことを**一般化された結合法則**という．元 a 自身の n 個の積は a^n で表される．このとき次の式が成り立つ：

$$a^m a^n = a^{m+n}, \quad (a^m)^n = a^{mn} \quad (m, n \in \boldsymbol{N})$$

群 G の元 a について，$n < 0$ のとき $a^n = (a^{-1})^{|n|}$ と定めると上の 2 つの式はすべての整数 m, n について成り立つ．

アーベル群においては，$(ab)^m = a^m b^m$ $(m \in \boldsymbol{Z})$ が成り立つ．

―― 例題 1 ――――――――――――（群の公理）――――

群の公理における (G2) および (G3) は次の 2 条件 (G2)′ および (G3)′ で置き換えることができることを証明せよ．
(G2)′ 任意の $a \in G$ に対して，$ae = a$ を満たす $e \in G$ が存在する．
(G3)′ 任意の $a \in G$ に対して，$aa' = e$ を満たす $a' \in G$ が存在する．

【解答】 $G \ni a$ をとれば，(G3)′ より $aa' = e$ となる $a' \in G$ が存在する．この a' に再び (G3)′ を用いれば，$a'a'' = e$ となる $a'' \in G$ が存在する．よって，
$$a'a = a'(ae) = (a'a)e = (a'a)(a'a'') = a'(aa')a'' = (a'e)a'' = a'a'' = e$$
したがって，$aa' = a'a = e$ となり，(G3) が成り立つ．また，$ea = (aa')a = a(a'a) = ae = a$ であるから，(G2) が成り立つ．

逆に，(G2), (G3) から (G2)′, (G3)′ がいえることは明らかである．

〚注意〛 例題から，半群 G の結合が (G2), (G3) より弱い条件 (G2)′, (G3)′ を満たせば，この結合で G は群になることがわかる．(G2)′ の e を**右単位元**，(G3)′ の a' を a の**右逆元**という．同様にして，半群 G の結合が次の 2 条件 (G2)″, (G3)″ を満たせば，G はこの結合で群になる．
(G2)″ 任意の $a \in G$ に対して，$ea = a$ を満たす $e \in G$ が存在する．
(G3)″ 任意の $a \in G$ に対して，$a'a = e$ を満たす $a' \in G$ が存在する．
（このときの e, a' をそれぞれ**左単位元**，a の**左逆元**という.）

―― 例題 2 ――――――――――――（群の単位元と逆元）――――

群 G について，次の各々を証明せよ．
（ⅰ）G には単位元 e と元 a の逆元 a^{-1} はそれぞれただ 1 つ存在する．
（ⅱ）G の元 a, b に対して，$(a^{-1})^{-1} = a$, $(ab)^{-1} = b^{-1}a^{-1}$ が成り立つ．

【解答】 （ⅰ）e, e' を G の単位元とすると，群の公理 (G2) より，$G \ni a$ に対して，$ae = a$, $e'a = a$ であるから，それぞれの a を e', e とみれば，$e = e'$．次に，a', a'' を a の逆元とすれば，群の公理より
$$a' = a'e = a'(aa'') = (a'a)a'' = ea'' = a''$$
すなわち，a の逆元はただ 1 つである．

（ⅱ）群の公理 (G3) の $aa^{-1} = a^{-1}a = e$ $(a \in G)$ より a^{-1} の逆元は a である．よって，$(a^{-1})^{-1} = a$.

次に，$(ab)(b^{-1}a^{-1}) = a(bb^{-1})a^{-1} = (ae)a^{-1} = aa^{-1} = e$．また，$(ab)(ab)^{-1} = e$ であるから，（ⅰ）の逆元の一意性より $(ab)^{-1} = b^{-1}a^{-1}$.

1.1 群

例題 3 ────────────── (写像のつくる群)

集合 X から X 自身への全単射写像の全体から成る集合 $S(X)$ は写像の合成に関して群になることを証明せよ.

〖ヒント〗 写像とくに合成写像の基本性質（第 0 章第 3 節を参照）を用いる.

【解答】 $S(X) \ni f, g$ に対して，X の異なる 2 元 x, y をとれば，f は単射であるから，$f(x) \neq f(y)$. また，g も単射であるから

$$g(f(x)) \neq g(f(y)), \quad \text{すなわち} \quad (g \cdot f)(x) \neq (g \cdot f)(y)$$

となり合成写像 $g \cdot f$ は単射になる. 次に，$X \ni z$ をとれば，g は全射であるから $g(y) = z$ となる $y \in X$ が存在する. さらに，f も全射であるから $f(x) = y$ となる $x \in X$ が存在する. よって

$$z = g(y) = g(f(x)) = (g \cdot f)(x)$$

が成り立ち，合成写像 $g \cdot f$ は全射になる. したがって，$g \cdot f \in S(X)$.

$S(X) \ni f, g, h$ に対して，

$$(h \cdot (g \cdot f))(x) = h((g \cdot f)(x)) = h(g(f(x))),$$
$$((h \cdot g) \cdot f)(x) = (h \cdot g)(f(x)) = h(g(f(x))) \quad (x \in X)$$

すなわち，結合法則 $h \cdot (g \cdot f) = (h \cdot g) \cdot f$ が成り立つ.

X 上の恒等写像 $1_X : x \longrightarrow x \ (x \in X)$ は $S(X)$ の元であって，

$$(1_X \cdot f)(x) = 1_X(f(x)) = f(x) = f(1_X(x)) = (f \cdot 1_X)(x) \quad (x \in X)$$

すなわち，$1_X \cdot f = f \cdot 1_X = f$ で，1_X は $S(X)$ の単位元である.

$S(X)$ の元 f は全単射であるから，逆写像 f^{-1} が存在して，f^{-1} も全単射になる. よって，$f^{-1} \in S(X)$.

$$(f^{-1} \cdot f)(x) = f^{-1}(f(x)) = x = f(f^{-1}(x)) = (f \cdot f^{-1})(x) \quad (x \in X)$$

すなわち，$f^{-1} \cdot f = f \cdot f^{-1} = 1_X$ で，f^{-1} は f の逆元である.

以上より，$S(X)$ は群になる.

〖注意〗 $S(X)$ を X 上の**対称群**，$S(X)$ の元を**置換**という. とくに，X が有限集合，たとえば $X = \{1, 2, \cdots, n\}$ のとき，1 つの置換 σ は $i \in X$ の σ による像を下段に書いて

$$\begin{pmatrix} 1 & 2 & \cdots & n \\ \sigma(1) & \sigma(2) & \cdots & \sigma(n) \end{pmatrix} \quad (\sigma(1), \cdots, \sigma(n) \text{ は } X \text{ の順列})$$

で表す（これは線形代数において行列式を定義するのに使われる）. このときの群 $S(X)$ を S_n で表し n 次**対称群**という. 群 S_n の位数は $n!$ で，$n \geq 3$ に対しては非可換な群になる.

対称群については第 4 節でまとめて取り扱う.

例題 4 ───────────────── (2面体群)

8つの行列

$$e = \begin{bmatrix} 1 & 0 \\ 0 & 1 \end{bmatrix}, \quad a = \begin{bmatrix} 0 & -1 \\ 1 & 0 \end{bmatrix}, \quad a^2 = \begin{bmatrix} -1 & 0 \\ 0 & -1 \end{bmatrix}, \quad a^3 = \begin{bmatrix} 0 & 1 \\ -1 & 0 \end{bmatrix},$$

$$b = \begin{bmatrix} -1 & 0 \\ 0 & 1 \end{bmatrix}, \quad ab = \begin{bmatrix} 0 & -1 \\ -1 & 0 \end{bmatrix}, \quad a^2b = \begin{bmatrix} 1 & 0 \\ 0 & -1 \end{bmatrix}, \quad a^3b = \begin{bmatrix} 0 & 1 \\ 1 & 0 \end{bmatrix}$$

からなる集合 D は行列の積で群になることを示せ．また，D は正方形をそれ自身に重ねる回転のつくる群とみることができることを説明せよ．

【解答】 行列の積を計算することにより（たとえば，

$$(ab)(a^2b) = \begin{bmatrix} 0 & -1 \\ -1 & 0 \end{bmatrix} \begin{bmatrix} 1 & 0 \\ 0 & -1 \end{bmatrix} = \begin{bmatrix} 0 & 1 \\ -1 & 0 \end{bmatrix} = a^3$$

のように），下のような D の乗積表ができる．これから D は群になることがわかる．

また，D の元 e, a, b の間に $a^4 = e, b^2 = e, ab = ba^3$ なる関係がある．

	e	a	a^2	a^3	b	ab	a^2b	a^3b
e	e	a	a^2	a^3	b	ab	a^2b	a^3b
a	a	a^2	a^3	e	ab	a^2b	a^3b	b
a^2	a^2	a^3	e	a	a^2b	a^3b	b	ab
a^3	a^3	e	a	a^2	a^3b	b	ab	a^2b
b	b	a^3b	a^2b	ab	e	a^3	a^2	a
ab	ab	b	a^3b	a^2b	a	e	a^3	a^2
a^2b	a^2b	ab	b	a^3b	a^2	a	e	a^3
a^3b	a^3b	a^2b	ab	b	a^3	a^2	a	e

次に，正方形 ABCD を空間の中で，その中心 O のまわりの回転でそれ自身にうつすものの全体を考える．O を通り正方形に垂直な直線を軸とする回転は，回転角 $\pi/2$ の回転を σ とすれば，ε（静止），σ, σ^2（回転角 π），σ^3（回転角 $3\pi/2$）の 4 種類ある．また，向かい合う辺の中点を結ぶ 2 つの直線 l, m と，向かい合う頂点を結ぶ 2 つの直線に関する 4 つの折り返し（裏返し）の 1 つ，たとえば AC を結ぶ直線を軸とする折り返しを τ とすれば，図からもわかるように合成 $\sigma\tau$ は m を軸とする折り返しになる．そして他の折り返しは $\sigma^2\tau, \sigma^3\tau$ で与えられる．よって，正方形をそれ自身に重ねる回転のつくる群は $\{\varepsilon, \sigma, \sigma^2, \sigma^3, \tau, \sigma\tau, \sigma^2\tau, \sigma^3\tau\}$ となる．また，容易にわかるように σ, τ は関係

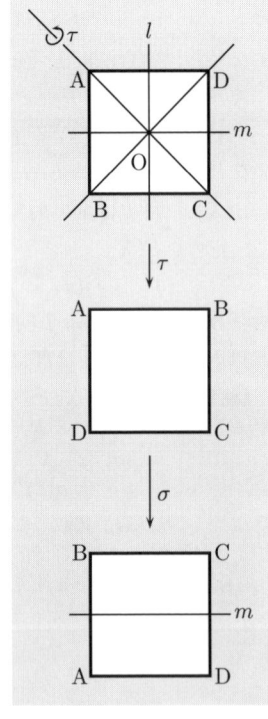

$$\sigma^4 = \varepsilon, \quad \tau^2 = \varepsilon, \quad \sigma\tau = \tau\sigma^3$$

を満たすから，(再び乗積表をつくれば) この群は群 D と同一視できる．

〖注意〗 一般に正 n 角形 ($n \geqq 3$) を空間図形とみて，中心 O のまわりの回転でそれ自身にうつすものの全体 D_n は 1 つの群になり n 次の **2 面体群**とよばれる．このとき，D_n は次の (i), (ii) から構成される．

(i) 回転角 $2\pi/n$ の回転 a のべき $a^0 (= e), a, a^2, \cdots, a^{n-1}$ の n 個．
(ii) 偶数の n に対しては，向かい合う頂点を結ぶ直線と向かい合う辺の中点を結ぶ直線をそれぞれ回転軸とする n 個の回転．

　　　奇数の n に対しては，向かい合う頂点と辺の中点を結ぶ直線を回転軸とする n 個の回転．

すなわち，(ii) の種類の 1 つの対称軸に関する折り返しを b とすれば，
$$D_n = \{e, a, a^2, \cdots, a^{n-1}, b, ab, a^2 b, \cdots, a^{n-1}b\}, \quad |D_n| = 2n$$

となる．行列で表示すれば，$a = \begin{bmatrix} \cos\dfrac{2\pi}{n} & -\sin\dfrac{2\pi}{n} \\ \sin\dfrac{2\pi}{n} & \cos\dfrac{2\pi}{n} \end{bmatrix}, \ b = \begin{bmatrix} -1 & 0 \\ 0 & 1 \end{bmatrix}$．

また，容易にわかるように，a, b は次の関係を満たす：
$$a^n = e, \quad b^2 = e, \quad ab = ba^{-1}$$

例題の群は正 4 角形（正方形）の回転に関する 4 次の 2 面体群である．

【類題】

1. 正方形でない長方形をそれ自身に重ねる回転のつくる群 V は，対称軸 l, m に関する折り返しをそれぞれ σ, τ とすれば，$V = \{\varepsilon, \sigma, \tau, \sigma\tau\}$ となり，これはクラインの 4 元群と同じものであることを示せ．

2. 正 6 面体（立方体）の重心を中心としてそれ自身に重ねる回転のつくる群 G は各々の面の中心を結べば，内接する正 8 面体が得られるから，正 6 面体群と正 8 面体群は一致する．この群を求めよ（正 n 面体は $n = 4, 6, 8, 12, 20$ の 5 種類しかないことがわかっているから，このように考えれば，実際には正多面体群には正 4 面体群，正 6 面体群，正 12 面体群の 3 つだけしかないことがわかる）．また，例題 18 を参照せよ．

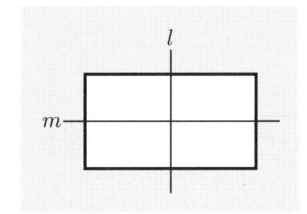

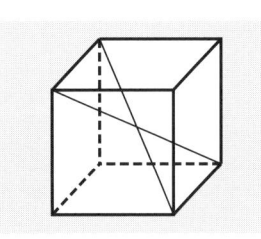

第1章 群

問題 1.1 A

1. 群 G の元 a が $a^2 = a$ を満たせば，$a = e$ となることを示せ．
2. 群 G のおいて，次の 2 つの簡約律
$$ax = ay \Longrightarrow x = y, \quad xa = ya \Longrightarrow x = y$$
が成り立つことを示せ．
3. 群 G の n 個の元 $a_1, a_2, \cdots, a_n$ に対して，$(a_1 a_2 \cdots a_n)^{-1} = a_n^{-1} a_{n-1}^{-1} \cdots a_1^{-1}$ が成り立つことを示せ．
4. 3 個の元からなる群 $G = \{e, a, b\}$ の乗積表をつくり，ただ 1 通りしか存在しないことを示せ．
5. 群 G の任意の元 a に対し $a^2 = e$ ならば，G はアーベル群になることを証明せよ．
6. 群 G において，$(ab)^2 = a^2 b^2$ ならば，$ab = ba$ が成り立つことを示せ．
7. $\boldsymbol{R}$ に次のように結合 $*$ を定義するとき，半群になるのはどれか．
   (1) $a * b = \min(a, b)$
   (2) $a * b = |a| + |b|$
   (3) $a * b = \dfrac{1}{2}(a + b)$
   (4) $a * b = \sqrt{a^2 + b^2}$
8. 次の結合 $*$ で $\boldsymbol{Q}$ が半群になるように定数 α, β を定めよ．
$$a * b = \alpha(a + b) + \beta ab$$
9. 集合 $G = \{(a, b) \mid a, b \in \boldsymbol{R}, a \neq 0\}$ に結合 $*$ を
$$(a, b) * (a', b') = (aa', a'b + b')$$
で定める．G はこの結合で群になることを示し，単位元および (a, b) の逆元を求めよ．
10. $G = \{x \in \boldsymbol{R} \mid |x| < 1\}$ の元 x, y に対して，$x * y = (x + y)/(1 + xy)$ で結合 $*$ を定義すれば，G はこの結合でアーベル群になることを示せ．
11. $\boldsymbol{R} \ni x$ に対して，
$$f_1(x) = x, \quad f_2(x) = \frac{1}{1-x}, \quad f_3(x) = \frac{x-1}{x},$$
$$f_4(x) = 1 - x, \quad f_5(x) = \frac{1}{x}, \quad f_6(x) = \frac{x}{x-1}$$
とするとき，1 次分数関数の集合 $\{f_1, f_2, f_3, f_4, f_5, f_6\}$ は群になることを示せ．
12. 4 つの 2 次の行列 $E = \begin{bmatrix} 1 & 0 \\ 0 & 1 \end{bmatrix}, A = \begin{bmatrix} 1 & 0 \\ 0 & -1 \end{bmatrix}, B = \begin{bmatrix} -1 & 0 \\ 0 & 1 \end{bmatrix}, C = \begin{bmatrix} -1 & 0 \\ 0 & -1 \end{bmatrix}$ はクラインの 4 元群をなすことを示せ．
13. $2n$ 次の行列 J を $J = \begin{bmatrix} 0 & -E_n \\ E_n & 0 \end{bmatrix}$ (E_n: n 次単位行列) とおくとき，$S_p = \{A \in M_{2n}(\boldsymbol{C}) \mid AJ{}^tA = J\}$ は群になることを証明せよ．この群を**シンプレクティック群**という．
14. 集合 $Q = \{e, u, i, ui, j, uj, k, uk\}$ は次の関係で位数 8 の非可換群になることを乗積表をつくって証明せよ．また，例題 4 の群 D_4 と較べよ．

$$u^2 = e, \quad i^2 = j^2 = k^2 = u, \quad ij = k, \quad jk = i, \quad ki = j$$

（通常，この群の単位元 e を 1，u を -1 で表し，$Q = \{\pm 1, \pm i, \pm j, \pm k\}$ と書き，**4元数群**という．）

問題 1.1 B

1. 半群 G が群になるためには，G の任意の元 a, b に対して，$ax = b$, $ya = b$ となる 2 つの G の元 x, y が存在することが必要十分であることを証明せよ．

2. 有限半群 G において問題 1.1A, 2 の 2 つの簡約律が成り立てば，G は群になることを証明せよ．また，無限半群では成り立たないような例（反例）をあげよ．

3. 集合 $\{0, 1\}$ が半群になるように結合を決める決め方は何通りあるか．また，それぞれの半群は単位元をもつか．

4. 2 つの平方数の和で表される整数の全体 $\{x^2 + y^2 \mid x, y \in \boldsymbol{Z}\}$ は通常の積で半群になることを示せ．また，これを 4 つの平方数の和で表される整数の全体とすればどうなるか．

ヒントと解答

問題 1.1 A

1. $a = ae = a(aa^{-1}) = (aa)a^{-1} = a^2 a^{-1} = aa^{-1} = e$.

2. $x = ex = (a^{-1}a)x = a^{-1}(ax) = a^{-1}(ay) = (a^{-1}a)y = ey = y$. 2 番目も同様．

3. 一般結合法則より，$(a_1 a_2 \cdots a_n)(a_n^{-1} a_{n-1}^{-1} \cdots a_1^{-1}) = a_1 a_2 \cdots (a_n a_n^{-1}) a_{n-1}^{-1} \cdots a_1^{-1} = a_1 a_2 \cdots (a_{n-1} a_{n-1}^{-1}) a_{n-2}^{-1} \cdots a_1^{-1} = \cdots = e$. よって，$a_1 a_2 \cdots a_n$ の逆元は $a_n^{-1} a_{n-1}^{-1} \cdots a_1^{-1}$.

4.

	e	a	b
e	e	a	b
a	a	b	e
b	b	e	a

他にたとえば，$a^2 = e$ とすれば，$ab = b$ すなわち $a = e$ になる．

5. $G \ni a, b$ をとれば，$(ba)^2 = e$, $a^2 = e$, $b^2 = e$ であるから，
$$ab = (ab)(ba)^2 = (ab)(ba)(ba) = a(bb)a(ba) = (aa)(ba) = ba$$

6. $ab = (a^{-1}a)(ab)(bb^{-1}) = a^{-1}(a^2b^2)b^{-1} = a^{-1}(ab)^2 b^{-1} = a^{-1}abab b^{-1} = ba$.

7. (1), (2), (4).

8. 結合法則 $(a*b)*c = a*(b*c)$ から，$\alpha = 0, 1$, β は任意の有理数．

9. 結合法則の成り立つことは容易．単位元は $(1, 0)$，逆元は $(1/a, -b/a)$．

10. $G \ni x, y$ に対し，$1 + xy \pm (x+y) = (1 \pm x)(1 \pm y) > 0$ より，$x*y \in G$. 結合律は容易．単位元は 0，x の逆元は $-x$．

11. $(f_4 \cdot f_3)(x) = f_4(f_3(x)) = 1 - (x-1)/x = 1/x = f_5(x)$ より, $f_4 f_3 = f_5$ のようにして, 乗積表をつくれば容易である.

12. 乗積表をつくれば, 27 ページのそれと一致する.

13. $S_p \ni A, B$ をとれば, $(AB)J\,{}^t(AB) = A(BJ\,{}^tB)\,{}^tA = AJ\,{}^tA = J$ より $AB \in S_p$, $A^{-1}J\,{}^t(A^{-1}) = A^{-1}(AJ\,{}^tA)({}^tA)^{-1} = (A^{-1}A)J({}^tA({}^tA)^{-1}) = J$ より, $A^{-1} \in S_p$. $E_{2n} \in S_p$.

14. 乗積表は下のようになる（たとえば, $ui = k^2 i = kj = ij^2 = iu$, $j(ui) = (jk)(ki) = ij = k$). これは例題 4 の 2 面体群 D_4 とは異なる.

	e	u	i	ui	j	uj	k	uk
e	e	u	i	ui	j	uj	k	uk
u	u	e	ui	i	uj	j	uk	k
i	i	ui	u	e	k	uk	uj	j
ui	ui	i	e	u	uk	k	j	uj
j	j	uj	uk	k	u	e	i	ui
uj	uj	j	k	uk	e	u	ui	i
k	k	uk	j	uj	ui	i	u	e
uk	uk	k	uj	j	i	ui	e	u

問題 1.1 B

1. 与えられた条件が成り立つとする. G の 1 つの元 c に対し, $cx = c$ を満たす $x \in G$ が存在する. この x を e とおく：$ce = c$. G の任意の元 a に対し, $yc = a$ を満たす $y \in G$ が存在する. よって, $a = yc = y(ce) = (yc)e = ae$, すなわち例題 1 の (G2)′ が成り立つ. また, $ax = e$ となる $x \in G$ が存在するから, (G3)′ が成り立つ. 逆に, G が群のとき, $x = a^{-1}b$, $y = ba^{-1}$ とおけばよい.

2. 簡約律が成り立つことから, 写像 $f: G \ni x \longrightarrow ax \in G$ ($G \ni a$ を固定) は単射であり, G は有限であるから全射にもなる. よって, $G \ni b$ をとれば, $ax = b$ となる $x \in G$ が存在する. 同様にして, $ya = b$ となる $y \in G$ が存在するから, 前問が使える.

3. $G = \{0, 1\}$ として, 半群の乗積表は以下の 8 通りある.

	0	1			0	1			0	1			0	1			0	1			0	1			0	1			0	1
0	0	0		0	0	0		0	0	0		0	0	1		0	0	1		0	0	1		0	1	0		0	1	1
1	0	0		1	0	1		1	1	1		1	0	1		1	1	0		1	1	1		1	0	1		1	1	1
	(*)												(*)				(*)				(*)									

(*) のついた場合だけが単位元をもつ. それらはそれぞれ $1, 0, 0, 1$ である.

4. 等式 $(u^2 + v^2)(x^2 + y^2) = (ux + vy)^2 + (uy - vx)^2$ および $(s^2 + t^2 + u^2 + v^2)(x^2 + y^2 + z^2 + w^2) = (sx - ty - uz - vw)^2 + (sy + tx - uw + vz)^2 + (sz + tw + ux - vy)^2 + (sw - tz + uy + vx)^2$ を用いれば共に半群になる.

1.2 部分群

◆ **部分群** 群 G の部分集合 H（空集合でないとする．以下でも同様である）が G と同じ結合で群になるとき，H を G の**部分群**という．

群 G において，G 自身と単位群 $\{e\}$ は G の部分群である．これらを**自明な部分群**という．また，G の G 自身と異なる部分群を**真の部分群**という．

群 G の真の部分群 M は $M \subsetneq H \subset G$ ならば，必ず部分群 H が $H = G$ になるとき**極大部分群**という．

乗法群 $\boldsymbol{R}^{\times}$，絶対値 1 の複素数全体 $\{z \mid |z| = 1\}$ は $\boldsymbol{C}^{\times}$ の部分群であり，整数 n の倍数全体のなす集合 $n\boldsymbol{Z}$ は加法群 $\boldsymbol{Z}$ の部分群である．

群 G の部分集合 A, B に対して，次のように定義する：
$$AB = \{ab \mid a \in A, b \in B\}, \quad aB = \{ab \mid b \in B\}$$
$$A^{-1} = \{a^{-1} \mid a \in A\}$$

定理 1

群 G の部分集合 H に対して，次の各条件は互いに同値である．
(i) H は G の部分群である．
(ii) $H \ni a, b$ ならば，$ab^{-1} \in H$
(iii) $H \ni a, b$ ならば，$ab \in H$ および $a^{-1} \in H$
(iv) $HH^{-1} = H$ （ v ） $HH = H$ および $H^{-1} = H$

群 G の部分群 H の単位元は G の単位元であり，$H \ni a$ に対し，a を H の元とみての逆元と G の元とみての逆元は一致する．

◆ **生成系・巡回群** 群 G の部分集合 M に対して，M を含む G のすべての部分群の共通集合は M を含む G の最小の部分群になる．この部分群 H を $\langle M \rangle$ と書き，M で**生成される**部分群といい，M を H の**生成系**，M の元を H の**生成元**という．$\langle M \rangle$ の元は $a_1 a_2 \cdots a_r$ $(r \in \boldsymbol{N}, a_i \in M$ または $a_i^{-1} \in M)$ と書くことができる．

2 面体群 $D_n = \{e, a, \cdots, a^{n-1}, b, ab, \cdots, a^{n-1}b\}$ の生成系は $\{a, b\}$ である．

ただ 1 つの元 a で生成される群を**巡回群**といい，$\langle a \rangle$ と書く．また，$G \ni a$ に対して，巡回群 $\langle a \rangle$ の位数を**元 a の位数**という．1 の n 乗根全体のつくる群は $e^{2\pi i/n}$ で生成される位数 n の巡回群である（第 3 章第 3 節を参照）．

定理 2

巡回群 $\langle a \rangle$ に対して，$a^m = e$ となる自然数 m が存在すれば，$\langle a \rangle$ は有限巡回群になる．$\langle a \rangle$ が無限巡回群ならば，$\langle a \rangle = \{a^i \mid i \in \boldsymbol{Z}\}$ となり，a^i $(i \in \boldsymbol{Z})$ はすべて異なる．

定理にいう m のうち最小の自然数が a の位数である．$a^l = e$ であれば，l は a の位数で割り切れる．

◆ **剰余類** H を群 G の部分群とする．$G \ni a, b$ に対して，$a^{-1}b \in H$（または $ab^{-1} \in H$）となるとき，a は H を法として b に**左合同**（または**右合同**）であるといい，

$$a \equiv b \pmod{H}$$

と書けば，この関係は同値律を満たす．この同値関係による $G \ni a$ の同値類は aH となり，H を法とする a の**左剰余類**（または**右剰余類**）という．これら全体から成る商集合を G/H（または $H \backslash G$）で表す．また，この商集合が有限集合のとき，その元の個数，すなわち剰余類の個数を群 G における部分群 H の**指数**といい，$|G:H|$ で表す．このとき，G は異なる左剰余類の和

$$G = a_1 H + a_2 H + \cdots + a_r H \quad (a_1 = e, \ r = |G:H|)$$

で表される．この表示を G の H による**左分解**という（**右分解**も同様である）．

> **定理 3**
> 有限群 G の任意の部分群 H に対して，$|G| = |G:H| \cdot |H|$ が成り立つ．とくに，G の元の位数は群 G の位数 $|G|$ の約数である．

◆ **正規部分群・剰余群** 群 G の部分群 N は，a を G の任意の元として $aN = Na$ が成り立つとき，G の**正規部分群**といい，$N \triangleleft G$ で表す．

群 G の自明な部分群は正規部分群となる．これらの他に正規部分群をもたない群を**単純群**という．

N を群 G の正規部分群とするとき $G/N = N \backslash G$ となる．この G/N の 2 元 aN, bN に対して，結合を $(aN)(bN) = abN$ で定義することによって，G/N は群になる．この群 G/N を N を法とする群 G の**剰余（類）群**という．

> **定理 4**
> 群 G の部分群 N に対して，次の各条件は互いに同値である．
> （i） N は G の正規部分群である：$N \triangleleft G$
> （ii） $G \ni a$ ならば，$aNa^{-1} = N$
> （iii） $G \ni a, N \ni x$ ならば，$axa^{-1} \in N$

◆ **群の中心** 群 G の各元と可換な G の元の全体を G の**中心**といって，$Z(G)$ で表す：

$$Z(G) = \{x \in G \mid ax = xa, \ a \in G\}$$

中心に属する元は互いに可換であるから，中心に含まれる部分群はすべて G の正規部分群であり，中心自身はアーベル群である．

1.2 部分群

例題 5 ────────────────── (部分群)

H_1, H_2 を群 G の部分群とする．このとき，次の各々を証明せよ．
(i) $H_1 \cap H_2$ はまた G の部分群になる．
(ii) K が H_1 を含む G の部分群であれば，
$$H_1 H_2 \cap K = H_1(H_2 \cap K)$$
が成り立つ．

【解答】　(i)　$H_1 \cap H_2 \ni a, b$ ならば，$a, b \in H_1$ であるから，定理 1 より $ab^{-1} \in H_1$．同様にして，$ab^{-1} \in H_2$．よって，$ab^{-1} \in H_1 \cap H_2$ となり，$H_1 \cap H_2$ は G の部分群である．

(ii)　$H_1 \subset K$, $H_2 \cap K \subset K$ で，K は部分群であるから，$H_1(H_2 \cap K) \subset K$．また，$H_1(H_2 \cap K) \subset H_1 H_2$ から，$H_1(H_2 \cap K) \subset H_1 H_2 \cap K$．

次に，$H_1 H_2 \cap K \ni c$ ならば，$c = ab$ $(a \in H_1, b \in H_2, c \in K)$ と書ける．$a^{-1} \in H_1 \subset K$ より，$b = a^{-1}c \in H_2 \cap K$ であるから $c = ab \in H_1(H_2 \cap K)$．よって，$H_1 H_2 \cap K \subset H_1(H_2 \cap K)$．ゆえに $H_1 H_2 \cap K = H_1(H_2 \cap K)$．

例題 6 ────────────────── (巡回群)

(i) 巡回群の部分群はまた巡回群になることを証明せよ．
(ii) 単位群でない群 G が自明な部分群しかもたなければ，G は素数位数の巡回群であることを証明せよ．

【解答】　(i)　巡回群 $G = \langle a \rangle$ の部分群を H とおく．$H = \{e\}$ なら明らかであるから，$H \neq \{e\}$ とする．G の元は a^n $(n \in \mathbf{Z})$ の形をしていて，$a^n \in H$ ならば，$a^{-n} = (a^n)^{-1} \in H$ となるから，$a^k \in H$ となる最小の $k \in \mathbf{N}$ が存在する．このとき，a^k を生成元とする巡回群 $\langle a^k \rangle$ は H に含まれる：$\langle a^k \rangle \subset H$．

次に，$H \ni b$ は G の元であるから，$b = a^m$ $(m \in \mathbf{Z})$ と書ける．$m = kq + r$ $(q, r \in \mathbf{Z}, 0 \leq r < k)$ として $a^r = a^{m-kq} = b(a^k)^{-q} \in H$．$k$ の最小性から $r = 0$．よって，$b = (a^k)^q \in \langle a^k \rangle$．したがって，$H \subset \langle a^k \rangle$．

以上より，$H = \langle a^k \rangle$ となり H は巡回群である．

(ii)　G の単位元 e でない元 a に対して，$H = \langle a \rangle$ は G の部分群になる．$H \ni a \neq e$ であるから $H \neq \{e\}$．よって，G の仮定から $H = G$ となり G は巡回群になる．この G が無限巡回群ならば，$\langle a^2 \rangle$ は G の自明でない部分群となるから，G は有限巡回群である：$|G| = n$．次に，$n = lm$ $(n > l, m > 1)$，$b = a^l$ とおけば，$b \neq e$, $b^m = a^{lm} = a^n = e$ から $\langle b \rangle$ は G の真の巡回部分群になる．これは仮定に反する．よって，n は素数でなければならない．

例題 7 ────────────────── （群の元の位数）

群 G の元 a の位数を mn とする. $(m, n) = 1$ であれば, a は位数 m の元 b と位数 n の元 c との可換な積として, 一意的に表されることを証明せよ.

【解答】 $(m, n) = 1$ から, 第0章定理3によって, $ms + nt = 1$ となる $s, t \in \mathbf{Z}$ が存在する. $a = a^{nt+ms} = a^{nt}a^{ms}$ であるから, $a^{nt} = b$, $a^{ms} = c$ とおけば, $a = bc = cb$ となる. a の位数が mn であるから, a^n の位数は m となる (問題 1.2A, 11 を参照). $(m, t) = 1$ でもあるから, $b = a^{nt}$ の位数も m になる (問題 1.2A, 12 を参照). 同様に $c = a^{ms}$ の位数は n になる.

また, $a = b'c' = c'b'$ で b', c' の位数をそれぞれ m, n とすれば
$$b = a^{nt} = (b'c')^{nt} = b'^{nt}c'^{nt} = b'^{nt} = b'^{ms}b'^{nt} = b'^{ms+nt} = b'$$
したがって, $bc = b'c'$ より $c = c'$ となり, $a = bc$ の表し方は一意的である.

例題 8 ────────────────── （正規化群・中心化群）

群 G の部分集合 S に対して,
$$N_G(S) = \{a \in G \mid aS = Sa\}$$
および
$$C_G(S) = \{a \in G \mid as = sa, \, s \in S\}$$
はいずれも G の部分群になることを証明せよ. また, G の部分群 H に対して, $N_G(H)$ は H を正規部分群として含むような G の部分群のうち最大のものであることを示せ.

【解答】 $N_G(S) \ni a, b$ をとれば, $aS = Sa$, $bS = Sb$ が成り立つ. このとき, $(ab)S = a(bS) = a(Sb) = (aS)b = (Sa)b = S(ab)$ により $ab \in N_G(S)$. また, $aS = Sa$ の両辺に右と左から a^{-1} をかければ, $Sa^{-1} = a^{-1}S$ により $a^{-1} \in N_G(S)$. よって $N_G(S)$ は G の部分群になる.

$C_G(S) \ni a, b$ をとれば, $S \ni s$ に対して, $as = sa$, $bs = sb$ が成り立つ. このとき $(ab)s = a(bs) = a(sb) = (as)b = (sa)b = s(ab)$ により $ab \in C_G(S)$. また, $as = sa$ の両辺に右と左から a^{-1} をかければ, $sa^{-1} = a^{-1}s$ であるから $a^{-1} \in C_G(S)$. よって, $C_G(S)$ は G の部分群になる.

次に, H が G の部分群のとき, $H \ni a$ ならば, $aH = Ha$ であるから H は $N_G(H)$ の部分群にもなる. G' を G の任意の部分群として, $G' \rhd H$ とすれば, $G' \ni a$ について $aHa^{-1} = H$ であるから, $a \in N_G(H)$. よって, $G' \subset N_G(H)$ となるから $N_G(H)$ は $N_G(H) \rhd H$ となる G の最大の部分群である.

《注意》 $N_G(S), C_G(S)$ をそれぞれ S の**正規化群**, **中心化群**という. G の中心化群 $C_G(G)$ は G の中心 $Z(G)$ のことであり, G の正規部分群になる.

1.2 部 分 群

例題 9 ──────────────（行列のつくる群）──────

(i) 一般線形群 $G = GL(n, \boldsymbol{R})$ において，部分集合
$$SL(n, \boldsymbol{R}) = \{X \in GL(n, \boldsymbol{R}) \mid \det X = 1\}$$
$$O(n) = \{X \in M_n(\boldsymbol{R}) \mid {}^t X X = E \, (\because n \text{ 次単位行列})\}$$
はいずれも G の部分群であり，さらに，$SL(n, \boldsymbol{R}) \triangleleft G$ が成り立つことを証明せよ．

(ii) $G = GL(n, \boldsymbol{R})$ の中心を求めよ．

〖ヒント〗 (ii) 正則行列は行列の基本変形に対応する基本行列の積として表される．

【解答】 (i) $SL(n, \boldsymbol{R}) \ni X, Y$ をとれば，
$$\det(XY) = \det(X)\det(Y) = 1, \quad \det(X^{-1}) = \det(X)^{-1} = 1$$
よって，$XY, X^{-1} \in SL(n, \boldsymbol{R})$ となり，$SL(n, \boldsymbol{R})$ は G の部分群になる．

$G \ni A, SL(n, \boldsymbol{R}) \ni X$ をとれば，
$$\det(AXA^{-1}) = \det(A)\det(X)\det(A)^{-1} = \det(X) = 1$$
から $AXA^{-1} \in SL(n, \boldsymbol{R})$ となり，$SL(n, \boldsymbol{R}) \triangleleft G$ が成り立つ．

次に，$O(n) \ni X, Y$ をとれば，
$${}^t(XY)(XY) = {}^tY({}^tXX)Y = {}^tYEY = {}^tYY = E,$$
$${}^tX = X^{-1} \quad \text{より} \quad {}^t(X^{-1}) = X \quad \text{すなわち} \quad {}^t(X^{-1})(X^{-1}) = E$$
よって，$XY, X^{-1} \in O(n)$ となり，$O(n)$ は G の部分群になる．

(ii) $Z(G) \ni A = (a_{ij})$ と 1 つの基本行列 $P = \begin{bmatrix} 1 & & & & & & \\ & \ddots & & & & O & \\ & & 1 & \cdots & c & & \\ & & & \ddots & \vdots & & \\ & & & & 1 & & \\ & O & & & & \ddots & \\ & & & & & & 1 \end{bmatrix} \in G$ に対し，

$AP = PA$ の (i, j) 成分と (j, j) 成分をそれぞれ計算して，
$$a_{ii}c + a_{ij} = a_{ij} + ca_{jj}, \quad a_{ji}c + a_{jj} = a_{jj}$$
これがすべての $c \in \boldsymbol{R}$ について成り立つから，$a_{ii} = a_{jj}$, $a_{ji} = 0 \, (i \neq j)$. さらに，これがすべての i, j について成り立つことから，$A = \begin{bmatrix} a & & O \\ & \ddots & \\ O & & a \end{bmatrix} = aE \, (a \neq 0)$ となる．逆に，この形の行列は G の中心の元である．

以上より，$Z(GL(n, \boldsymbol{R})) = \{aE \mid a \in \boldsymbol{R}^\times\}$ (E は n 次単位行列)．

〖注意〗 $SL(n, \boldsymbol{R})$ を**特殊線形群**, $O(n)$ を**直交群**という．$SL(n, \boldsymbol{R}) \cap O(n) = SO(n)$ は $O(n)$ の正規部分群で**特殊直交群**とよばれる．また，$GL(n, \boldsymbol{C})$ において $U(n) = \{A \in M_n(\boldsymbol{C}) \mid A^*A = E, A^* = {}^t\overline{A}\}$ は同様に部分群になり**ユニタリ群**とよばれる．

例題 10 ────────────────── (両側分解)

H, K を群 G の部分群とする．G の元 a, b に対して，
$$a \sim b \Longleftrightarrow b = xay \text{ を満たす } x \in H, y \in K \text{ が存在する}$$
と定義するとき，次の各々を証明せよ．
(i) 関係 $\sim$ は同値律を満たす．このときの a の同値類は HaK である．
(ii) 同値類 HaK は K を法とする左剰余類の和集合で，G が有限群のとき，HaK に含まれる K の剰余類の個数は $|H : H \cap aKa^{-1}|$ で与えられる．

【解答】 (i) $a = eae$ より $a \sim a$．$a \sim b$ とすると $b = xay$ $(x \in H, b \in K)$ であるから，$a = x^{-1}by^{-1}$ $(x^{-1} \in H, y^{-1} \in K)$．よって，$b \sim a$．$a \sim b, b \sim c$ とすると $b = xay, c = x'by'$ $(x, x' \in H, y, y' \in K)$ であるから，$c = (x'x)a(yy')$ $(x'x \in H, yy' \in K)$．よって，$a \sim c$．以上より，$\sim$ は同値律を満たす．また，$\sim$ の定義から a の同値類は明らかに HaK になる（この同値類を G の H, K による**両側同値類**という）．

(ii) $HaK = \cup_{x \in H} xaK$ と書けて，右辺は K を法とする左剰余類の和集合である．$x, x' \in H$ に対して
$$xaK = x'aK \Longleftrightarrow a^{-1}x'^{-1}xa \in K \Longleftrightarrow x'^{-1}x \in aKa^{-1}$$
$$\Longleftrightarrow x'^{-1}x \in H \cap aKa^{-1}$$
よって，H の部分群 $H \cap aKa^{-1}$ を法とする左剰余類の個数と HaK に含まれる K を法とする左剰余類の個数は等しい．

〚注意〛 G を両側同値類の和で書いたとき，それを G の H, K による**両側分解**という．

例題 11 ────────────── (2 つの部分群の積の元の個数)

群 G の 2 つの部分群 H, K の位数をそれぞれ r, s とする．$H \cap K$ の位数を t とすれば，積 HK に含まれる元の個数は rs/t で与えられることを証明せよ．

【解答】 $L = H \cap K$ は H の部分群であるから H の L による左分解を
$$H = a_1 L + a_2 L + \cdots + a_n L \quad (a_1 = e, n = |H : L| = r/t)$$
とすると，L は K の部分群でもあるから
$$HK = (a_1 L + a_2 L + \cdots + a_n L)K = a_1 K + a_2 K + \cdots + a_n K$$
$a_i K \cap a_j K \ni b$ $(i \neq j)$ をとれば，$b = a_i k = a_j k'$ $(k, k' \in K)$ と書ける．よって，$a_j^{-1} a_i = k' k^{-1} \in H \cap K = L$ となり，$a_i \in a_j L$．これは不合理であるから，$a_i K$ と $a_j K$ は共通な元をもたない．ゆえに，HK の元の個数は $ns = rs/t$．

（別解：例題 10 (ii) で $a = e$ と考えればよい．）

1.2 部分群

問題 1.2 A

1. H_λ がすべて群 G の部分群（または正規部分群）ならば，$\cap_\lambda H_\lambda$ もまた G の部分群（または正規部分群）になることを示せ．
2. 群 G の 2 つの部分群 H, K に対して，HK が G の部分群になるためには，$HK = KH$ となることが必要十分であることを証明せよ．
3. 群 G の部分群 H, N に対して，$N \triangleleft G$ ならば，HN は G の部分群で，しかも $H \cap N \triangleleft H$ になることを証明せよ．さらに，$H \triangleleft G$ であれば，$HN \triangleleft G$ がいえることを示せ．
4. H を群 G の部分群とすれば，$G \ni a$ に対して，aHa^{-1} も G の部分群になることを示せ．これを G の**共役部分群**という．
5. $H = \{2^r 3^s 5^t \mid r, s, t \in \mathbf{Z}\}$ は有理数の乗法群 $\mathbf{Q}^\times$ の部分群になることを示せ．
6. 2 面体群 D_n は 2 次の直交群 $O(2)$ の部分群になることを示せ．
7. 4 元数群（問題 1.1A, 14 を参照）の自明でない部分群をすべて求めよ．そのうちどれが正規部分群になるか．また，中心は何か．
8. 有限群の元の位数は有限であることを示せ．
9. 位数 6 の巡回群に属するすべての元の位数を求めよ．
10. 群 G の元 a の位数が n のとき，自然数 k に対して，$a^k = e$ になるのは $n \mid k$ のときに限ることを示せ．
11. 群 G の元 a の位数が mn ならば，a^n の位数は m であることを示せ．
12. 群 G の元 a の位数が n のとき，自然数 m に対して，a^m の位数は $n/(m, n)$ で与えられることを証明せよ．
13. アーベル群 G の元 a, b の位数をそれぞれ $m, n, (m, n) = 1$ とすれば，ab の位数は mn になることを証明せよ．
14. 位数 4 の群をすべて決定せよ．
15. 4 次の 2 面体群の自明でない部分群をすべて求めよ．そのうちどれが正規部分群になるか．
16. アーベル群 G において位数が有限な元の全体 H は G の部分群になることを証明せよ．
17. 巡回群はアーベル群であることを示せ．
18. 巡回群の剰余群も巡回群になることを示せ．
19. 加法群 $\mathbf{Z}$ の部分群は $n\mathbf{Z}$ とかけるものしかないことを証明せよ．
20. 位数が素数である群は巡回群になることを示せ．
21. 位数 n の巡回群には n の任意の約数 m を位数にもつ部分群がただ 1 つ存在することを証明せよ．

22. 巡回群 $G = \langle a \rangle$ が $\langle a \rangle = \langle a^m \rangle$ ($m \in \mathbf{Z}$) になるためには，無限巡回群に対しては，$m = 1, -1$ が，位数 n の巡回群に対しては，$(m, n) = 1$ がそれぞれ必要十分であることを証明せよ．

23. 位数 24 の巡回群 $G = \langle a \rangle$ に対して，G の生成元をすべて求めよ．また，G の真の部分群をすべて求めよ．

24. $\{3, 5\}$ は加法群 $\mathbf{Z}$ の 1 つの生成系になることを示せ．

25. 3 次の 2 面体群 $D_3 = \{e, a, a^2, b, ab, a^2b\}$ の部分群 $H_1 = \{e, a, a^2\}$, $H_2 = \{e, b\}$ を法とする左剰余類と右剰余類の集合を求めて，D_3 の左分解と右分解を書け．

26. 群 G の部分群 H を法とする左右の剰余類の個数は有限ならば等しくなることを証明せよ．

27. $|G:H| = 2$ ならば，$H \triangleleft G$ を示せ．

28. H を有限群 G の部分群，K を H の部分群とすれば，$|G:K| = |G:H||H:K|$ が成り立つことを証明せよ．

29. H が G の部分集合で K が G の部分群，HK を群 G の部分群とするとき，$|HK:K| = |H:H \cap K|$ を証明せよ．

30. 群 G の 2 つの正規部分群 N, K に対し，$N \subset K$ であれば $K/N \triangleleft G/N$ となることを証明せよ．

31. 群 G の正規部分群 N が G の中心に含まれていて，G/N が巡回群であれば，G はアーベル群になることを証明せよ．

32. 特殊線形群 $SL(n, \mathbf{R})$ の中心はどんな群になるか．

||||||| 問題 1.2　B |||||||||||||||||||||||||||||||||||||||||||||||||||||||||||||

1. 群 G の有限部分集合 H が結合で閉じているとき，すなわち
$$H \ni a, b \implies ab \in H$$
が成り立てば，H は G の部分群になることを証明せよ．

2. 群 G の元 $a, b \,(\neq e)$ について，$ab = b^2a$ であって，a の位数が 5 であれば，b の位数は 31 になることを証明せよ．

3. 有限群 G の元 a, b, c に対して，ab と ba の位数が等しいこと，および abc, bca, cab の位数がすべて等しくなることを示せ．

4. 群 G の位数 n が整数 m と互いに素であれば，G の元 a に対して，$b^m = a$ となる $G \ni b$ がただ 1 つ存在することを示せ．

5. 有限群 G の正規部分群 N の位数 n と指数 m が互いに素であれば
$$N = \{a \in G \mid a^n = e\} = \{b^m \mid b \in G\}$$
と書けることを証明せよ．

6. 有限群 G の部分群 H, K の指数が互いに素であれば，$G = HK$ となることを示せ．

1.2 部 分 群

7. 実数の乗法群 $\boldsymbol{R}^{\times}$ の部分群 H で $|\boldsymbol{R}^{\times}:H|=2$ となるものを求めよ.
8. 複素数の乗法群 $\boldsymbol{C}^{\times}$ の指数有限の部分群をすべて求めよ.
9. 位数 8 の非可換群を決定せよ.
10. 2 面体群の中心を求めよ.

===== ヒントと解答 =====

問題 1.2 A

1. $\cap_\lambda H_\lambda \ni a, b$ ならば, 任意の λ について $a, b \in H_\lambda$ であるから $ab^{-1} \in H_\lambda$. よって, $ab^{-1} \in \cap_\lambda H_\lambda$. 正規部分群については, $a(\cap_\lambda H_\lambda) = \cap_\lambda(aH_\lambda) = \cap_\lambda(H_\lambda a) = (\cap_\lambda H_\lambda)a$ による.

2. HK が G の部分群なら定理 1 から, $HK = (HK)^{-1} = K^{-1}H^{-1} = KH$. 逆に, $HK = KH$ なら, $(HK)(HK)^{-1} = HKK^{-1}H^{-1} = HKH = HHK = HK$.

3. $H \ni a, a', N \ni b, b'$ をとれば, 定理 4 から $a'^{-1}ba' \in N$, $ab^{-1}a^{-1} \in N$ であるから, $(ab)(a'b') = (aa')(a'^{-1}ba')b' \in HN$. $(ab)^{-1} = b^{-1}a^{-1} = a^{-1}(ab^{-1}a^{-1}) \in HN$. よって, HN は G の部分群である. $H \cap N \ni x$, $H \ni a$ をとれば, $x \in H$ より $axa^{-1} \in H$, $x \in N$ および $N \triangleleft G$ より $axa^{-1} \in N$, すなわち $axa^{-1} \in H \cap N$ となり $H \cap N \triangleleft H$. さらに, $G \ni a, H \ni x, N \ni y$ ならば, $a(xy)a^{-1} = (axa^{-1})(aya^{-1}) \in HN$ であるから $HN \triangleleft G$.

4. $H \ni b, b'$ をとれば, $bb', b^{-1} \in H$ であるから, $(aba^{-1})(ab'a^{-1}) = a(bb')a^{-1} \in aHa'$. $(aba^{-1})^{-1} = ab^{-1}a^{-1} \in aHa^{-1}$.

5. $H \ni a = 2^r 3^s 5^t$, $b = 2^u 3^v 5^w$ $(r, s, t, u, v, w \in \boldsymbol{Z})$ をとれば, $ab = 2^{r+u} 3^{s+v} 5^{t+w}$, $a^{-1} = 2^{-r} 3^{-s} 5^{-t} \in H$.

6. 例題 4 の注意より D_n は $a = \begin{bmatrix} \cos\dfrac{2\pi}{n} & -\sin\dfrac{2\pi}{n} \\ \sin\dfrac{2\pi}{n} & \cos\dfrac{2\pi}{n} \end{bmatrix}$ と $b = \begin{bmatrix} -1 & 0 \\ 0 & 1 \end{bmatrix}$ で生成され, a, b は $O(2)$ の元である.

7. 4 つの部分群 $\{1, -1\}, \{1, i, -1, -i\}, \{1, j, -1, -j\}, \{1, k, -1, -k\}$ をもつ. いずれも正規部分群であり, それぞれ $-1, i, j, k$ で生成される巡回群である. 中心は $\{1, -1\}$.

8. 位数 n の有限群 G の任意の元 a のべき $a^0 = e, a, a^2, \cdots$ は高々 n 個の異なる元にしかなりえない.

9. $G = \langle a \rangle$ の元 $e, a, \cdots, a^5$ の位数はこの順でそれぞれ $1, 6, 3, 2, 3, 6$.

10. $k = qn + r$ $(0 \leqq r < n)$ とすれば, $a^k = (a^n)^q a^r = a^r$. n の最小性より, $a^r = e \Longleftrightarrow r = 0 \Longleftrightarrow n \mid k$.

11. $(a^n)^m = a^{nm} = e$ より a^n の位数を k とすれば, 前問より $k \mid m$. $a^{nk} = (a^n)^k = e$ より $mn \mid nk$, すなわち $m \mid k$. よって, $m = k$.

12. $(m, n) = d$, $n = dn'$, $m = dm'$, $(m', n') = 1$ とする. $(a^m)^{n'} = a^{dm'n'} = (a^n)^{m'} = e$. a^m の位数を r とすれば, $r \mid n'$. $e = (a^m)^r = a^{mr}$ より $n \mid mr$, すなわち $n' \mid m'r$ となって, $n' \mid r$. よって, $r = n' = n/d$.

13. ab の位数を r とすれば, $(ab)^{mn} = a^{mn}b^{mn} = (a^m)^n(b^n)^m = e$ より $r \mid mn$. $e = (ab)^r = a^r b^r$ より, $e = (a^r b^r)^n = a^{nr}(b^n)^r = a^{nr}$. よって, $m \mid nr$. $(m, n) = 1$ から $m \mid r$. 同様に, $n \mid r$ がいえるから $mn \mid r$.

14. $G \ni a$ の位数が 4 ならば, $\langle a \rangle = G$. G が位数 4 の元を含まなければ, e 以外の各元の位数は 2 である. よって, 問題 1.1A, 4 より G はアーベル群になる: $G = \{e, a, b, c\}$, $ab \neq e, a, b$ であるから $ab = c$. このとき, $ab = ba = c$, $bc = cb = (ab)b = a$, $ca = ac = a(ab) = b$ となって G はクラインの 4 元群である. よって, 位数 4 の群は巡回群およびクラインの群である. 網羅的に乗積表を (コンピュータ等で) つくってもよい.

15. 例題 4 の記号で, 位数 2 の部分群は $\{e, a^2\}$, $\{e, b\}$, $\{e, ab\}$, $\{e, a^2b\}$, $\{e, a^3b\}$ の 5 つ, 位数 4 の部分群は $\langle a \rangle$, $\{e, a^2, b, a^2b\}$, $\{e, a^2, ab, a^3b\}$ の 3 つ (前問を参照). 正規部分群は位数 4 の 3 つの部分群と $\{e, a^2\}$.

16. $H \ni a, b$ の位数を m, n とすれば, $(ab)^{mn} = (a^m)^n(b^n)^m = e$, $(a^{-1})^m = (a^m)^{-1} = e$ より $ab \in H$, $a^{-1} \in H$.

17. $G = \langle a \rangle \ni a^i, a^j$ をとれば, $a^i a^j = a^{i+j} = a^j a^i$.

18. $G = \langle a \rangle$ とすれば, (正規) 部分群は $H = \langle a^m \rangle$ と書けて, 剰余群 G/H の元は $a^i H$ の形をしている. $a^i H = (aH)^i$ より G/H は位数 $r \, (= |G : H|)$ の巡回群 $\langle aH \rangle$ になる.

19. $\mathbf{Z}$ の部分群 H に含まれる最小の正の整数 n をとる. $H \ni a = nq + r \, (0 \leqq r < n)$ とすれば, H は部分加群であるから, $nq \in H$. よって, $r = a - nq \in H$ となり, n の最小性から $r = 0$, すなわち $a = nq \in n\mathbf{Z}$ となり, $H \subset n\mathbf{Z}$. 次に $\mathbf{Z} \ni k$ をとれば, H は部分加群であるから $nk \in H$ となり $n\mathbf{Z} \subset H$. ゆえに $H = n\mathbf{Z}$.

20. $G \ni a \, (\neq e)$ の位数は $|G| = p$ (∵素数) の約数であるから p. よって, $G = \langle a \rangle$. 部分群の位数は $|G| = p$ の約数であるから, この場合 G は単純になる.

21. $G = \langle a \rangle$, $l = n/m$ とする. 部分群 $H = \langle a^l \rangle$ の位数は m である. 他に位数 m の部分群 $K = \langle a^k \rangle$ があれば, $k \mid n$.

22. $\langle a \rangle$ が無限群のとき, $\langle a \rangle = \langle a^m \rangle$ ならば, ある $r \in \mathbf{Z}$ に対して $a^{mr} = a$. よって, $a^{mr-1} = e$ となり, a は無限位数であるから $mr - 1 = 0$. ゆえに $m = \pm 1$. 逆は明らか. $\langle a \rangle$ が位数 n の有限群のとき, 同様に $a^{mr-1} = e$ から, $n \mid (mr - 1)$. すなわち, $mr - 1 = ns \, (s \in \mathbf{Z})$ となって, $(m, n) = 1$. 十分性は問題 1.2A, 10 を参照してこの逆をたどればよい.

23. 前問より生成元は a^m, $m = 1, 5, 7, 11, 13, 17, 19, 23$ で $\varphi(24) = 8$ 個ある. $\{e\}$ でない真の部分群は $\langle a^k \rangle$ $(k = 2, 3, 4, 6, 8, 12)$

24. $(3, 5) = 1$ より整数 x, y が存在して $\mathbf{Z} \ni 1 = 3x + 5y \in \langle 3, 5 \rangle$ となる．

25. H_1 を法とする左剰余類は H_1, $bH_1 = \{b, ba, ba^2\}$, 右剰余類は H_1, $H_1b = \{b, ab, a^2b\}$. 左右の分解は $D_3 = H_1 + bH_1 = H_1 + H_1b$. H_2 を法とする左剰余類は H_2, $aH_2 = \{a, ab\}$, $a^2H_2 = \{a^2, a^2b\}$, 右剰余類は H_2, $H_2a = \{a, ba\} = \{a, a^2b\}$, $H_2a^2 = \{a^2, ba^2\} = \{a^2, ab\}$. 左右の分解は $D_3 = H_2 + aH_2 + a^2H_2 = H_2 + H_2a + H_2a^2$.

26. G の H による左分解を $G = a_1H + \cdots + a_nH$ $(a_1 = e)$ とする. $G \ni x$ に対し $x^{-1} \in a_iH$ とすれば, $x \in (a_iH)^{-1} = H^{-1}a_i^{-1} = Ha_i^{-1}$ であるから G の元はどれかの右剰余類に含まれる. $i \neq j$ に対し, $Ha_i^{-1} \cap Ha_j^{-1} \ni ba_i^{-1} = ca_j^{-1}$ $(b, c \in H)$ とすれば, $a_j = a_ib^{-1}c \in a_iH$ となり矛盾. よって, $Ha_i^{-1} \cap Ha_j^{-1} = \emptyset$ となり, 右分解 $G = Ha_1^{-1} + \cdots + Ha_n^{-1}$ を得る.

27. $a \in G$ とする. $a \notin H$ のとき $G = H + aH = H + Ha$ であるから, $aH = Ha$. $a \in H$ のときは明らかに $aH = Ha$ $(= H)$. いずれにしても $H \triangleleft G$.

28. 定理 3 より $|G:H||H:K| = |G|/|H| \cdot |H|/|K| = |G|/|K| = |G:K|$.

[別解] $G = a_1H + a_2H + \cdots + a_mH$, $H = b_1K + b_2K + \cdots + b_nK$ $(m = |G:H|, n = |H:K|)$ とすれば, $a_iH = a_ib_1K + a_ib_2K + \cdots + a_ib_nK$ により $G = a_1b_1K + \cdots + a_ib_jK + \cdots + a_mb_nK$.

29. K は HK の部分群になるから $|HK:K| = |HK|/|K|$. 例題 11 により右辺は
$$|H|/|H \cap K| = |H:H \cap K|$$

30. $K \triangleright N$ に注意して, $G/N \ni aN$, $K/N \ni bN$ ならば,
$$aNbN(aN)^{-1} = aba^{-1}N \in K/N$$

31. $G/N = \langle aN \rangle$ の各元は a^iN と書けるから, G の元は a^ib $(b \in Z(G))$ の形をしている. $N \subset Z(G)$ であるから $a^iba^jb' = a^jb'a^ib$ が成り立つ.

32. 例題 9 (ii) より, $SL(n, \mathbf{R})$ の中心の元は $A = aE$ (E は n 次単位行列) の形である. これが $\det A = 1$ を満たすから $a^n = 1$. よって, n が偶然, 奇数に応じてそれぞれ $\mathbf{R} \ni a = \pm 1, 1$ であるから, 中心 $Z(SL(n, \mathbf{R})) = \begin{cases} \{E, -E\} & n : 偶数 \\ \{E\} & n : 奇数 \end{cases}$.

問題 1.2 B

1. $H \ni a$ $(\neq e)$ をとれば, $a^2 = aa \in H$, $a^3 = aa^2 \in H$ を繰り返せば, H は有限よりすべての a^i は異なる元でない. よって, ある整数 m, n に対して $a^m = a^n$ $(m > n > 0)$ が成り立つから $e = a^{m-n} = aa^{m-n-1}$. $a \neq e$ より $m - n - 1 > 0$ となって, $a^{m-n-1} \in H$, すなわち $a^{-1} = a^{m-n-1} \in H$.

2. $b^4 = (aba^{-1})(aba^{-1}) = ab^2a^{-1} = a(aba^{-1})a^{-1} = a^2ba^{-2}$, $b^8 = (a^2ba^{-2})(a^2ba^{-2})$ $= a^2b^2a^{-2} = a^2(aba^{-1})a^{-2} = a^3ba^{-3}$, $b^{16} = (a^3ba^{-3})(a^3ba^{-3}) = a^3(aba^{-1})a^{-3} = a^4ba^{-4}$. よって, $b^{32} = (a^4ba^{-4})(a^4ba^{-4}) = a^4(aba^{-1})a^{-4} = a^5ba^{-5} = b$. すなわち,

$b^{31} = e$. 31 は素数で $a \neq e$ より, a の位数は 31.

3. ab の位数を m とすると, $e = (ab)^m = a(ba)(ba)\cdots(ba)b = a(ba)^{m-1}b$ より $(ba)^{m-1} = a^{-1}b^{-1} = (ba)^{-1}$, すなわち $(ba)^m = e$. よって, ba の位数を n とすれば, $n \mid m$. 同様にして, $(ba)^n = e$ より $(ab)^n = e$ となるから, $m \mid n$. よって, $m = n$. 他の場合も同様にできる.

4. 写像 $f: G \ni a \longrightarrow a^m \in G$ を考える. $f(a) = f(b)$ $(a, b \in G)$ とする. $ms + nt = 1$ $(s, t \in \mathbf{Z})$ とできるから $a = a^{ms+nt} = a^{ms} = f(a)^s = f(b)^s = b^{ms} = b^{ms+nt} = b$. よって, f は単射になり, G は有限より全射にもなる. (像の) G の元 a をとれば $f(b) = a$ となる G の元 b がただ 1 つ存在する.

5. $ms + nt = 1$ $(s, t \in \mathbf{Z})$ として, $a^n = e$ とすれば, $a = a^{ms+nt} = a^{ms}$. $(aN)^m = a^m N = N$ であるから $a^m \in N$. よって, $a \in N$ すなわち $\{a \mid a^n = e\} \subset N$. 逆の包含関係は N の位数が n であることから明らか. 次に, $a \in N$ をとれば, $a^n = e$ より $a = (a^s)^m = b^m$ $(a^s = b \in G)$. よって, $N \subset \{b^m \mid b \in G\}$. 逆に, $b \in G$ をとれば, m が指数であるから $b^m \in N$ となり, 逆の包含関係が成り立つ.

6. $|G : H| = m$, $|G : K| = n$ とおけば, $|G| = m|H| = n|K|$, $(m, n) = 1$ であるから $|H| = dn$, $|K| = dm$ と書ける. $|H \cap K| = k$ は dm, dn の公約数より $k \mid d$. 例題 11 から $|HK| = dm \cdot dn/k \geqq dmn$. 一方, $|G| = dmn$, $G \supset HK$ であるから $G = HK$.

7. $\mathbf{R}^\times \ni x$ が $x \notin H$ のとき $\mathbf{R}^\times = H + xH$, $x^2 \in H$. $\mathbf{R}^+$ を正の実数の乗法群として, $\mathbf{R}^+ \ni y = z^2$ $(z \in \mathbf{R}^\times)$ と書けるから $\mathbf{R}^+ \subset H$. $\mathbf{R}^\times = \mathbf{R}^+ + (-1)\mathbf{R}^+$, $|\mathbf{R}^\times : \mathbf{R}^+| = 2$ であるから $2 = |\mathbf{R}^\times : \mathbf{R}^+||H : \mathbf{R}^+|$. よって, $|H : \mathbf{R}^+| = 1$ から $H = \mathbf{R}^+$.

8. $\mathbf{C}^\times$ の指数 n の (正規) 部分群を H とする. $\mathbf{C}^\times / H = \{a_1 H, a_2 H, \cdots, a_n H\}$ として $(a_i H)^n = a_i^n H = H$ であるから $a_i^n \in H$. よって, $\mathbf{C}^\times \ni x = a_i b$ $(b \in H)$ より $x^n = a_i^n b^n \in H$. $\mathbf{C}^\times \ni x$ の n 乗根の 1 つを $y \in \mathbf{C}^\times$ とすれば $x = y^n \in H$ となり $\mathbf{C}^\times \subset H$. ゆえに $H = \mathbf{C}^\times$ となり真の部分群は存在しない.

9. 位数 8 の非可換群 G は位数 4 の元 a を含み, 位数 8 の元を含まないことがわかる. $H = \langle a \rangle$, $H \not\ni b$ とすれば, $bab^{-1} \in H$, bab^{-1} の位数は 4 であるから $bab^{-1} = a^{-1}$. b の位数は 8 ではないから, $a^4 = e$, $bab^{-1} = a^3$, $a^2 = b^2$ (4 元数群 : $a = i, b = j$ とおけ) および $a^4 = e$, $bab^{-1} = a^3$, $b^2 = e$ (4 次の 2 面体群).

10. $D_n = \{e, a, \cdots, a^{n-1}, b, ab, \cdots, a^{n-1}b\}$ $(a^n = b^2 = e, ab = ba^{-1})$ の中心を Z とする. $Z \ni a^i$ ならば, $ba^i = a^i b = a \cdots ab = a \cdots aba^{-1} = a \cdots aba^{-2} = \cdots = ba^{-i}$ となって $a^{2i} = e$. よって, $n \mid 2i$. $1 \leqq i < n$ であるから $n = 2i$. したがって, n が奇数なら $a^i \notin Z$, 偶数なら $a^{\frac{n}{2}} \in Z$. また, $a^i b \in Z$ ならば, $aa^i b = a^i ba$ であるから $ab = ba$. $n \geqq 3$ なら D_n は非可換であるから, これは $n = 2$ のときだけ成り立つ. 以上より
$$Z(D_n) = \begin{cases} \{e, a^{\frac{n}{2}}\} & n : 偶数 > 2, \ Z(D_2) = D_2 \\ \{e\} & n : 奇数 \end{cases}$$

1.3 準同型写像

◆ **準同型写像・同型写像** 群 G から群 G' への写像 $f: G \longrightarrow G'$ が, G の任意の元 a, b に対して
$$f(ab) = f(a)f(b)$$
を満たすとき, f を G から G' への**準同型**(**写像**)という. さらに準同型写像 f が全単射のとき, f を**同型**(**写像**)という. 2つの群 G, G' の間に同型写像が存在するとき, G と G' は**同型**であるといい, $G \cong G'$ と書く. 2つの有限群が同型ならば, それらの位数は等しく, 対応する元を同じ記号で表せば乗積表も一致する. また, 互いに同型な群は同じ構造をもつから, しばしば同一視される.

全射準同型を**上への準同型**, 単射準同型を**中への同型**ということもある.

乗法群 $\boldsymbol{C}^\times$ から乗法群 $\boldsymbol{R}^\times$ への写像 $f: \boldsymbol{C}^\times \ni z \longrightarrow |z| \in \boldsymbol{R}^\times$ は準同型写像である.

無限巡回群は加法群 $\boldsymbol{Z}$ と同型である.

$G \triangleright N$ のとき, $\pi: G \ni a \longrightarrow aN \in G/N$ は群 G から剰余群 G/N の上への準同型になる. これを**自然な準同型**, または**標準的準同型**という.

◆ **像と核** 群 G から群 G' への準同型 f が与えられたとき, G の f による像 $f(G)$ を $\mathrm{Im}\, f$ で表し, f の**像**という. G' の単位元 e' の逆像 $\{a \in G \mid f(a) = e'\}$ を $\mathrm{Ker}\, f$ で表し, f の**核**という.

定理 5(準同型定理または第 1 同型定理)

$f: G \longrightarrow G'$ を群 G から群 G' への準同型写像とするとき,
 (i) $\mathrm{Ker}\, f$ は G の正規部分群である.
 (ii) 剰余群 $G/\mathrm{Ker}\, f$ は f による G の像と同型になる:
$$G/\mathrm{Ker}\, f \cong \mathrm{Im}\, f$$

実数の加法群 $\boldsymbol{R}$ から複素数の乗法群 $\boldsymbol{C}^\times$ への準同型 $f: \theta \longrightarrow e^{2\pi i \theta}$ に対して, $\mathrm{Im}\, f = \{z \in \boldsymbol{C} \mid |z| = 1\} = \boldsymbol{T}$, $\mathrm{Ker}\, f = \boldsymbol{Z}$(整数の加法群)になるから,
$$\boldsymbol{R}/\boldsymbol{Z} \cong \boldsymbol{T}$$
が成り立つ. 群 $\boldsymbol{R}/\boldsymbol{Z}$, ないし $\boldsymbol{T}$ を**トーラス群**という.

定理 6(第 2 同型定理)

群 G の 2 つの部分群 H, N について, $N \triangleleft G$ とする. このとき
$$H/H \cap N \cong HN/N$$
が成り立つ.

定理 7（第 3 同型定理）

(i) N_1, N_2 を群 G の正規部分群で $N_1 \supset N_2$ とするとき
$$(G/N_2)/(N_1/N_2) \cong G/N_1$$
が成り立つ.

(ii) $f: G \longrightarrow G'$ を群 G から群 G' への全射準同型で, $N' \triangleleft G'$ とするとき, $N = f^{-1}(N') \triangleleft G$ であって,
$$G/N \cong G'/N'$$
が成り立つ.

◆ **自己同型・内部自己同型**　群 G から G 自身への準同型写像, 同型写像をそれぞれ G の**自己準同型**（写像）, G の**自己同型**（写像）という. 群 G の自己同型の全体は例題 3 からわかるように写像の合成を結合にもつ群になる. これを**自己同型群**といい, $\mathrm{Aut}(G)$ で表す. $\mathrm{Aut}(G)$ は G 上の対称群 $S(G)$（例題 3 を参照）の部分群になる.

群 G の部分群 H が任意の $\sigma \in \mathrm{Aut}(G)$ で不変のとき, すなわち
$$\sigma(H) \subset H$$
のとき, H を G の**特性部分群**または**不変部分群**という.

G の元 a に対して, 写像 $I_a : G \ni x \longrightarrow axa^{-1} \in G$ は G の自己同型写像になり, これを G の**内部自己同型**といい, その全体を $\mathrm{Inn}(G)$ で表す.

◆ **完全系列**　群と準同型写像からなる図式
$$G_0 \xrightarrow{f_1} G_1 \xrightarrow{f_2} G_2 \xrightarrow{f_3} \cdots \xrightarrow{f_k} G_k$$
において,
$$\mathrm{Im}\, f_i = \mathrm{Ker}\, f_{i+1} \quad (i = 1, 2, \cdots, k-1)$$
が成り立つとき, この図式を**完全系列**といい,
$$G_0 \xrightarrow{f_1} G_1 \xrightarrow{f_2} G_2 \xrightarrow{f_3} \cdots \xrightarrow{f_k} G_k \quad (完全)$$
で表す.

$f: G \longrightarrow G'$ が準同型のとき, $e = \{e\}$ を単位群とすれば,
$$f \text{ が単射} \iff e \longrightarrow G \longrightarrow G' \quad (完全)$$
$$f \text{ が全射} \iff G \longrightarrow G' \longrightarrow e \quad (完全)$$
が成り立つ.

1.3 準同型写像

例題 12 ────────────── （準同型写像の像と逆像）

$f : G \longrightarrow G'$ を群 G から群 G' への準同型写像とするとき，次の各々を証明せよ．
（i） $f(e) = e'$, $f(a^{-1}) = f(a)^{-1}$ （e, e' はそれぞれ G, G' の単位元，$a \in G$）
（ii） H を G の部分群とするとき，f による H の像
$$f(H) = \{f(a) \mid a \in H\}$$
は G' の部分群である．
さらに，$H \triangleleft G$ ならば，$f(H) \triangleleft f(G) \, (= \mathrm{Im}\, f)$ が成り立つ．
（iii） H' を G' の部分群とするとき，f による H' の逆像
$$f^{-1}(H') = \{a \in G \mid f(a) \in H'\}$$
は G の部分群である．
さらに，$H' \triangleleft G'$ ならば，$f^{-1}(H') \triangleleft G$ が成り立つ．

【解答】（i） $ae = a$ より，$f(a)f(e) = f(ae) = f(a)$ となるから，$f(e)$ は G' の単位元 e' である．$aa^{-1} = e$ より，
$$f(a)f(a^{-1}) = f(aa^{-1}) = f(e) = e'$$
となるから，$f(a^{-1})$ は $f(a)$ の逆元である：$f(a^{-1}) = f(a)^{-1}$．

（ii） $f(H) \ni a', b'$ をとれば，$a' = f(a)$, $b' = f(b)$ となる $a, b \in H$ が存在して，$ab \in H$, $a^{-1} \in H$ であるから，
$$a'b' = f(a)f(b) = f(ab) \in f(H)$$
また，（i）より $a'^{-1} = f(a)^{-1} = f(a^{-1}) \in f(H)$．よって，定理 1 より $f(H)$ は G' の部分群になる．

次に，$H \triangleleft G$ とする．$f(G) \ni a'$, $f(H) \ni x'$ をとれば，$a' = f(a)$, $x' = f(x)$ となる $a \in G$, $x \in H$ が存在するから
$$a'x'a'^{-1} = f(a)f(x)f(a^{-1}) = f(axa^{-1}) \in f(H)$$
よって，定理 4 より $f(H)$ は $f(G)$ の正規部分群になる．

（iii） $f^{-1}(H') \ni a, b$ をとれば，$f(a) \in H'$, $f(b) \in H'$ より
$$f(ab) = f(a)f(b) \in H', \quad f(a^{-1}) = f(a)^{-1} \in H'$$
よって，$ab \in f^{-1}(H')$, $a^{-1} \in f^{-1}(H')$．すなわち，$f^{-1}(H')$ は G の部分群になる．

次に，$H' \triangleleft G'$ とする．$f^{-1}(H') \ni x$, $G \ni a$ をとれば，
$$f(axa^{-1}) = f(a)f(x)f(a^{-1}) = f(a)f(x)f(a)^{-1} \in H'$$
よって，$axa^{-1} \in f^{-1}(H')$ となるから，$f^{-1}(H')$ は G の正規部分群になる．

【注意】例題の（ii），（iii）より，とくに準同型写像 f による像 $f(G) = \mathrm{Im}\, f$ は G' の部分群，核 $\mathrm{Ker}\, f$ は G の正規部分群になる．

例題 13 ──────────（加法群の準同型）

加法群 A から加法群 A' への準同型写像 f, すなわち
$$f(a+b) = f(a) + f(b) \quad (a, b \in A)$$
を満たす f の全体を $\mathrm{Hom}(A, A')$ で表す．$\mathrm{Hom}(A, A')$ の元 f, g の和 $f+g$ を
$$(*) \quad (f+g)(a) = f(a) + g(a) \quad (a \in A)$$
で定義すれば，$\mathrm{Hom}(A, A')$ はこの結合で加法群になることを示せ．さらに，B も加法群とすれば，写像 $\psi : \mathrm{Hom}(A', B) \ni g \longrightarrow g \cdot f \in \mathrm{Hom}(A, B)$ は準同型写像になることを証明せよ．

【解答】 $\mathrm{Hom}(A, A') = H$ とおく．$f, g \in H$ に対し，$(*)$ により $f+g$ は A から A' への写像になり，
$$(f+g)(a+b) = f(a+b) + g(a+b) = f(a) + f(b) + g(a) + g(b)$$
$$= (f+g)(a) + (f+g)(b) \quad (a, b \in A)$$
が成り立つから，$f+g \in H$．さらに，可換法則 $f+g = g+f$ が成り立つことは $(*)$ から $(f+g)(a) = f(a) + g(a) = g(a) + f(a) = (g+f)(a)$ となることによる．

また，結合法則 $(f+g)+h = f+(g+h)$ $(f, g, h \in H)$ は
$$((f+g)+h)(a) = (f+g)(a) + h(a) = f(a) + g(a) + h(a)$$
$$= f(a) + (g+h)(a) = (f+(g+h))(a) \quad (a \in A)$$
により，成り立つ．

写像 $f_0 : A \ni a \longrightarrow 0 \in A'$ について，明らかに $f_0 \in H$ で
$$(f_0 + f)(a) = f_0(a) + f(a) = 0 + f(a) = f(a) \quad (f \in H, a \in A)$$
により，f_0 は H の単位元である．

写像 $f^- : A \ni a \longrightarrow -(f(a)) \in A'$ について
$$f^-(a+b) = -(f(a+b)) = -(f(a) + f(b))$$
$$= (-f(a)) + (-f(b)) = f^-(a) + f^-(b)$$
より，$f^- \in H$ で，
$$(f^{-1} + f)(a) = f^-(a) + f(a) = -(f(a)) + f(a) = 0 = f_0(a) \quad (f \in H, a \in A)$$
により，$f^- + f = f_0$ が成り立つから，f^- は f の逆元である．

以上より，$H = \mathrm{Hom}(A, A')$ は加法群になる．

次に，$\mathrm{Hom}(A', B) \ni g, h, A \ni a$ に対して，
$$(\psi(g+h))(a) = ((g+h) \cdot f)(a) = (g+h)(f(a))$$
$$= g(f(a)) + h(f(a)) = (g \cdot f)(a) + (h \cdot f)(a)$$
$$= \psi(g)(a) + \psi(h)(a) = (\psi(g) + \psi(h))(a)$$
よって，$\psi(g+h) = \psi(g) + \psi(h)$ となり ψ は準同型写像である．

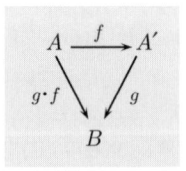

例題 14 ────────────────（同型写像の例）

2次の特殊直交群 $SO(2)$ はトーラス群 T に同型になることを証明せよ．

【証明】 $SO(2) \ni A$ は ${}^t AA = E$, $\det A = 1$ を満たす2次の行列であるから，A は $\begin{bmatrix} \cos\theta & -\sin\theta \\ \sin\theta & \cos\theta \end{bmatrix}$ の形をしている．よって，写像 $SO(2) = \left\{ \begin{bmatrix} \cos\theta & -\sin\theta \\ \sin\theta & \cos\theta \end{bmatrix} \middle| \theta \in \mathbf{R} \right\}$ $\ni A \longrightarrow e^{i\theta} \in T$ は3角関数の加法公式から準同型になる．また，これが全単射になることも容易に見てとれるから，f は同型である．

例題 15 ────────────────（自己同型群）

（ⅰ） 群 G について，次の各々を証明せよ．
$$\mathrm{Aut}(G) \rhd \mathrm{Inn}(G), \quad G/Z(G) \cong \mathrm{Inn}(G)$$
（ⅱ） 加法群 $\mathbf{Z}$ の自己同型群 $\mathrm{Aut}(\mathbf{Z})$ は位数2の巡回群になることを証明せよ．

【解答】（ⅰ） $G \ni a, b$ に対して，$\mathrm{Inn}(G)$ の2元 I_a, I_b をとる．
$$(I_a \cdot I_b)(x) = I_a(bxb^{-1}) = a(bxb^{-1})a^{-1} = (ab)x(ab)^{-1} = I_{ab}(x) \quad (x \in G)$$
であるから，$I_a \cdot I_b = I_{ab} \in \mathrm{Inn}(G)$．また，$I_a \cdot I_{a^{-1}} = I_e = 1_G$（恒等写像）であるから，$(I_a)^{-1} = I_{a^{-1}} \in \mathrm{Inn}(G)$．よって，$\mathrm{Inn}(G)$ は $\mathrm{Aut}(G)$ の部分群である．また，$G \ni a$ に対して，$\mathrm{Inn}(G)$ の元 I_a と $\mathrm{Aut}(G)$ の元 σ をとる．
$$(\sigma I_a \sigma^{-1})(x) = \sigma I_a(\sigma^{-1}(x)) = \sigma(a\sigma^{-1}(x)a^{-1}) = \sigma(a)x\sigma(a^{-1})$$
$$= \sigma(a)x\sigma(a)^{-1} = I_{\sigma(a)}(x) \quad (x \in G)$$
であるから，$\sigma I_a \sigma^{-1} = I_{\sigma(a)} \in \mathrm{Inn}(G)$．よって，$\mathrm{Inn}(G) \lhd \mathrm{Aut}(G)$ が成り立つ．

次に，写像 $f : G \ni a \longrightarrow I_a \ni \mathrm{Inn}(G)$ について，上でみた $I_a \cdot I_b = I_{ab}$ より，$f(a)f(b) = f(ab)$ がいえるから f は準同型になる．これが全射であることは明らかである．I_a が $\mathrm{Inn}(G)$ の単位元 1_G になることは $axa^{-1} = x$ $(x \in G)$ が成り立つことと同値である：$\mathrm{Ker}\, f \ni a \Longleftrightarrow I_a = 1_G \Longleftrightarrow a \in Z(G)$．よって，$\mathrm{Ker}\, f = Z(G)$ となり，準同型定理より $G/Z(G) \cong \mathrm{Inn}(G)$．

（ⅱ） f を $\mathbf{Z}$ の自己同型とするとき，
$$\mathbf{Z} = f(\mathbf{Z}) = \{f(n) \mid n \in \mathbf{Z}\} = \{nf(1) \mid n \in \mathbf{Z}\} = f(1)\mathbf{Z}$$
から，$f(1)$ は $\mathbf{Z}$ の生成元になる．よって，$f(1) = 1$ または -1．したがって，$\mathbf{Z}$ の自己同型写像は
$$\varepsilon : \mathbf{Z} \ni k \longrightarrow k \in \mathbf{Z} \quad \text{（恒等写像）}, \quad \sigma : \mathbf{Z} \ni k \longrightarrow -k \in \mathbf{Z}$$
の2つに限る．このとき，明らかに $\sigma^2 = \varepsilon$ を満たすから $\mathrm{Aut}(\mathbf{Z})$ は位数2の巡回群に同型になる．

問題 1.3 A

1. 加法群 R から乗法群 $R^\times$ への写像 $f : x \longrightarrow e^x = \exp(x)$ は単射準同型で，$\mathrm{Im}\, f$ は正の実数の乗法群 R^+ になることを示せ．また，これより同型 $R \cong R^+$ を示せ．
2. $f : R^\times \ni x \longrightarrow |x| \in R^+$ は全射準同型になることを示せ．
3. 準同型写像 f が単射であるための必要十分条件は $\mathrm{Ker}\, f = \{e\}$ であることを証明せよ．
4. 群の2つの準同型 $f : G \longrightarrow G'$, $g : G' \longrightarrow G''$ に対して，合成写像 $g \cdot f : G \longrightarrow G''$ も準同型になることを示せ．
5. 群の準同型写像 $f : G \longrightarrow G'$ が同型写像になるためには，G' から G への準同型 g で $f \cdot g = 1_{G'}$, $g \cdot f = 1_G$ を満たすものが存在することが必要十分であることを示せ．
6. 同型 $G \cong G'$ の関係は同値関係になることを示せ．
7. $C^\times$ と $R^\times$ は同型でないことを示せ．
8. 4元数群 Q の中心 Z を法とする剰余群 Q/Z はクラインの4元群に同型であることを示せ．
9. 同型 $C^\times/R^+ \cong T$（：トーラス群）および $GL(n, R)/SL(n, R) \cong R^\times$ を証明せよ．
10. $G \longrightarrow G'$ を群の全射準同型として，G がアーベル群ならば，G' もアーベル群になることを示せ．
11. M を生成系とする群 $G = \langle M \rangle$ の準同型 f による像は $f\langle M \rangle$ を生成系とする群であることを証明せよ．
12. 無限巡回群は加法群 Z に，位数 n の有限巡回群は加法群 Z/nZ にそれぞれ同型になることを証明せよ．
13. 群 G が巡回群であるためには加法群 Z から G への全射準同型 f が存在することが必要十分であることを証明せよ．
14. G をアーベル群として，自然数 m に対して $G^{(m)} = \{a^m \mid a \in G\}$ と $G_{(m)} = \{a \in G \mid a^m = e\}$ は G の部分群になることを示し，$G/G_{(m)} \cong G^{(m)}$ を証明せよ．
15. H, K, N を群 G の部分群，N を K の正規部分群とすれば，$(H \cap K)/(H \cap N)$ は G/N の部分群に同型になることを証明せよ．
16. $\mathrm{Aut}(G)$ は G 上の対称群 $S(G)$ の部分群になることを示せ．
17. 加法群 Z の自己準同型 f は $f(n) = an$ $(a \in Z)$ の形に限ることを示せ．
18. 位数 n の巡回群 $G = \langle a \rangle$ の自己同型 σ は $\sigma(a) = a^m$, $(m, n) = 1$ の形に限ることを示せ．
19. 特性部分群は正規部分群であることを示せ．
20. N を群 G の正規部分群，H を N の特性部分群とすれば，$G \triangleright H$ となることを示せ．
21. 群 G の中心 $Z(G)$ は特性部分群になることを証明せよ．

1.3 準同型写像

問題 1.3 B

1. 群 G の部分群 H と群の全射準同型 $f: G \longrightarrow G'$ に対して, $\operatorname{Ker} f = N$ とおけば, $f^{-1}(f(H)) = HN$ が成り立つことを証明せよ.

2. G は位数 n の巡回群で, 素数 p を n の約数とすれば, G から位数 p の巡回群への全射準同型が存在することを示せ. また, この準同型の核は何か.

3. H, H', K, K' をすべて群 G の部分群として, $H \rhd H', K \rhd K'$ とすれば,
$$(H \cap K)H'/(H \cap K')H' \cong (K \cap H)K'/(H' \cap K)K'$$
が成り立つことを証明せよ (ツァッセンハウス (**Zassenhaus**) の補題という).

4. H が群 G の部分群のとき, $N_G(H)/C_G(H)$ は $\operatorname{Aut}(H)$ のある部分群に同型になることを示せ.

5. 位数 8 の巡回群の自己同型群を求めよ.

6. 素数位数の巡回群の自己同型群を求めよ.

7. 群の完全系列について, 次の各々を示せ.
   (1) $e \xrightarrow{f} G \xrightarrow{g} G' \xrightarrow{h} e$ (完全) $\Longleftrightarrow G \cong G'$
   (2) $e \longrightarrow G \xrightarrow{f} G' \xrightarrow{g} G'' \longrightarrow e$ (完全) ならば $G'/f(G) \cong G''$
   逆に $G'/G \cong G''$ ならば $e \longrightarrow G \xrightarrow{f} G' \xrightarrow{g} G'' \longrightarrow e$ (完全)

8. 群と準同型からなる右の図式が可換で (すなわち, $\beta \cdot f = f' \cdot \alpha, \gamma \cdot g = g' \cdot \beta$ が成り立ち), 上下の列が完全であれば, 次の各々が成り立つことを証明せよ.
   (1) α, γ が単射ならば, β も単射である.
   (2) α, γ が全射ならば, β も全射である.
   (3) α, γ が同型ならば, β も同型である.

―― ヒントと解答 ――

問題 1.3 A

1. $\mathbf{R} \ni x, x'$ をとれば, $f(x+x') = e^{x+x'} = e^x e^{x'} = f(x)f(x')$, $e^x = e^{x'}$ より $x = x'$. よって, f は単射準同型. $f(\mathbf{R}) \subset \mathbf{R}^+$ で $\mathbf{R}^+ \ni y$ に対して, $x = \log y$ とおけば $f(x) = y$. よって, f は $\mathbf{R}$ から $\mathbf{R}^+$ への同型写像である.

2. $f(xx') = |xx'| = |x||x'| = f(x)f(x')$. 全射になることは容易.

3. $\operatorname{Ker} f \ni a$ に対し, f が単射ならば, $f(a) = e = f(e)$ より $a = e$. よって, $\operatorname{Ker} f = \{e\}$. 逆に, $\operatorname{Ker} f = \{e\}$ とする. $f(a) = f(b)$ $(a, b \in G)$ ならば, $e = f(a)f(b)^{-1} = f(ab^{-1})$. よって, $ab^{-1} \in \operatorname{Ker} f = \{e\}$ となり, $a = b$.

4. $G \ni a, b$ をとれば, $(g \cdot f)(ab) = g(f(ab)) = g(f(a)f(b)) = g(f(a))g(f(b)) =$

$(g \cdot f)(a)(g \cdot f)(b)$ となり $g \cdot f$ は準同型である.

5. f が同型ならば, 逆写像が存在するからそれを g とおく. $G' \ni a', b'$ に対し, $g(a') = a, g(b') = b$ とすれば, $f(a) = a', f(b) = b'$. よって, $g(a'b') = g(f(a)f(b)) = g(f(ab)) = ab = g(a')g(b')$. したがって, g は準同型になる. 逆に, $g : G' \longrightarrow G$ を準同型とすれば, $f \cdot g = 1_{G'}$ から $G' \ni a'$ に対し, $f(g(a')) = a'$, すなわち f は全射になる. $f(a) = f(b)$ $(a, b \in G)$ とすれば, $g(f(a)) = g(f(b))$, $g \cdot f = 1_G$ であるから, $a = b$, すなわち f は単射となる.

6. 同型写像としては反射律, 対称律, 推移律に対して, それぞれ恒等写像, 逆写像, 合成写像を考えればよい.

7. 同型 $f : \boldsymbol{C}^\times \longrightarrow \boldsymbol{R}^\times$ が存在すれば, ρ を 1 の 3 乗根 $(\neq 1)$ とするとき, $(f(\rho))^3 = f(\rho^3) = f(1) = 1$. $f(\rho) \in \boldsymbol{R}$ より $f(\rho) = 1$. よって, f は単射であるから問題 1.3A, 3 より $\rho = 1$ となって矛盾.

8. 写像 $f : Q \longrightarrow V = \{e, a, b, ab\}$ を $\pm 1 \longrightarrow e$, $\pm i \longrightarrow a$, $\pm j \longrightarrow b$, $\pm k \longrightarrow ab$ で定義すれば f は準同型になる. $\mathrm{Ker}\, f = \{1, -1\} = Z$ であるから定理 5 が使える.

9. いずれも定理 5 を使う. 準同型 $f : \boldsymbol{C}^\times \ni z \longrightarrow z/|z| \in \boldsymbol{T}$ を考えれば, $\mathrm{Ker}\, f = \boldsymbol{R}^+$ である. 次に, 準同型 $f : GL(n, \boldsymbol{R}) \ni A \longrightarrow \det A \in \boldsymbol{R}^\times$ において, $\boldsymbol{R}^\times \ni x$ に対し, $X = \begin{bmatrix} x & & & \\ & 1 & & O \\ & & 1 & \\ & & & \ddots \\ & O & & & 1 \end{bmatrix}$ をとれば, $f(X) = x$ となり f は全射である.

10. $G \ni a, b$ について $f(a)f(b) = f(ab) = f(ba) = f(b)f(a)$ であり, $f(a), f(b)$ などは G' のすべての元を尽くすから G' はアーベル群である.

11. $G = \langle m \rangle$ の任意の元 a は $a = a_1 a_2 \cdots a_n$ $(a_i \in M \cup M^{-1})$ と書ける.
$$f(a) = f(a_1 a_2 \cdots a_n) = f(a_1) \cdots f(a_n) \quad \text{より} \quad f(a_i) \in f(M) \cup f(M)^{-1}$$
これから $f(G) = \langle f(M) \rangle$.

12. $G = \langle a \rangle$ とする. 写像 $f : \boldsymbol{Z} \ni m \longrightarrow a^m \in G$ は全射準同型になる. $\mathrm{Ker}\, f = \{m \in \boldsymbol{Z} \mid a^m = e\} = N$ とおく. G が無限巡回群なら $a^m = e$ となる m は 0 だけである. よって, $N = \{0\}$, すなわち, f は単射となり f は同型写像である : $\boldsymbol{Z} \cong G$. a の位数が n なら, $n|m$ となり N は n の倍数全体からなる : $N = n\boldsymbol{Z}$. よって, 定理 5 が使える.

13. $G = \langle a \rangle$ ならば, 写像 $f : \boldsymbol{Z} \ni n \longrightarrow a^n \in G$ は明らかに全射準同型. 逆に, $f : \boldsymbol{Z} \longrightarrow G$ を全射準同型とする. $f(1) = a$ とおけば, $G = \langle a \rangle$.

14. $G^{(m)} \ni a^m, b^m$ $(a, b \in G)$ をとれば, $a^m b^m = (ab)^m \in G^{(m)}$, $(a^m)^{-1} = (a^{-1})^m \in G^{(m)}$. $G_{(m)} \ni a, b$ $(a^m = b^m = e)$ をとれば, $(ab)^m = a^m b^m = e$, $(a^{-1})^m = (a^m)^{-1} = e$ より $ab, a^{-1} \in G_{(m)}$. よって, $G^{(m)}, G_{(m)}$ は G の部分群になり, 写像 $f : G \ni a \longrightarrow$

1.3 準同型写像

$a^m \in G$ は全射で Ker $f = G_{(m)}$ である.

15. $H \cap K$ は K の部分群, $K \triangleright N$ であるから, 問題 1.2A, 3 より $(H \cap K)N$ は G の部分群になる. 定理 6 により, $(H \cap K)N/N \cong (H \cap K)/(H \cap K \cap N) = (H \cap K)/(H \cap N)$.

16. $\mathrm{Aut}(G) \ni f, g$, $G \ni a, b$ をとれば, $(g \cdot f)(ab) = g(f(ab)) = g(f(a)f(b)) = g(f(a))g(f(b)) = (g \cdot f)(a)(g \cdot f)(b)$. よって, $g \cdot f \in \mathrm{Aut}(G)$. $1_G \in \mathrm{Aut}(G)$ から同じく $f^{-1} \in \mathrm{Aut}(G)$.

17. $f(1) = a$ とおく. $\mathbf{Z} \ni n > 0$ ならば, $f(n) = f(1+\cdots+1) = f(1)+\cdots+f(1) = an$. $n < 0$ ならば, $n = -n'$ $(n' > 0)$ として $f(n) = -f(n') = -an' = an$. $f(0) = 0 = a \cdot 0$. よって, すべての整数 n について $f(n) = an$. また, $a \neq 0$ ならば, Ker $f = \{n \in \mathbf{Z} \mid an = 0\} = \{0\}$ であるから f は中への同型になる.

18. $\sigma(a) = a^m$ とおけば, a^m の位数は問題 1.2A, 12 により $n/(m, n)$ である. 一方 $\sigma(a)$ の位数は n であるから $(m, n) = 1$. 逆に $(m, n) = 1$ となる m に対して, $\sigma(a^i) = a^{im}$ とおけば, 容易に $\sigma \in \mathrm{Aut}(G)$ がわかる.

19. 群 G の特性部分群を H として, $\mathrm{Inn}(G) \ni \sigma$, $G \ni a$ をとれば, $aHa^{-1} = \sigma(H) = H$.

20. $G \ni a$, $N \ni b$ をとれば, $\sigma(b) = aba^{-1}$ となる $\sigma \in \mathrm{Aut}(N)$ が存在する. よって, $H = \sigma(H) = aHa^{-1}$ となって, $H \triangleleft G$.

21. $Z(G) \ni x$, $G \ni a$ をとれば, $ax = xa$. $\mathrm{Aut}(G) \ni \sigma$ に対して, $\sigma(ax) = \sigma(xa)$ より $\sigma(a)\sigma(x) = \sigma(x)\sigma(a)$. $\sigma(a)$ は G 全体をもれなく動くから $\sigma(x) \in Z(G)$. ゆえに $\sigma(Z(G)) \subset Z(G)$.

問題 1.3 B

1. $f^{-1}(f(H)) \ni a$ をとれば, $f(a) \in f(H)$. よって, $f(a) = f(x)$ となる $x \in H$ が存在するから, $f(x^{-1}a) = e$, すなわち $a \in xN \subset HN$. 逆の包含関係は, $f(HN) = f(H)$ からわかる.

2. 問題 1.2A, 21 により $H = \langle b \rangle$ を $G = \langle a \rangle$ の位数 p の部分巡回群とする. 写像 $f : a^i \longrightarrow b^i$ $(0 \leq i < n)$ に対し

$$f(a^i a^j) = f(a^{i+j}) = \begin{cases} b^{i+j} = b^i b^j = f(a^i)f(a^j) & (i+j < n) \\ f(a^{i+j-n}) = b^{i+j-n} = b^i b^j = f(a^i)f(a^j) & (i+j \geq n) \end{cases}$$

により, f は準同型である. 全射になることは明らか. Ker $f = \{a^i \mid p \mid i\} = \langle a^p \rangle$.

3. $H \cap K' \triangleleft H \cap K$ であるから, $(H \cap K')H' \triangleleft (H \cap K)H'$. 定理 6 により
$$(H \cap K)H'/(H \cap K')H' = (H \cap K)(H \cap K')H'/(H \cap K')H'$$
$$\cong (H \cap K)/(H \cap K')H' \cap (H \cap K)$$

例題 5 (ii) により
$$\text{下段右辺の分母} = (H \cap K')(H' \cap (H \cap K)) = (H \cap K')(H' \cap K)$$
となるから, $(H \cap K)H'/(H \cap K')H' \cong (H \cap K)/(H \cap K')(H' \cap K)$. 同様に ($H$ と K

を入れ換えて), $(H \cap K)K'/(K \cap H')K' \cong (H \cap K)/(K \cap H')(K' \cap H)$. 2式の右辺は同じであるから証明された（この結果は定理14の証明に利用される).

4. $N_G(H) \ni a$ に対して $I_a(x) = axa^{-1}$ ($x \in H$) とおけば, $I_a(x) \in H$ であるから, 写像 $f: N_G(H) \ni a \longrightarrow I_a \in \mathrm{Aut}(H)$ を考えれば,

$$I_{ab}(x) = (ab)x(ab)^{-1} = abxb^{-1}a^{-1} = I_a(I_b(x)) = (I_a \cdot I_b)(x)$$

により f は準同型である. $\mathrm{Ker}\, f = \{a \in N_G(H) \mid I_a(x) = x,\, x \in H\} = \{a \in G \mid ax = xa,\, x \in H\} = C_G(H)$. よって, $\mathrm{Im}\, f$ は部分群であるので定理5から従う.

5. $G = \langle a \rangle$ として, 問題1.3A, 18により $\mathrm{Aut}(G)$ の元は $\sigma(a) = a^m$, $(m, 8) = 1$ を満たす σ である. このとき $m = 1, 3, 5, 7$ ($\varphi(8) = 4$) であるから $\varepsilon(a) = a$ ($\because$ 恒等写像), $\sigma_1(a) = a^3$, $\sigma_2(a) = a^5$, $\sigma_3(a) = a^7$ とすれば, $\mathrm{Aut}(G) = \{\varepsilon, \sigma_1, \sigma_2, \sigma_3\}$. これはクラインの4元群である. 実際, $\sigma_1{}^2(a) = \sigma_1(a^3) = a^9 = a = \varepsilon(a)$ より $\sigma_1{}^2 = \varepsilon$. 同様に $\sigma_2{}^2 = \sigma_3{}^2 = \varepsilon$. $\sigma_1(\sigma_2(a)) = \sigma_1(\sigma^5) = a^7 = \sigma_2(a^3) = \sigma_2(\sigma_1(a))$ より $\sigma_1\sigma_2 = \sigma_2\sigma_1$. 他の可換性も同様である.

6. 前問と同様にして $\sigma(a) = a^m$, $m = 1, 2, \cdots, n-1$. そこで $\sigma \longleftrightarrow m$ なる対応で, $\mathrm{Aut}(G)$ は p を法とする $\boldsymbol{Z}$ の剰余群から0を除いた位数 $\varphi(p)$ の群 $(\boldsymbol{Z}/p\boldsymbol{Z})^{\times}$ に同型になる (p の既約剰余類群, 第2章第4節を参照).

7. (1) $e \xrightarrow{f} G \xrightarrow{g} G' \xrightarrow{h} e$（完全）とすれば, $\mathrm{Ker}\, g = \mathrm{Im}\, f = \{e\}$ により g は単射になる. $\mathrm{Im}\, g = \mathrm{Ker}\, h = G'$ により g は全射になる. よって, $g: G \longrightarrow G'$ は同型である. 逆に g を単射とすれば, $\mathrm{Ker}\, g = \{e\} = \mathrm{Im}\, f$. g を全射とすれば, $\mathrm{Im}\, g = G' = \mathrm{Ker}\, h$. よって, 系列 $e \longrightarrow G \longrightarrow G' \longrightarrow e$ は完全になる.

(2) g は全射, $\mathrm{Im}\, f = \mathrm{Ker}\, g$ であるから定理5により, $G'' \cong G'/\mathrm{Ker}\, g = G'/\mathrm{Im}\, f = G'/f(G)$. (1) より f は中への同型であるから $f(G) \cong G$ とみれば, $G'/G \cong G''$ と書ける. 次に, $h: G'/G \cong G''$ とする. 写像 $f: G \ni a \longrightarrow f(a) \in G'$, $g: G' \ni b \longrightarrow h(bG) \in G''$ において, f は単射準同型, g は自然な準同型と同型 h の合成であるから全射準同型である. また, $\mathrm{Im}\, f = G \cong \mathrm{Ker}\, g$ になるから, 与えられた系列は完全である.

8. (1) $\mathrm{Ker}\, \beta \ni b$ をとれば, $\gamma(g(b)) = g'(\beta(b)) = g'(e) = e$. γ が単射であるから $g(b) = e$. $\mathrm{Im}\, f = \mathrm{Ker}\, g$ より $f(a) = b$ となる $a \in G_1$ があるから, $f'(\alpha(a)) = \beta(f(a)) = \beta(b) = e$. したがって, f' と α が単射であるから, $a = e$ となり $b = f(a) = f(e) = e$.

(2) $G' \ni b'$ をとれば, γ が全射であるから, $\gamma(c) = g'(b')$ となる $c \in G_3$ が存在する. さらに g も全射であるから $g(b) = c$ となる $b \in G_2$ が存在するから, $g'(\beta(b)b'^{-1}) = g'(\beta(b))g'(b')^{-1} = \gamma(g(b))\gamma(c)^{-1} = e$, すなわち $\beta(b)b'^{-1} \in \mathrm{Ker}\, g' = \mathrm{Im}\, f'$. したがって $f'(a') = \beta(b)b'^{-1}$ となる $a' \in G'_1$ が存在する. また, α が全射であるから, $\alpha(a) = a'$ となる $a \in G_1$ があって, $\beta(f(a)) = f'(\alpha(a)) = f'(a') = \beta(b)b'^{-1}$. ゆえに $b' = \beta(f(a))^{-1}\beta(b) = \beta(f(a)^{-1}b) \in \mathrm{Im}\, \beta$, $f(a)^{-1}b \in G_2$. (3) は (1), (2) より明らか.

1.4 置換群

◆ **対称群・置換群** 集合 X から X 自身への全単射,すなわち X 上の置換の全体 $S(X)$ は例題 3 で見たように合成を結合として X 上の**対称群**とよばれる群になる.$S(X)$ の任意の部分群を X 上の**置換群**という.

定理 8(ケーリー(**Cayley**))

任意の群 G は G 上の適当な置換群に同型になる.

X が有限集合 $\{1, 2, \cdots, n\}$ のとき,$S(X)$ を S_n と書き n 次**対称群**という.S_n の元 σ を表すのに,σ による $i \in X$ の行き先 $\sigma(i)$ を指定すれば決まるから
$$\sigma = \begin{pmatrix} 1 & 2 & \cdots & n \\ \sigma(1) & \sigma(2) & \cdots & \sigma(n) \end{pmatrix}$$
と書く.$\sigma(1), \sigma(2), \cdots, \sigma(n)$ は X の順列であるから S_n の位数は $n!$ になる.2 つの置換 σ, τ に対して,合成写像である置換の積は $\tau\sigma$ で表す.単位元は $\varepsilon = (1)$ で表す.

巡回的にうつす S_n の元 $\begin{pmatrix} i_1 & i_2 & \cdots & i_r \\ i_2 & i_3 & \cdots & i_1 \end{pmatrix}$ を $(i_1\ i_2\ \cdots i_r)$ と書いて,**長さ r の巡回置換**という.とくに,長さ 2 の巡回置換を**互換**という.

定理 9

S_n の任意の元は互いに共通文字を含まないいくつかの巡回置換の積で一意的に表される.

S_n の元 σ をこのように長さ $r_1, r_2, \cdots, r_k$ $(r_1 \geqq r_2 \geqq \cdots \geqq r_k, r_1 + r_2 + \cdots + r_k = n)$ の巡回置換の積に分解するとき,$(r_1, r_2, \cdots, r_k)$ を σ の**型**という.

定理 10

S_n の任意の元は,いくつかの互換の積で表される.このとき,互換の積の個数が偶数であるか奇数であるかは,与えられた元によって一意的に決まる.

偶数個の互換の積で表される S_n の元を**偶置換**,奇数個の互換の積で表される S_n の元を**奇置換**という.互換は奇置換である.S_n の元 σ に対して符号 sgn を偶置換のとき 1,奇置換のとき -1 で定義する.偶置換全体 A_n は S_n の部分群になり,n 次**交代群**という.その位数は $n!/2$ である.

sgn: $S_n \longrightarrow \{\pm 1\}$ は群 S_n から乗法群 $\{\pm 1\}$ への全射準同型になり,その核は A_n である.

◆ **群の作用** 群 G と集合 X について,写像 $G \times X \ni (a, x) \longrightarrow ax \in X$ が2つの条件
 (i) $(ab)x = a(bx)$　　$(a, b \in G, x \in X)$
 (ii) $ex = x$　　　　　　(e は G の単位元,$x \in X$)
を満たすとき,G は X に**作用**しているという.このとき,G を X の**変換群**,X を G **集合**という.

　また,X の部分集合 $Gx = \{ax \mid a \in G\}$ を x の G **軌道**という.とくに,X 自身が1つの G 軌道なら,G は X に**推移的**に作用しているという.

> **定理 11**
> 　群 G が X に作用しているとする.X の元 x, y に対して,$ax = y$ となる G の元 a が存在するとき $x \sim y$ で表せば,これは X での同値関係になり,この同値関係で X を類別したときの x を含む同値類が x の G 軌道 Gx になる.さらに,$G_x = \{a \in G \mid ax = x\}$ とおけば,有限群 G に対して
> $$|Gx| = |G : G_x|$$
> が成り立つ.

　G_x は x を動かさない G の元の全体であって,x の**固定群**という.

◆ **共役類**　写像
$$G \times G \ni (a, x) \longrightarrow I_a(x) = axa^{-1} \in G$$
によって群 G は G 自身に作用している.このとき,$G \ni a$ を含む G 軌道 $\{axa^{-1} \mid a \in G\}$ を G の**共役類**という.また,x の固定群は x の正規化群 $N_G(x)$ になる.

　G の2元 x, y に対して適当な元 $a \in G$ があって,$y = axa^{-1}$ と書けるとき,x と y とは**共役**であるという.共役は同値関係になる.G をこの同値関係で類別した同値類が共役類である.

> **定理 12**
> 　G が有限群のとき,$Z(G)$ を G の中心,2つ以上の元を含む G の共役類を $C_1, C_2, \cdots, C_k$ とすれば
> $$|G| = |Z(G)| + |C_1| + |C_2| + \cdots + |C_k|$$
> が成り立つ.また,各 $|C_i|$ は $|G|$ の真の約数である.

　この式を群 G の**類等式**という.$G \ni a$ を含む共役類が C_i であれば,$|C_i| = |G : N_G(a)|$ が成り立つ.

　また,G の2つの部分群 H, H' で,$aHa^{-1} = H'$ となる $a \in G$ が存在するとき,H と H' は**共役な部分群**であるという.

例題 16 ─────────（有限群の対称群への埋め込み）

位数 n の有限群 G は n 次対称群 S_n のある部分群と同型になることを証明せよ.

【解答】 定義から S_n は $G = \{a_1, a_2, \cdots, a_n\}$ 上の対称群である：$S_n = S(G)$. G の元 a に対し, 写像 $T_a : G \ni x \longrightarrow ax \in G$ を考える. $ax = ay$ とすれば, $x = y$ となるから T_a は単射であり, $G \ni y$ をとれば, $T_a(a^{-1}y) = aa^{-1}y = y$ となるから T_a は全射である. よって $T_a \in S(G)$. したがって, 写像
$$T : G \ni a \longrightarrow T_a \in S(G)$$
が定義される. $G \ni a, b$ について,
$$T_{ab}(x) = (ab)x = a(bx) = T_a(bx) = T_a(T_b(x)) = (T_a \cdot T_b)(x) \quad (x \in G)$$
であるから $T_{ab} = T_a \cdot T_b$ となり, T は準同型である. さらに, $T_a = T_b$ とすれば
$$a = T_a(e) = T_b(e) = b$$
より, T は単射である. ゆえに T は G から $S(G)$ の中への同型写像になる.

〚注意〛 例題から, 有限群 G は G 上の置換群に同型である. といっても同じことである. 解答における T を G の**正則表現**とよぶこともある. また, 任意の群の場合は定理 8 であり, これも例題と全く同じ方法で証明される.

例題 17 ─────────（対称群と交代群の生成元）

（i） n 次対称群 S_n は互換 $(1\ 2), (2\ 3), (3\ 4), \cdots (n-1\ n)$ で生成されることを示せ.

（ii） n 次交代群 A_n は長さ 3 のすべての巡回置換で生成されることを示せ.

【解答】 （i） $T = \langle (1\ 2), (2\ 3), \cdots, (n-1\ n) \rangle$ とおく. 定理 10 により任意の互換 $(i\ i+k), k \geqq 1$ が T に属することを証明すればよい. k についての帰納法で示す.

$k = 1$ のとき, $(i\ i+1) \in T$ は明らか. 次に,
$$(i\ i+k+1) = (i\ i+k)(i+k\ i+k+1)(i\ i+k)$$
が成り立ち, 仮定から $(i\ i+k) \in T$. また, $(i+k\ i+k+1) \in T$ であるから左辺の $(i\ i+k+1)$ は T の元である.

（ii） $1 \leqq i, j, k \leqq n$ に対して, $(i\ j\ k) = (i\ k)(i\ j)$ より長さ 3 の巡回置換は A_n の元である. 逆に,
$$(i\ j)(i\ j) = (1) = (i\ j\ k)^3, \quad (i\ k)(i\ j) = (i\ j\ k)$$
$$(i\ j)(k\ l) = (i\ k\ j)(i\ k\ l)$$
であるから, 偶数個の互換の積である A_n の元はすべて長さ 3 の巡回置換の積で表される. よって, A_n は長さ 3 の巡回置換で生成される.

例題 18 ──────────────── (4 次の交代群) ─

正 4 面体をそれ自身に重ねる回転のつくる群 (正 4 面体群) は 4 次の交代群になることを証明せよ。

【解答】 正 4 面体の頂点 P_i を i で表す。頂点 1 と $\triangle 234$ の中心 O を結ぶ直線を軸とする回転角 $\frac{2}{3}\pi$ の回転を σ_1 と書けば、σ_1 は頂点 2 を 3 に、頂点 3 を 4 に、頂点 4 を 2 に移すから、置換

$$\sigma_1 = \begin{pmatrix} 1 & 2 & 3 & 4 \\ 1 & 3 & 4 & 2 \end{pmatrix} = (2\ 3\ 4)$$

で書ける。また、回転角 $\frac{4}{3}\pi$ の回転は

$$\sigma_1{}^2 = \begin{pmatrix} 1 & 2 & 3 & 4 \\ 1 & 4 & 2 & 3 \end{pmatrix} = (2\ 4\ 3) = (2\ 3\ 4)^2$$

である。このような回転は頂点 2, 3, 4 に対応して 2 つずつある：

$\sigma_2 = (1\ 3\ 4), \quad \sigma_2{}^2 = (1\ 4\ 3) = (1\ 3\ 4)^2,$

$\sigma_3 = (1\ 2\ 4), \quad \sigma_3{}^2 = (1\ 4\ 2) = (1\ 2\ 4)^2,$

$\sigma_4 = (1\ 2\ 3), \quad \sigma_4{}^2 = (1\ 3\ 2) = (1\ 2\ 3)^2$

さらに、向かい合う 2 辺 12 と 34 の中点をむすぶ直線に関する折り返しを τ_1 とすれば、

$$\tau_1 = \begin{pmatrix} 1 & 2 & 3 & 4 \\ 2 & 1 & 4 & 3 \end{pmatrix} = (1\ 2)(3\ 4)$$

このような折り返しは他に 2 つある：

$\tau_2 = (1\ 4)(2\ 3), \quad \tau_3 = (1\ 3)(2\ 4)$

以上より、静止 (恒等移動) $\varepsilon = (1)$ とあわせて、正 4 面体群 G は

$G = \{(1), (2\ 3\ 4), (2\ 4\ 3), (1\ 3\ 4), (1\ 4\ 3), (1\ 2\ 4), (1\ 4\ 2)$
$(1\ 2\ 3), (1\ 3\ 2), (1\ 2)(3\ 4), (1\ 3)(2\ 4), (1\ 4), (2\ 3)\},$

$|G| = 12$

となる。G の元はいずれも S_4 の偶置換をもれなく尽くしているから、G は 4 次の交代群 A_4 と一致する。

【類題】 例題 4 の類題 1 の長方形を例題 18 のように考えれば、クラインの 4 元群は

$$V = \{(1), (1\ 2)(3\ 4), (1\ 4)(2\ 3), (1\ 3)(2\ 4)\}$$

で表される S_4 の部分群と同型になることを証明せよ。

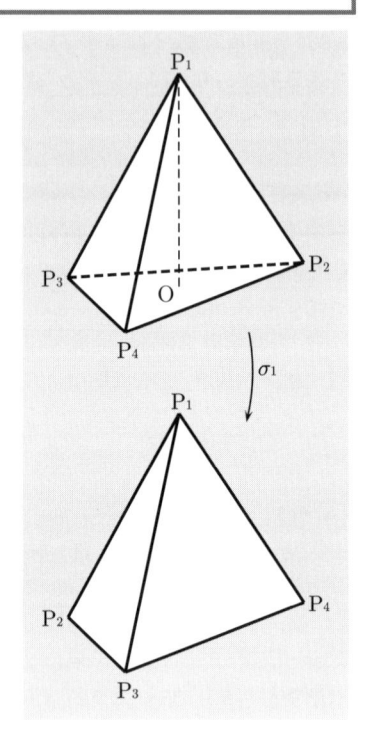

1.4 置換群

例題 19 ────────────────────── （共役類と類等式）
(i) n 次対称群 S_n の2つの元 σ, τ が共役であるためには，σ, τ が同じ型をもつことが必要十分であることを証明せよ．
(ii) （i）を用いて S_4 を共役類に分けて，類等式を求めよ．

【解答】（i）S_n の元 σ を $\begin{pmatrix} 1 & 2 & \cdots & n \\ p_1 & p_2 & \cdots & p_n \end{pmatrix}$ とすれば，$S_n \ni \tau = \begin{pmatrix} 1 & 2 & \cdots & n \\ \tau(1) & \tau(2) & \cdots & \tau(n) \end{pmatrix}$
に対して，
$$\tau\sigma\tau^{-1} = \begin{pmatrix} \tau(1) & \tau(2) & \cdots & \tau(n) \\ \tau(p_1) & \tau(p_2) & \cdots & \tau(p_n) \end{pmatrix}$$
よって，$S_n \ni \sigma = (i_1 \cdots i_{r_1})\cdots(l_1 \cdots l_{r_k})$ の型を $(r_1, \cdots, r_k)$ とするとき，その共役 $\sigma' = \tau\sigma\tau^{-1} = (\tau(i_1) \cdots \tau(i_{r_1}))\cdots(\tau(l_1) \cdots \tau(l_{r_k}))$ の型も $(r_1, \cdots, r_k)$ である．

逆に，$\sigma = (i_1 \cdots i_{r_1})\cdots(l_1 \cdots l_{r_k})$, $\sigma' = (i'_1 \cdots i'_{r_1})\cdots(l'_1 \cdots l'_{r_k})$ が同じ型 $(r_1 \cdots r_k)$ をもつとき，
$$\tau = \begin{pmatrix} i_1 & \cdots & i_{r_1} & \cdots & l_1 & \cdots & l_{r_k} \\ i'_1 & \cdots & i'_{r_1} & \cdots & l'_1 & \cdots & l'_{r_k} \end{pmatrix}$$
とおけば，$\tau\sigma\tau^{-1} = \sigma'$ になる．

(ii) $4 = r_1 + r_2 + \cdots$ $(r_1 \geqq r_2 \geqq \cdots)$ から S_4 の型は次の5種類がある:
$$(1,1,1,1),\quad (2,1,1),\quad (3,1),\quad (2,2),\quad (4)$$
よって，S_4 のすべての元を巡回置換の積で表せば次のようになる．

型	共役類	個数
$(1,1,1,1)$	(1)	1
$(2,1,1)$	$(1\ 2),(1\ 3),(1\ 4),(2\ 3),(2\ 4),(3\ 4)$	6
$(3,1)$	$(1\ 2\ 3),(1\ 3\ 2),(1\ 2\ 4),(1\ 4\ 2),(1\ 3\ 4)$ $(1\ 4\ 3),(2\ 3\ 4),(2\ 4\ 3)$	8
$(2,2)$	$(1\ 2)(3\ 4),(1\ 3)(2\ 4),(1\ 4)(2\ 3)$	3
(4)	$(1\ 2\ 3\ 4),(1\ 2\ 4\ 3),(1\ 3\ 2\ 4),(1\ 3\ 4\ 2)$ $(1\ 4\ 2\ 3),(1\ 4\ 3\ 2)$	6

また，これから類等式は $4! = 24 = 1 + 6 + 8 + 3 + 6$ になる．

〖注意〗 一般に $\mathbf{N} \ni n = r_1 + r_2 + \cdots + r_k$, $r_1 \geqq r_2 \geqq \cdots \geqq r_k$ となる正の整数の組 $(r_1, r_2, \cdots, r_k)$ を n の**分割**といい，n の分割の個数を $p(n)$ で表す．たとえば，$p(3) = 3$, $p(4) = 5$, $p(5) = 7$.

このとき例題の（i）から，次のことがわかる：
S_n での共役類の個数は $p(n)$ で与えられる．

問題 1.4 A

1. S_5 の元 $\sigma = \begin{pmatrix} 1 & 2 & 3 & 4 & 5 \\ 3 & 5 & 1 & 2 & 4 \end{pmatrix}$, $\tau = \begin{pmatrix} 1 & 2 & 3 & 4 & 5 \\ 2 & 1 & 5 & 3 & 4 \end{pmatrix}$ に対して，
   (1) $\sigma\tau, \tau\sigma, \sigma^3, \sigma^2\tau^{-1}$ を共通文字を含まない巡回置換の積として表せ．
   (2) $\mathrm{sgn}(\sigma)$, $\mathrm{sgn}(\tau^{-1})$, $\mathrm{sgn}(\sigma\tau)$, $\mathrm{sgn}(\sigma^2\tau)$ を求めよ．
2. 長さ r の巡回置換の位数は r であることを示せ．
3. S_3 の乗積表をつくれ．
4. 正 3 角形をそれ自身に重ねる回転のつくる群（3 次の 2 面体群 D_3）は S_3 と一致することを証明せよ．
5. S_n は互換 $(1\ 2), (1\ 3), \cdots, (1\ n)$ で生成されることを示せ．また，S_n は 2 つの巡回置換 $(1\ 2), (1\ 2\ 3\ \cdots\ n)$ で生成されることを示せ．
6. A_n は $n-2$ 個の長さ 3 の巡回置換 $(1\ 2\ 3), (1\ 2\ 4), \cdots, (1\ 2\ n)$ で生成されることを示せ．
7. H を S_4 の元 $(1\ 2\ 3)$ で生成される巡回群，$\sigma = (2\ 3\ 4)$ を S_4 の元とするとき，H の共役群 $\sigma H \sigma^{-1}$ はどんな群か．
8. $V = \{(1), (1\ 2)(3\ 4), (1\ 3)(2\ 4), (1\ 4)(2\ 3)\}$ は S_4 の正規部分群になり，同型 $S_4/V \cong S_3$ が成り立つことを示せ．
9. 前問 8 の V を法とする S_4 の左剰余類による分解を求めよ．
10. $x_1{}^2 + x_2{}^2 + x_3 + x_4 + x_1 x_2 + x_3 x_4$ を不変にする変数の置換のつくる群を求めよ．
11. S_8 において，$\sigma = (1\ 2\ 3\ 4)(5\ 6\ 7\ 8)$ および $\tau = (1\ 5\ 3\ 7)(2\ 8\ 4\ 6)$ で生成される部分群はどんな群になるか．
12. S_n の中心を求めよ．
13. S_n の内部自己同型群を求めよ．
14. $X = \{1, 2, \cdots, n\}$ の元 j を動かさない S_n の元の全体は X 上の置換群であることを示せ．
15. 群 G の部分群 H に対し，写像 $f : G \times G/H \ni (a, xH) \longrightarrow axH \in G/H$ によって，G が G/H に推移的に作用していることを示せ．
16. 定理 11 の G_x は G の部分群になること，および定理 11 を証明せよ．
17. 群 G の共役類 $\{axa^{-1} \mid x \in G\}$ に含まれる元の個数は $|G : C_G(a)|$ に等しいことを示せ．
18. 群 G の互いに共役な元の位数は等しいことを示せ．
19. S_3 の共役類と類等式を求めよ．
20. S_n の中の相異なる長さ r の巡回置換の個数を求めよ．

1.4 置換群

||||||| 問題 1.4　B |||||||||||||||||||||||||||||||||||||||||||||||||||||||||||||||||||

1. S_4 の2つの部分群 $H = \langle (1\ 2\ 3\ 4) \rangle$, $K = \langle (2\ 3) \rangle$ による両側剰余類をすべて求めよ．
2. A_4 を共役類に分けて，類等式を求めよ．
3. A_4 は位数6の部分群をもたないことを証明せよ．
4. A_4 の部分群をすべて求めよ．そのうちどれが正規部分群になるか．
5. S_5 の共役類と類等式を求めよ．
6. S_3 の自己同型群を求めよ．
7. $A_n\ (n \neq 4)$ は単純群になることを証明せよ．
8. 群 G の部分群 H, K が G の正規部分群 N を含んでいて，$H/N, K/N$ が G/N で共役であれば，H と K は G で共役になることを証明せよ．

――― ヒントと解答 ―――

問題 1.4　A

1. (1)　$\sigma\tau = (1\ 5\ 2\ 3\ 4)$, $\tau\sigma = (1\ 5\ 3\ 2\ 4)$, $\sigma^3 = (1\ 3)$, $\sigma^2\tau^{-1} = (1\ 4\ 2)(3\ 5)$
   (2)　順に $-1, -1, 1, -1$

2. $\sigma = (1\ 2\ \cdots\ r)$ とおけば，$1 \leq s < r$ に対して $\sigma^s = (1\ s+1\ \cdots) \neq (1)$, $\sigma^r = (1)$ であるから σ の位数は r になる．

3. $a = (1\ 2\ 3)$, $b = (2\ 3)$ とおけば，$a^2 = (1\ 3\ 2)$, $ab = (1\ 2)$, $a^2b = (1\ 3)$ であるから，$S_3 = \{e = (1), a, a^2, b, ab, a^2b\}$ であって，$a^3 = e$, $b^2 = e$, $a^2b = ba$ が成り立つ．乗積表は右のようになる．

	e	a	a^2	b	ab	a^2b
e	e	a	a^2	b	ab	a^2b
a	a	a^2	e	ab	a^2b	b
a^2	a^2	e	a	a^2b	b	ab
b	b	a^2b	ab	e	a^2	a
ab	ab	b	a^2b	a	e	a^2
a^2b	a^2b	ab	b	a^2	a	e

4. 右図において $\frac{2}{3}\pi$ の回転を σ，頂点1を通る折り返しを τ とすれば，
$$\sigma = \begin{pmatrix} 1 & 2 & 3 \\ 2 & 3 & 1 \end{pmatrix} = (1\ 2\ 3), \quad \tau = \begin{pmatrix} 1 & 2 & 3 \\ 1 & 3 & 2 \end{pmatrix} = (2\ 3)$$
であるから，σ と τ はそれぞれ前問の a, b と一致する．よって，D_3 と S_3 は一致する（同型になる）．

5. $(i\ j) = (1\ i)(1\ j)(1\ i)$ であるから，例題17より $S_n = \langle (1\ 2), (1\ 3), \cdots, (1\ n) \rangle$. 次に，$(1\ 2\ \cdots\ n)(1\ 2)(1\ 2\ \cdots\ n)^{-1} = (1\ 2\ \cdots\ n)(1\ 2)(n\ n-1\ \cdots\ 2\ 1) = (2\ 3)$, $(1\ 2\ \cdots\ n)(2\ 3)(1\ 2\ \cdots\ n)^{-1} = (3\ 4), \cdots$ と続けると互換 $(i\ i+1)$ のすべてが現れる．よって，例題17より $S_n = \langle (1\ 2), (1\ 2\ \cdots\ n) \rangle$.

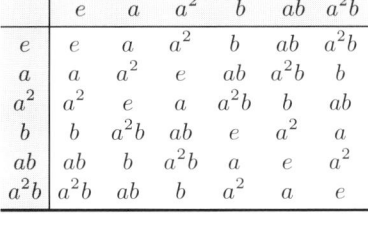

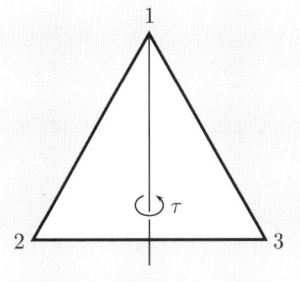

6. $(1\ i)(1\ j) = (1\ i)(1\ 2)(1\ 2)(1\ j) = (1\ 2\ i)(1\ 2\ j)^{-1}$ であり，前問から A_n の元は $(1\ i)$ の形の偶数個の互換の積で表されることによる．

7. $H = \{(1), (1\ 2\ 3), (1\ 3\ 2)\}$ から $\sigma H \sigma^{-1} = \{(1), (1\ 3\ 4), (1\ 4\ 3)\} = \langle (1\ 3\ 4) \rangle$.

8. $S_4 \ni \sigma$ に対し，$\sigma(1\ 2)(3\ 4)\sigma^{-1} = (\sigma(1)\ \sigma(2))(\sigma(3)\ \sigma(4)) \in V$（例題 19 を参照）．$V$ の他の元も同様にして，$V \triangleleft S_4$ を得る．$H = \{\sigma \in S_4 \mid \sigma(4) = 4\} \cong S_3$ として，定理 6 から $HV/V \cong H/(H \cap V) = H$．一方，$|HV| = 24$ より $HV = S_4$．ゆえに $S_4/V \cong H \cong S_3$．

9. $S_4 = V + (1\ 2)V + (1\ 3)V + (1\ 4)V + (1\ 2\ 3)V + (1\ 3\ 2)V$

10. $\{(1), (1\ 2), (3\ 4), (1\ 2)(3\ 4)\}$

11. $\sigma^4 = \tau^4 = (1)$, $\sigma^2 = \tau^2$, $\sigma\tau\sigma = \tau$ が成り立つから，これは 4 元数群になる．

12. S_2 はアーベル群であるから $Z(S_2) = S_2$．$n \geq 3$ に対して，$S_n \ni \sigma \neq (1)$ を任意にとれば，$\sigma(i) = j$ となる異なる i, j が存在する．i, j と異なる k について，$(\sigma \cdot (j\ k))(i) = \sigma(i) = j$, $((j\ k) \cdot \sigma)(i) = k$ であるから $\sigma(j\ k) \neq (j\ k)\sigma$．よって $\sigma \notin Z(S_n)$ となり，$Z(S_n) = \{(1)\}$．

13. 前問と例題 15 から，$\mathrm{Inn}(S_n) \cong S_n/Z(S_n) = \begin{cases} \{(1)\} & (n = 2) \\ S_n & (n \geq 3). \end{cases}$

14. $H = \{\sigma \in S_n \mid \sigma(j) = j\} \ni \sigma, \tau$ をとれば，$\tau\sigma(j) = \tau(j) = j$, $\sigma^{-1}(j) = j$ から $\tau\sigma, \sigma^{-1} \in H$．

15. $(ab)xH = a(bxH)$, $exH = xH$ より G は G/H に作用している．$G/H \ni yH$ をとれば，$yH = (yx^{-1})xH\ (yx^{-1} \in G)$ により G/H は G 軌道になる．

16. $ex = x$ より $x \sim x$．$x \sim y$ とすれば，$ax = y\ (a \in G)$ より $x = a^{-1}y\ (a^{-1} \in G)$ となり $y \sim x$．$x \sim y, y \sim z$ とすれば，$ax = y, by = z\ (a, b \in G)$ より $z = (ba)x\ (ba \in G)$ となり $x \sim z$．よって，$\sim$ は同値関係である．$G_x \ni a, b$ をとれば，$ax = x, bx = x$ より $(ab)x = a(bx) = ax = x$, $a^{-1}x = x$ となるから，$ab, a^{-1} \in G_x$．よって，G_x は G の部分群である．次に，有限群 G の G_x を法とする左剰余類について，
$$aG_x = bG_x \iff b^{-1}a \in G_x \iff b^{-1}ax = x \iff ax = bx$$
ゆえに $G/G_x \ni aG_x \longrightarrow ax \in Gx$ は全単射になるから $|G : G_x| = |Gx|$．

17. $tat^{-1} = sas^{-1} \iff at^{-1}s = t^{-1}sa \iff t^{-1}s \in C_G(a)$
$\iff s \in tC_G(a)$
よって，互いに共役な元の個数と $C_G(a)$ を法とする左剰余類の個数は一致する．(また，これは定理 11 によってもわかる．)

18. 問題 1.2B，3 と同様．

19. 例題 19 のようにして共役類は $\{(1)\}, \{(1\ 2), (1\ 3), (2\ 3)\}, \{(1\ 2\ 3), (1\ 3\ 2)\}$ の 3 個で，類等式は $6 = 1 + 3 + 2$.

20. $\dfrac{n!}{r(n-r)!}$ 個.

問題 1.4 B

1. $S_4 = HK + H(1\ 2)K + H(1\ 3)K$.

2. 例題 19 (ii) における S_4 の共役類のうち A_4 に属するものはそれぞれ $(1), (1\ 2\ 3), (1\ 2)(3\ 4)$ を含む 3 個の共役類で，元は全部で 12 個ある．A_4 における $(1\ 2\ 3)$ の共役類の共役元の個数 8 は $|A| = 12$ の約数ではないから，これら 8 個の元は A_4 では共役類をなさない．これから，(直接計算によって) A_4 における共役類は $\{(1)\}, \{(1\ 2\ 3), (1\ 4\ 2), (1\ 3\ 4), (2\ 4\ 3)\}, \{(1\ 3\ 2), (1\ 2\ 4), (1\ 4\ 3), (2\ 3\ 4)\}, \{(1\ 2)(3\ 4), (1\ 3)(2\ 4), (1\ 4)(2\ 3)\}$. 類等式は $12 = 1 + 4 + 4 + 3$.

3. 位数 6 の部分群 H があれば，$|A_4 : H| = 2$ により $H \triangleleft A_4$. よって $H \ni a$ の共役類のすべての元が H に属するから，H は A_4 の共役類のいくつかの合併になる．一方，それらの個数 $1, 4, 4, 3$ (前問) のどれを合わせても 6 にはならないから矛盾である．

4. 前問より自明でない部分群は，(あるとすれば) 位数が $4, 3, 2$ のものに限る．

    位数 4：クラインの 4 元群 V (これのみ A_4 の正規部分群)

    位数 3：$\langle(1\ 2\ 3)\rangle, \langle(1\ 2\ 4)\rangle, \langle(1\ 3\ 4)\rangle, \langle(2\ 3\ 4)\rangle$

    位数 2：V の 3 個の部分群

5. 例題 19 を参照．S_5 は 7 つの型 $(1, 1, 1, 1, 1), (2, 1, 1, 1), (2, 2, 1), (3, 1, 1), (3, 2), (4, 1), (5)$ に分かれる．類等式は $120 = 1 + 10 + 15 + 20 + 20 + 30 + 24$.

6. $\operatorname{Aut}(S_3) \ni f$ は元の位数を変えないから，f は元 $(1\ 2\ 3), (1\ 3\ 2)$ の間どうし，および $(1\ 2), (1\ 3), (2\ 3)$ の間どうしをうつしあうことに注意すれば，$\operatorname{Aut}(S_3) \cong S_3$ が成り立つ．

7. $n \geqq 5$ としてよい．第 1 段階として，$A_n \triangleright N \neq \{(1)\}$ として，N が長さ 3 の巡回置換を含めば $N = A_n$ となることを示す．次いで，第 2 段階として N の (1) でない元で，それが動かす文字の最も少ないものを σ とすれば，σ は長さ 3 の巡回置換であることを示す (やや面倒である)．

8. $K/N \ni bN = (xN)(aN)(xN)^{-1}$ $(a \in H, x \in G)$ と書ける．$N \triangleleft G$ であるから右辺は $(xax^{-1})N$. よって，$b(xax^{-1})^{-1} \in N$ であるから，$b = cxax^{-1}$ $(c \in N)$ と書ける．したがって，$b = x(x^{-1}cx)ax^{-1} = xc'ax^{-1}$ $(c' \in N)$. $c'a \in NH \subset H$ であるから $b \in xHx^{-1}$ すなわち $K \subset xHx^{-1}$. 同様にして，$K \subset x^{-1}Hx$. ゆえに $K = xHx^{-1}$ となり，H と K は共役である．

1.5 直積と正規列

◆ **与えられた群の直積** G_1, G_2 を与えられた 2 つの群として，その直積集合
$$G = G_1 \times G_2 = \{(a_1, a_2) \mid a_1 \in G_1, a_2 \in G_2\}$$
の 2 元 $(a_1, a_2), (b_1, b_2)$ に対し，
$$(a_1, a_2)(b_1, b_2) = (a_1 b_1, a_2 b_2)$$
で G に結合を定義すれば，G は群になる．e_1, e_2 をそれぞれ G_1, G_2 の単位元とすればこの群の単位元は (e_1, e_2) になり，(a_1, a_2) の逆元は (a_1^{-1}, a_2^{-1}) である．この群 G を G_1 と G_2 の**直積**または**直積群**といい，単に $G_1 \times G_2$ と書く．

◆ **部分群の直積** 群 G の 2 つの部分群 H_1, H_2 に対して，
 (i) H_1 の任意の元と H_2 の任意の元が可換である
 (ii) $G \ni a$ は $a = a_1 a_2$ $(a_1 \in H_1, a_2 \in H_2)$ と一意的に表される
の 2 つの条件が成り立つとき，G は部分群 H_1 と H_2 の直積であるといい，$G = H_1 \times H_2$ と書く．この表示を G の**直積分解**，部分群 H_1, H_2 を G の**直積因子**という．

G が有限群のとき，$|G| = |H_1||H_2|$ が成り立つ．
$$\boldsymbol{R}^+ = \{x \mid x \in \boldsymbol{R}, \ x > 0\}, \quad \boldsymbol{T} = \{z \mid z \in \boldsymbol{C}, \ |z| = 1\}$$
とするとき，複素数を $z = re^{i\theta}$ と書けば，乗法群 $\boldsymbol{C}^\times$ は $\boldsymbol{C}^\times = \boldsymbol{R}^+ \times \boldsymbol{T}$ と分解される．

上記 2 種類の直積は 3 個以上の群または部分群に対しても同様に定義される．また，加法群に対しては直積の代りに**直和**という．

加法群 $\boldsymbol{C}$ は $\boldsymbol{R}$ と純虚数全体の加法群
$$P = \{ix \mid x \in \boldsymbol{R}\}$$
の直和になる：
$$\boldsymbol{C} = \boldsymbol{R} + P$$

さらに，これら 2 種類の直積，すなわち "与えられた群の直積" と "部分群の直積" とは実質的に同じものである：

定理 13

群 G が部分群 H_1, H_2 の直積のとき，G は与えられた群の直積群 $H_1 \times H_2$ に写像
$$G \ni a_1 a_2 \longrightarrow (a_1, a_2) \in H_1 \times H_2$$
で同型になる．

1.5 直積と正規列

◆ **直既約** 群 G が 2 つの真の部分群の直積に分解できないとき，G は**直既約**であるという．群 G が直既約な部分群 $H_1, H_2, \cdots, H_n$ の直積 $G = H_1 \times H_2 \times \cdots \times H_n$ で書けるとき，これを G の**直既約分解**という．

単純群は直既約である．

◆ **正規列・組成列** 群 G の部分群の有限列 $G = H_0 \supset H_1 \supset \cdots \supset H_r = \{e\}$ において，$H_i \triangleleft H_{i-1}$ $(i = 1, 2, \cdots, r)$ のとき，この列を G の**正規列**または**正規鎖**，$H_0/H_1, H_1/H_2, \cdots, H_{r-1}/H_r$ をその**剰余群列**という．すべての H_i が異なっていて，剰余群列がすべて単純群であるときの正規列を**組成列**，そのときの各 H_{i-1}/H_i を**組成列剰余群**，r を**組成列の長さ**という．

対称群 S_3 において，$S_3 \supset A_3 \supset \{e\}$ は組成列である．

◆ **正規列の細分** 群 G の 2 つの正規列

$$(H): G = H_0 \supset H_1 \supset \cdots \supset H_r = \{e\}$$
$$(K): G = K_0 \supset K_1 \supset \cdots \supset K_s = \{e\}$$

において，(H) の各 H_{i-1} と H_i の間にいくつかの部分群を入れてできる正規列が (K) になるとき，(K) は (H) の**細分**であるという．

正規列 (H) で H_i がすべて異なり，真の細分をもたないときが組成列である．また，(H) と (K) において，$r = s$ で，剰余群列 H_{i-1}/H_i と K_{i-1}/K_i が適当な順序で同型になるとき，正規列 (H) と (K) は**同型**であるという．

> **定理 14（シュライアー（Schreier）の細分定理）**
>
> 群の 2 つの正規列が与えられたとき，これらを適当に細分して互いに同型な正規列をつくることができる．

> **定理 15（ジョルダン–ヘルダー（Jordan–Hölder））**
>
> 群が組成列をもてばその長さが一定で，2 つの組成列は同型である．すなわち 2 つの組成列の剰余群列が順序と同型を除いて一致する．

◆ **可解群** 群 G の正規列

$$G = H_0 \supset H_1 \supset \cdots \supset H_r = \{e\}$$

で，H_{i-1}/H_i $(i = 1, 2, \cdots, r)$ がアーベル群になるものを**アーベル正規列**といい，アーベル正規列をもつ群を**可解群**という．

アーベル群 G はアーベル正規列 $G \supset \{e\}$ をもつから可解群である．

◆ **交換子・交換子群** 群 G の 2 元 a, b に対して，$[a, b] = aba^{-1}b^{-1}$ を a と b の**交換子**という．G の部分群 H, K に対して，$[h, k]$ $(h \in H, k \in K)$ 全体で生成される G の部分群を $[H, K]$ で表し，H と K の**交換子群**という：

$$[H, K] = \langle [h, k] \mid h \in H,\ k \in K \rangle$$
$$= [K, H]$$

このとき,
$$[H, K] = \{e\} \iff hk = kh \quad (h \in H,\ k \in K)$$
が成り立つ.とくに,$D(G) = [G, G]$ を G の**交換子群**という.

G がアーベル群であることと,$D(G) = e$ となることは同値である.

さらに,$D_i(G) = D(D_{i-1}(G))$ $(i \geqq 1)$ として,**交換子群列**
$$G = D_0(G) \supset D_1(G) \supset D_2(G) \supset \cdots \supset D_i(G) \supset \cdots$$
を定義する.

定理 16

群 G が可解群になるためには,ある r に対して $D_r(G) = \{e\}$ となることが必要十分である.

$D_2(G) = \{e\}$,すなわち $D(G)$ がアーベル群になるとき,G は**メタアーベル**であるという.

◆ **べき零群** 群 G の正規列 $G = H_0 \supset H_1 \supset \cdots \supset H_r = \{e\}$ が $G \triangleright H_i$,$H_{i-1}/H_i \subset Z(G/H_i)$ $(= G/H_i$ の中心$)$ を満たすとき,**中心列**といい,中心列をもつ群を**べき零群**という.

アーベル群 G は $Z(G) = G$ により,$G \supset \{e\}$ は中心列であるからべき零群である.

定理 17

群 G について次の各条件は同値である.

(i) G はべき零群である.

(ii) $\Gamma_i(G) = [\Gamma_{i-1}(G), G]$ $(i \geqq 1,\ \Gamma_0(G) = G)$ によって定義される正規部分群の列
$$G = \Gamma_0(G) \supset \Gamma_1(G) \supset \cdots \supset \Gamma_i(G) \supset \cdots$$
に対して,$\Gamma_r(G) = \{e\}$ となる r が存在する.

(iii) $Z(G/Z_i(G)) = Z_{i+1}(G)/Z_i(G)$ $(i \geqq 0,\ Z_0(G) = \{e\})$ によって定義される正規部分群の列
$$\{e\} = Z_0(G) \subset Z_1(G) \subset \cdots \subset Z_i(G) \subset \cdots$$
に対して,$Z_s(G) = G$ となる s が存在する.

(ii),(iii) の部分群の列をそれぞれ**降中心列**,**昇中心列**という.

1.5 直積と正規列

例題 20 ――――――――――――――（直積）――――

群 G の 2 つの部分群 H, K に対して，$G = H \times K$ となる必要十分条件は次の 3 つの条件が成り立つことである．これを証明せよ．

(i) $G \triangleright H, \quad G \triangleright K$

(ii) $G = HK$

(iii) $H \cap K = \{e\}$

【解答】 $G = H \times K$ とすると，$G \ni a = bc \ (b \in H, c \in K)$ と表されるから (ii) は成り立つ．次に，この形の $a = bc$ と $H \ni h, K \ni k$ に対して，直積の定義より b と c, h と c, k と b が共に可換であるから

$$aha^{-1} = bchc^{-1}b^{-1} = bhcc^{-1}b^{-1} = bhb^{-1} \in H$$

$$aka^{-1} = cbkb^{-1}c^{-1} = ckbb^{-1}c^{-1} = ckc^{-1} \in K$$

よって，$H \triangleleft G, K \triangleleft G$．さらに，$H \cap K \ni a$ に対して，

$$a = ae \ (a \in H, e \in K), \quad a = ea \ (e \in H, a \in K)$$

と書ける．$G \ni a$ の H と K の元の積による表示は一意的であるから，$a = e$ となる．

逆に，$b \in H, c \in K$ に対し，$H \triangleleft G, K \triangleleft G$ により，

$$bcb^{-1}c^{-1} = b(cb^{-1}c^{-1}) \in H$$

$$= (bcb^{-1})c^{-1} \in K$$

よって，$bcb^{-1}c^{-1} \in H \cap K = \{e\}$．すなわち，$bc = cb$ となり H, K の元どうしが可換になる．また，$G = HK \ni a$ が

$$a = bc = b'c' \quad (b, b' \in H, c, c' \in K)$$

と表されたとすると，$b^{-1}b' = cc'^{-1} \in H \cap K = \{e\}$．よって，$b = b', c = c'$ となり，一意性が示された．

【類題】 群 G が 2 つより多くの G の部分群 $H_1, H_2, \cdots, H_n$ の直積 $G = H_1 \times H_2 \times \cdots \times H_n$ になる（すなわち $i \neq j$ のとき，H_i の任意の元と H_j の任意の元とが可換であり，G のどの元 a も $a = a_1 a_2 \cdots a_n \ (a_i \in H_i, i = 1, \cdots, n)$ と一意的に表される）ためには，次の 3 つの条件が成り立つことが必要十分であることを証明せよ．

(i) 各 H_i は G の正規部分群である

(ii) $G = H_1 H_2 \cdots H_n$

(iii) $H_1 \cdots H_{i-1} \cap H_i = \{e\} \quad (i = 2, 3, \cdots, n)$

また，(iii) を次の (iii)′ で置き換えてもよいことを証明せよ．

(iii)′ $H_i \cap H_1 H_2 \cdots H_{i-1} H_{i+1} \cdots H_n = \{e\} \quad (i = 1, 2, \cdots, n)$

---- 例題 21 ──────────────────（交換子群）────

群 G の正規部分群 K, N の交換子群 $[K, N]$ と G の交換子群 $D(G)$ について，次の各々を証明せよ．
(i) $[K, N] \triangleleft G$, $[K, N] \subset K \cap N$
(ii) $D(G) \triangleleft G$ であって，$G/D(G)$ はアーベル群である．
(iii) $N \triangleleft G$ であって G/N がアーベル群になる必要十分条件は，$N \supset D(G)$ が成り立つことである．

【解答】 (i) $G \ni a$, $K \ni x$, $N \ni y$ をとれば
$$a[x, y]a^{-1} = a(xyx^{-1}y^{-1})a^{-1} = (axa^{-1})(aya^{-1})(axa^{-1})^{-1}(aya^{-1})^{-1}$$
$$= [axa^{-1}, aya^{-1}] \in [K, N]$$
よって，$a[K, N]a^{-1} \subset [K, N]$ となり，$[K, N] \triangleleft G$. 次に，$K \ni x$, $N \ni y$ に対して，$xyx^{-1} \in N$, $yx^{-1}y^{-1} \in K$ であるから
$$[x, y] = (xyx^{-1})y^{-1} = x(yx^{-1}y^{-1})$$
とみれば，$[x, y] \in K \cap N$. よって，$[K, N] \subset K \cap N$.

(ii) $D(G) = D$ とおく．(i) において $K = N = G$ とみれば，$D \triangleleft G$. 次に，$G/D \ni Da$, Db をとれば，$[a, b] = aba^{-1}b^{-1} \in D$ より，$ab \in Dba$. よって，$Dab = Dba$ となり，$(Da)(Db) = (Db)(Da)$, すなわち G/D はアーベル群になる．

(iii) $G/N \ni Na$, Nb をとれば，$(Na)(Nb) = (Nb)(Na)$ から，$N \triangleleft G$ により $Nab = Nba$. よって，$[a, b] = aba^{-1}b^{-1} \in N$. また $a, b \in N$ ならば，$[a, b] \in N$ である．以上から G の任意の交換子は N に含まれる，すなわち $D = D(G) \subset N$. 逆に，$N \supset D$ とする．$a \in G$, $x \in N$ に対して，$axa^{-1} = [a, x]x \in N$ であるから $G \triangleright N$. また $a, b \in G$ に対して，$[a, b] \in N$ であるから．
$$NaNb = Nab = Nab(a^{-1}b^{-1}ba) = N[a, b]ba = Nba = NbNa$$
よって，G/N はアーベル群になる．

---- 例題 22 ──────────────（対称群と交代群の交換子群）────

n 次の対称群 S_n と交代群 A_n の交換子群 $[S_n, A_n]$ はどんな群になるか．

【解答】 $n = 2$ ならば，$A_2 = \{(1)\}$ であるから $[S_2, A_2] = \{(1)\}$. $n \geqq 3$ とする．$S_n \triangleright A_n$ であるから，例題 21 (i) により $[S_n, A_n] \subset A_n$. 次に，例題 17 (ii) により A_n は長さ 3 のすべての巡回置換で生成され，その巡回置換に関して
$$(i\ j\ k) = (i\ j)(i\ j\ k)(i\ j)^{-1}(i\ j\ k)^{-1}$$
$$= [(i\ j), (i\ j\ k)] \in [S_n, A_n]$$
となるから，$A_n \subset [S_n, A_n]$. よって，すべての n について $[S_n, A_n] = A_n$.

1.5 直積と正規列

例題 23 ────────────── （可解群とべき零群）

(i) べき零群は可解群であることを示せ．
(ii) 4 次交代群 A_4 は可解群であるが，べき零群ではないことを示せ．

【解答】 (i) べき零群 G の中心列
$$G = H_0 \supset H_1 \supset \cdots \supset H_r = \{e\}$$
において，各剰余群 H_{i-1}/H_i は G/H_i の中心に含まれるから H_{i-1}/H_i はアーベル群である．よって，中心列はアーベル正規列であるから，G は可解群である．

(ii) クラインの 4 元群と同型な $V = \{(1), (1\ 2)(3\ 4), (1\ 4)(2\ 3), (1\ 3)(2\ 4)\}$ は A_4 のただ 1 つの自明でない正規部分群である（例題 18 の類題，問題 1.4B，4 を参照）．A_4/V は位数 3 の巡回群，V はアーベル群であるから，$A_4 \supset V \supset \{e\}$ は A_4 のアーベル正規列になる．よって，A_4 は可解群になる．

次に，ただ 1 つの A_4 の正規部分群の列 $A_4 \supset V \supset \{e\}$ において，問題 1.4A，12 により A_4 の中心 $Z(A_4)$ は $\{(1)\}$ であるから，V は $Z(A_4)$ に含まれない．よって，この列は中心列でない．すなわち A_4 はべき零群ではない．

〘注意〙 アーベル群はべき零群であるから，べき零群という概念はアーベル群と可解群の中間に位置する．

例題 24 ────────────── （可解群の部分群と剰余群）

可解群 G の部分群と剰余群はともに可解群になることを証明せよ．

【解答】 H を G の部分群とすれば，
$$D_1(G) = D(G) = [G, G] \supset [H, H] = D(H) = D_1(H)$$
いま，$D_i(G) \supset D_i(H)$ とすれば，
$$D_{i+1}(G) = [D_i(G), D_i(G)] \supset [D_i(H), D_i(H)] = D_{i+1}(H)$$
となり，帰納法によりすべての i について $D_i(G) \supset D_i(H)$ が成り立つ．よって，$D_r(G) = \{e\}$ ならば，$D_r(H) = \{e\}$ となって，H は可解群である．

次に，G の剰余群 G/N において，
$$[aN, bN] = aNbNa^{-1}Nb^{-1}N = aba^{-1}b^{-1}N = [a, b]N$$
であるから，$D_1(G/N) = D_1(G)N/N$．いま，$D_i(G/N) = D_i(G)N/N$ とすれば，
$$D_{i+1}(G/N) = [D_i(G/N), D_i(G/N)] = [D_i(G)N/N, D_i(G)N/N]$$
$$= [D_i(G), D_i(G)]N/N = D_{i+1}(G)N/N$$
となり，帰納法によりすべての i について，$D_i(G/N) = D_i(G)N/N$ が成り立つ．よって，$D_r(G) = \{e\}$ ならば，$D_r(G/N) = \{N\}$ となり，G/N は可解群になる．

---「例題 25」――――――――――（組成列をもつ群が可解になる条件）―――

組成列をもつ有限群 G が可解群になるためには，組成列剰余群がすべて素数位数の巡回群になることが必要十分であることを証明せよ．

【解答】 G の組成列を
$$G = H_0 \supset H_1 \supset \cdots \supset H_r = \{e\}$$
とする．G を可解群として，各組成列剰余群 H_{i-1}/H_i を K_i とおく．例題 24 により K_i は可解群である．このとき，$K_i \supsetneq D(K_i)$ が成り立つ．実際，$K_i = D(K_i)$ なら適当な s に対し
$$K_i = D(K_i) = D_2(K_i) = \cdots = D_s(K_i)$$
$$= \{e_i\} \quad (e_i は K_i の単位元)$$
となるからである．さらに，K_i は単純群であるから，$K_i \triangleright D(K_i) = \{e_i\}$．例題 21 (ii) により，$K_i = K_i/D(K_i)$ はアーベル群になる．よって，K_i のすべての部分群は正規部分群になるから，K_i は自明な部分群だけをもつ．したがって，例題 6 (ii) によりすべての K_i は素数位数の巡回群である．

逆に，各組成列剰余群 H_{i-1}/H_i が素数位数の巡回群とする．とくに，G/H_1 はアーベル群であるから，例題 21 (iii) により $H_1 \supset D(G) = D_1(G)$．いま $i > 2$ に対し，$H_{i-1} \supset D_{i-1}(G)$ と仮定すると，H_{i-1}/H_i がアーベル群であるから，再び例題 21 (iii) より
$$H_i \supset D(H_{i-1}) \supset D(D_{i-1}(G)) = D_i(G)$$
よって，帰納法によりすべての i について $H_i \supset D_i(G)$ が成り立つ．したがって，$D_r(G) \subset H_r = \{e\}$ であるから G は可解群になる．

―――「例題 26」――――――――――――――――――（べき零群）―――

べき零群 G の真の部分群 H に対して，$H \subsetneq N_G(H)$ となることを証明せよ．

【解答】 べき零群 G の中心列を
$$G = H_0 \supset H_1 \supset \cdots \supset H_r = \{e\}$$
とすれば，$G \supsetneq H$ により適当な i が存在して
$$H_i \subset H, \quad H_{i-1} \not\subset H$$
$H_{i-1} \ni a,\ H \not\ni a$ となる a をとれば，$H \ni b$ に対し，$H_{i-1}/H_i \subset Z(G/H_i)$ から $H_i a$ と $H_i b$ は可換になるから，$H_i ab = H_i ba$．よって，$aba^{-1}b^{-1} \in H_i \subset H$ となって，$aba^{-1} \in H$．したがって，$a \in N_G(H)$．$a \notin H$ であったから，$H \subsetneq N_G(H)$．

1.5 直積と正規列

######## 問題 1.5 A ########

1. 与えられた群 G_1 と G_2 の直積に対して，
   (1) $G_1 \times G_2 \cong G_2 \times G_1$
   (2) G_1, G_2 が有限群のとき，$|G_1 \times G_2| = |G_1||G_2|$
   を示せ．
2. 2つの巡回群 $G_1 = \langle a \rangle$, $G_2 = \langle b \rangle$ は位数がそれぞれ m, n で $(m, n) = 1$ とする．このとき $G = G_1 \times G_2$ はまた巡回群であることを証明せよ．また，$(m, n) \neq 1$ のとき，これが成り立たない例を見つけよ．
3. 2つの群 G_1, G_2 に対して，$G_1 \triangleright N_1$, $G_2 \triangleright N_2$ ならば
$$G_1/N_1 \times G_2/N_2 \cong G_1 \times G_2/N_1 \times N_2$$
となることを証明せよ．
4. 次の直積分解を示せ．
   (1) $\boldsymbol{R}^\times = \boldsymbol{R}^+ \times \{1, -1\}$
   (2) クラインの 4 元群 $V = \{e, a, b, ab\}$ において，
$$V = \{e, a\} \times \{e, b\}$$
5. $G = H \times K$ ならば，$G/K \cong H$ を示せ．
6. $G = H \times K$ で H' が H の部分群であれば，$H'K = H' \times K$ が成り立つことを示せ．
7. $G = H_1 \times H_2$ でさらに，G の部分群 K に対して $H_1 \subset K$ のとき，
$$K = H_1 \times (H_2 \cap K)$$
が成り立つことを証明せよ．
8. 有限群 G の 2 つの正規部分群 K, N の位数が互いに素であれば，$KN = K \times N$ を示せ．
9. $(m, n) = 1$ のとき，位数 mn の巡回群は位数 m と位数 n の 2 つの巡回群の直積に一意的に分解されることを示せ．
10. $(m, n) = 1$ のとき，加法群として $\boldsymbol{Z}/mn\boldsymbol{Z} \cong \boldsymbol{Z}/m\boldsymbol{Z} + \boldsymbol{Z}/n\boldsymbol{Z}$（直和）となることを証明せよ．
11. p を素数として，巡回群でない有限群 G の位数が p^2 ならば，G は位数 p の 2 つの巡回群の直積で書けることを示せ．
12. 無限巡回群は直既約になることを示せ．
13. 有限群は組成列をもつことを示せ．
14. 無限巡回群は組成列をもたないことを証明せよ．
15. アーベル群は有限群のときに限って組成列をもつことを証明せよ．
16. n 次対称群 S_n の組成列を求めよ．
17. 位数が 6 の巡回群の組成列をすべて求めて，それらの剰余群列の同型を与えよ．

18. 群 G の交換子について，次の各々を示せ．
    (1) $[a, b] = [b, a]^{-1}$
    (2) $[a, bc] = [a, b]b[a, c]b^{-1}$
    (3) $a[b, c]a^{-1} = [[a, b]b, [a, c]c] = [a, [b, c]][b, c]$

19. 群 G の交換子群が中心に含まれるとすれば，次の各々が成り立つことを証明せよ．
    (1) $[a^n, b] = [a, b^n] = [a, b]^n$
    (2) $(ab)^n = [b, a]^{\frac{1}{2}n(n-1)} a^n b^n$

20. H, K を群 G の部分群とするとき，
$$H \subset N_G(K) \iff [H, K] \subset K$$
を証明せよ．

21. K, N が群 G の正規部分群で，$G/K, G/N$ がともにアーベル群であれば，$G/(K \cap N)$ もアーベル群になることを示せ．

22. G が非可換単純群であれば，$D(G) = G$ となることを示せ．

23. $D(G)$ は特性部分群であることを示せ．

24. $G = H_1 \times H_2$ ならば，中心と交換子群について，$Z(G) = Z(H_1) \times Z(H_2)$ および $D(G) = D(H_1) \times D(H_2)$ が成り立つことを証明せよ．

25. S_n と A_n のそれぞれの交換子群 $D(S_n), D(A_n)$ を求めよ．

26. S_3, S_4 の交換子群列を求めよ．

27. N を群 G の正規部分群として，G/N と N が可解群であれば，G 自身が可解群になることを証明せよ．

28. $G = H \times K$ のとき，G が可解群であるためには H と K がともに可解であることが必要十分であることを証明せよ．

29. S_n は $n \leqq 4$ のとき可解群になるが，$n \geqq 5$ のときは可解群にならないことを示せ．

30. べき零群の部分群，剰余群はまたべき零群になることを証明せよ．

31. べき零群に対して問題 27 は成り立つか．

32. べき零群 G の極大部分群は G の正規部分群であることを示せ．

33. G, G' がべき零群のとき，$G \times G'$ もまたべき零であることを証明せよ．

34. べき零群 $G (\neq \{e\})$ の中心は単位群と異なることを示せ．また，これから $S_n (n \geqq 3)$ および $A_n (n \geqq 4)$ はともにべき零でないことを示せ．

35. 4 元数群 Q はべき零群であることを示せ．

問題 1.5 B

1. G_1, G_2 をともに位数 2 の群とするとき，$G_1 \times G_2$ はクラインの 4 元群に同型になることを証明せよ．

2. $G \triangleright K$, $G \triangleright N$ で $G = KN$ ならば，$G/K \times G/N \cong G/(K \cap N)$ となることを示せ．

1.5 直積と正規列

3. 巡回群 G が直既約になるためには，G は無限群かもしくは位数が素数べき p^n の群になることが必要十分であることを証明せよ．
4. 組成列をもつ群は直既約分解されることを示せ．
5. $G \triangleright N$ のとき．群 G が組成列をもつ必要十分条件は G/N と N がともに組成列をもつことである．また，このとき G の組成列の長さは G/N と N の組成列の長さの和に等しくなる．これらのことを証明せよ．
6. S_n は直既約になることを証明せよ．
7. G がメタアーベル群のとき，交換子について次の各々を証明せよ．
   (1) $[a,[b,c]][a,[c,b]] = e$
   (2) $[a,[b,c]][b,[c,a]][c,[a,b]] = e$
8. 2 面体群の交換子群を求めよ．
9. $GL(n, \boldsymbol{R})$ の交換子群を求めよ．
10. 定理 16 を証明せよ．
11. $GL(n, \boldsymbol{R})$ の部分群 $N = \left\{ \begin{bmatrix} 1 & & * \\ & \ddots & \\ O & & 1 \end{bmatrix} \right\}$ はべき零群になることを示せ．

――ヒントと解答――

問題 1.5 A

1. (1) $G_1 \times G_2 \ni (a_1, a_2) \longrightarrow (a_2, a_1) \in G_2 \times G_1$ は同型写像である．
   (2) 明らか．
2. $G \ni c = (a,b)$ の位数を r とすれば，$|G| = mn$ から $r \,|\, mn$．一方，$c^r = (a,b)^r = (a^r, b^r) = (e_1, e_2)$ であるから $m \,|\, r$, $n \,|\, r$．$(m,n) = 1$ より，$mn \,|\, r$．ゆえに $r = mn$ となって，$G = \langle c \rangle$．$(m,n) > 1$ ならクラインの 4 元群を考えよ．
3. $G_1 \times G_2 \ni (a_1, a_2) \longrightarrow (a_1 N_1, a_2 N_2) \in G_1/N_1 \times G_2/N_2$ は全射準同型になり，核は $N_1 \times N_2$ である．よって，定理 5 が使える．
4. 容易である．
5. $G = H \times K \ni ab \longrightarrow a \in H$ は全射準同型になり，核は K である．
6. H の元と K の元とは可換であるから，$H'K \ni ab\,(a \in H', b \in K)$, $H \supset H' \ni x$ をとれば，$abx(ab)^{-1} = axa^{-1} \in H'$．よって，$H' \triangleleft H'K$, 同様に $K \triangleleft H'K$．また，$H' \cap K \subset H \cap K = \{e\}$．ゆえに例題 20 より $H'K = H' \times K$．
7. 例題 5 (ii) により，$H_1(H_2 \cap K) = H_1 H_2 \cap K = G \cap K = K$．$H_1 \cap (H_2 \cap K) = H_2 \cap (H_1 \cap K) = H_2 \cap H_1 = \{e\}$．また，$H_1 \triangleleft K$, $H_2 \cap K \triangleleft K$ がいえるから $K = H_1 \times (H_2 \cap K)$．
8. 部分群 $K \cap N$ の位数は $|K|$ と $|N|$ の公約数であるから 1．よって，$K \cap N = \{e\}$．また $KN \triangleleft K$, $KN \triangleleft N$ であるから，$KN = K \cap N$．

9. 位数が mn の巡回群を $G = \langle a \rangle$ とすれば，$\langle a^n \rangle$, $\langle a^m \rangle$ の位数はそれぞれ m, n になる．$ms + nt = 1$ となる $s, t \in \mathbf{Z}$ があるから，$a = a^{ms+nt} = (a^m)^s(a^n)^t$ より $G = \langle a^m \rangle \langle a^n \rangle$．一方，前問と同じく $\langle a^m \rangle \cap \langle a^n \rangle = \{e\}$．よって，$G = \langle a^m \rangle \times \langle a^n \rangle$．

10. 整数 $a = mq + r = nq' + r'$ $(0 \leqq r < m, 0 \leqq r' < n)$ と書けば，$f: \mathbf{Z} \ni a \longrightarrow (r, r') \in \mathbf{Z}/m\mathbf{Z} + \mathbf{Z}/n\mathbf{Z}$ は準同型になる．$(m, n) = 1$ により $m\mathbf{Z} \cap n\mathbf{Z} = mn\mathbf{Z}$．よって，定理 5 より $\mathbf{Z}/mn\mathbf{Z} \cong \operatorname{Im} f$．また $|\operatorname{Im} f| \leqq |\mathbf{Z}/m\mathbf{Z} + \mathbf{Z}/n\mathbf{Z}| = mn$ であって，一方では $|\operatorname{Im} f| = |\mathbf{Z}/mn\mathbf{Z}| = mn$．ゆえに $\operatorname{Im} f \cong \mathbf{Z}/m\mathbf{Z} + \mathbf{Z}/n\mathbf{Z}$．

11. $G \ni a \neq e$ をとれば，G は巡回群でないから a の位数は p である．$\langle a \rangle = H$ とおき，$G - H \ni b$ に対し $\langle b \rangle = K$ とすれば，$H \cap K = \{e\}$, $HK = G$．よって，$G = H \times K$ となり，直積因子はいずれも位数は p である．

12. 無限巡回群 $G = \langle a \rangle$ の自明でない任意の 2 つの部分群を $H = \langle a^m \rangle$, $K = \langle a^n \rangle$ $(m, n > 0)$ とすれば，$H \cap K \ni a^{mn} \neq e$ であるから G は 2 つの部分群の直積に分解されない．

13. 有限群 G の真の正規部分群のうちで最大位数のものを H_1, H_1 の真の正規部分群のうちで最大位数のものを H_2 といったように続けていけば組成列ができる．

14. $G = \langle a \rangle = H_0 \supset H_1 \supset \cdots \supset H_r = \{e\}$ を組成列とすれば，各部分群 H_i は無限巡回群であるから，とくに $H_{r-1} = \langle b \rangle \supsetneqq \langle b^2 \rangle \supsetneqq \{e\}$．よって，$H_{r-1}$ と $\{e\}$ の間に真の（正規）部分群が入り正規列の 1 つの細分が得られるから不合理である．

15. アーベル群 G の組成列を $G = H_0 \supset H_1 \supset \cdots \supset H_r = \{e\}$ とする．H_{i-1}/H_i は単純アーベル群であるから素数位数の巡回群になる（例題 6 (ii) を参照）．よって，$|G| = |H_0/H_1||H_1| = |H_0/H_1||H_1/H_2||H_2| = \cdots = |H_0/H_1|\cdots|H_{r-1}/H_r|$ はいくつかの素数の積になる．逆に G が有限群なら問題 1.5A, 13 による．

16. $S_2 \supset \{(1)\}$．$S_3 \supset A_3 \supset \{(1)\}$．$S_4 \supset A_4 \supset V \supset W \supset \{e\}$，ここで V はクラインの 4 元群，$W = \{(1), (1\ 2)(3\ 4)\}$．$n \geqq 5$ に対しては問題 1.4B, 7 により $S_n \supset A_n \supset \{(1)\}$．

17. 組成列は $G = \langle a \rangle \supset \langle a^2 \rangle \supset \{e\}$, $G = \langle a \rangle \supset \langle a^3 \rangle \supset \{e\}$ の 2 つ．剰余群列の同型は $\langle a \rangle/\langle a^2 \rangle \cong \langle a^3 \rangle/\{e\}$, $\langle a \rangle/\langle a^3 \rangle \cong \langle a^2 \rangle/\{e\}$．

18. (2) $[a, bc] = abca^{-1}c^{-1}b^{-1} = (aba^{-1}b^{-1})b(aca^{-1}c^{-1})b^{-1} = [a, b]b[a, c]b^{-1}$
(3) $[[a, b]b, [a, c]c] = aba^{-1}b^{-1}baca^{-1}c^{-1}cb^{-1}bab^{-1}a^{-1}c^{-1}cac^{-1}a^{-1}$
$= abcb^{-1}c^{-1}a^{-1} = a[b, c]a^{-1} = a(bcb^{-1}c^{-1})a^{-1}(cbc^{-1}b^{-1}bcb^{-1}c^{-1}) = [a, [b, c]][b, c]$

19. 交換子と G の元は可換になることを用いて，n についての帰納法で示す．$n-1$ のとき成り立つとする．

(1) $[a^n, b] = a^n b a^{-n} b^{-1} = a a^{n-1} b a^{-n+1} b^{-1} b a^{-1} b^{-1} = a[a^{n-1}, b] b a^{-1} b^{-1} = [a^{n-1}, b][a, b] = [a, b]^{n-1}[a, b] = [a, b]^n$．$[a, b^n] = [a, b]^n$ も同様である．

(2) $(ab)^n = (ab)^{n-1}(ab) = [b, a]^{\frac{1}{2}(n-1)(n-2)} a^{n-1} b^{n-1} ab = a^{n-1} b^{n-1} ab = a^{n-1} b^{n-1} a b^{-n+1} a^{-1} a b^n = a^{n-1} [b^{n-1}, a] a b^n = a^{n-1} [b, a]^{n-1} a b^n = [b, a]^{n-1} a^n b^n$

20. $H \ni a$, $K \ni b$ をとれば, $N_G(K) \ni a$ より $aba^{-1} \in K$ であるから $[a, b] = (aba^{-1})b^{-1} \in K$. よって. $[H, K] \subset K$. 逆も容易.

21. 例題 21 (iii) を参照.

22. 例題 21 (ii) により $G \triangleright D(G) (\neq \{e\})$ であるから, G が単純ならば $D(G) = G$.

23. $\mathrm{Aut}(G) \ni f$, $D(G) \ni [a, b]$ をとれば,
$$f([a, b]) = f(aba^{-1}b^{-1}) = f(a)f(b)f(a)^{-1}f(b)^{-1} = [f(a), f(b)] \in D(G)$$

24. $G \supset Z(G) \ni a = a_1 a_2$ ($a_1 \in H_1$, $a_2 \in H_2$) をとれば, $H_1 \ni x$ に対し, $(a_1 a_2)x = (a_1 x)a_2$, $x(a_1 a_2) = (xa_1)a_2$. $ax = xa$ であるから, $xa_1 = a_1 x$. よって, $a_1 \in Z(H_1)$. 同様にして, $a_2 \in Z(H_2)$. 一方, $Z(H_1) \cap Z(H_2) \subset H_1 \cap H_2 = \{e\}$, $Z(H_1) \triangleleft Z(G)$, $Z(H_2) \triangleleft Z(G)$. よって, $Z(G) = Z(H_1) \times Z(H_2)$. 次に, $G \ni a = a_1 a_2$, $b = b_1 b_2$ をとれば, $aba^{-1}b^{-1} = (a_1 b_1 a_1^{-1} b_1^{-1})(a_2 b_2 a_2^{-1} b_2^{-1})$. よって, $D(G) \subset D(H_1)D(H_2)$. また, $D(H_1) \cap D(H_2) \subset H_1 \cap H_2 = \{e\}$ より $D(G) \subset D(H_1)D(H_2) = D(H_1) \times D(H_2)$. 逆の包含関係は $D(G) \supset D(H_1)$, $D(H_2)$ より $D(G) \supset D(H_1) \times D(H_2)$.

25. S_2 はアーベル群であるから $D(S_2) = \{(1)\}$. $n \geq 3$ に対しては, $S_n \triangleright A_n$ で S_n/A_n は位数 2 の巡回群よりアーベル群であるから, 例題 21 (iii) より, $A_n \supset D(S_n)$.
$$(i\ j\ k) = (i\ j)(i\ k)(i\ j)^{-1}(i\ k)^{-1} = [(i\ j), (i\ k)] \in D(S_n)$$
となって, A_n は長さ 3 の巡回置換で生成されるから, $A_n \subset D(S_n)$. すなわち, $D(S_n) = A_n$ ($n \geq 3$).

次に $D(A_3) = D(A_2) = \{(1)\}$. A_4 に関しては, V は A_4 の (ただ 1 つの真の) 正規部分群, A_4/V は位数 3 の巡回群であるから $D(A_4) \subset V$. 一方 $\{(1)\} \neq D(A_4) \triangleleft A_4$. よって, $D(A_4) = V$ (例題 23 (ii) を参照). $n \geq 5$ に対しては, $A_n \ni (i\ j\ k)$ をとれば, i, j, k と異なる l, m がとれて,
$$(i\ j\ k) = (i\ j\ m)(i\ k\ l)(i\ j\ m)^{-1}(i\ k\ l)^{-1}$$
$$= [(i\ j\ m), (i\ k\ l)] \in D(A_n)$$
すなわち $A_n \subset D(A_n)$. したがって, $A_n = D(S_n) \supset D(A_n) \supset A_n$. ゆえに $D(A_n) = A_n$ ($n \geq 5$).

26. 前問を用いて $S_3 \supset A_3 \supset \{(1)\}$, $S_4 \supset A_4 \supset V \supset \{(1)\}$.

27. G/N, N のアーベル正規列を $G/N = H_0/N \supset H_1/N \supset \cdots \supset H_r/N = N$, $N = N_0 \supset N_1 \supset \cdots \supset N_s = \{e\}$ とすれば, $H_{i-1} \triangleright H_i$ であるから, 定理 7 (i) により $H_{i-1}/N / H_i/N \cong H_{i-1}/H_i$. よって, G はアーベル正規列 $G = H_0 \supset H_1 \supset \cdots \supset H_r = N \supset N_1 \supset \cdots \supset N_s = \{e\}$ をもつ.

28. 可解群 G の交換子群列において, $D_r(G) = \{e\}$ とする. 問題 1.5A, 24 により $D(G) = D(H) \times D(K)$ であるから, (繰り返して) $D_r(G) = D_r(H) \times D_r(K)$. よって, $D_r(H) = D_r(K) = \{e\}$ となり, H と K は可解である. 逆に H と K の交換子群列が $D_r(H) = D_s(K) = \{e\}$, $r \geq s$ となっていれば, $D_r(G) = D_r(H) \times D_r(K) = \{e\}$ となり

G は可解群である.

29. S_2 はアーベル群より可解である. S_3, S_4 の可解性は問題 1.5A, 26 から明らか (あるいは, 問題 1.5A, 26 の列はアーベル正規列である). $n \geqq 5$ のときは問題 1.5A, 25 より, すべての r に対して $D_r(S_n) = A_n \neq \{(1)\}$ となり可解でない.

30. 群 G の部分群を H とする. 降中心列において $\Gamma_1(G) \supset \Gamma_1(H)$, $\Gamma_2(G) = [\Gamma_1(G), G] \supset [\Gamma_1(H), G] = \Gamma_2(H)$ であるから, 帰納法ですべての i について $\Gamma_i(G) \supset \Gamma_i(H)$. よって, $\Gamma_r(G) = \{e\}$ ならば $\Gamma_r(H) = \{e\}$. 剰余群の場合も例題 24 と同様である.

31. $G = S_3 \triangleright N = A_3$ とすれば, G/N と N はともに巡回群であるからべき零群. 一方, S_3 はべき零にならない. 実際, S_3 のただ 1 つの真の正規列 $S_3 \supset A_3 \supset \{e\}$ において, 問題 1.4A, 12 より $A_3 \not\subset Z(S_3) = \{e\}$ であるからこれは中心列ではない.

32. べき零群 G の極大部分群を M とすれば, 例題 26 から $M \subsetneq N_G(M) \subset G$ であるから $N_G(M) = G$. よって, $M \triangleleft G$.

33. G, G' の中心列をそれぞれ
$$G = H_0 \supset H_1 \supset \cdots \supset H_r = \{e\}, \quad G' = H_0' \supset H_1' \supset \cdots \supset H_s' = \{e\}$$
とすれば, このとき
$$G \times G' = H_0 \times H_0' \supset H_1 \times H_0' \supset \cdots \supset H_r \times H_0' \supset H_r \times H_1'$$
$$\supset H_r \times H_2' \supset \cdots \supset H_r \times H_s' = \{e\}$$
により, $G \times G'$ もべき零群になる.

34. G がべき零群ならば定理 17 の降中心列において, ある r に対して, $[\Gamma_{r-1}(G), G] = \Gamma_r(G) = \{e\}$, $\Gamma_{r-1}(G) \neq \{e\}$ であるから $\{e\} \neq \Gamma_{r-1}(G) \subset Z(G)$. よって, $Z(G) \neq \{e\}$. 後半は, 問題 1.4A, 12 から $Z(S_n) = \{(1)\}$ $(n \geq 3)$, $Z(A_n) = \{(1)\}$ $(n \geqq 4)$ による.

35. 降中心列でみれば, $\Gamma_1(Q) = D(Q) = \{1, -1\}$, $\Gamma_2(Q) = [\Gamma_1(Q), Q] = \{1\}$ になる.

問題 1.5　B

1. $G = G_1 \times G_2$ とおけば, G の位数は 4 で G_1 の元と G_2 の元とは可換であるから, G はアーベル群である. $G \ni a = (a_1, a_2)$, $a_1 \in G_1$, $a_2 \in G_2$ をとれば, $a^2 = (a_1{}^2, a_2{}^2) = (e_1, e_2)$ となり, G は位数 4 の巡回群ではない. よって, 問題 1.2A, 12 から G はクラインの 4 元群になる.

2. $K \cap N = L$ とおけば, $K/L \cap N/L = L$ であって, 問題 1.2A, 30 により K/L, $N/L \triangleleft G/L$. K/L と N/L の元との積はすべて異なることが容易に示され, これらの元の全体が G/L の剰余類のすべてを与えるから $G/L = K/L \cdot N/L$. よって, $G/L = K/L \times N/L$. また定理 6 により $G/N = KN/N \cong K/L$, $G/K = KN/K \cong N/L$ であるから $G/L \cong G/K \times G/N$.

1.5 直積と正規列

3. $G = \langle a \rangle$ を位数が $p^n q > 1$, $(p, q) = 1$ の有限巡回群とする．問題 1.5A, 9 により $G = \langle b \rangle \times \langle c \rangle$（位数がそれぞれ p^n, q）であるから，G は直既約ではない．逆に，$|G| = |\langle a \rangle| = p^n$ とすれば，G の自明でない部分群は $\langle a^p \rangle, \langle a^{p^2} \rangle, \cdots, \langle a^{p^{n-1}} \rangle$ のみである．これらの部分群のどの 2 つをとっても一方は他方に含まれるから，G は直既約である．

4. 組成列の長さについての帰納法で証明する．群 G が直既約でないとする：$G = H \times K$ ($G \supsetneq H, K$). H, K の組成列の長さは G のそれの長さよりも小であるから，仮定より $H = H_1 \times \cdots \times H_r$, $K = K_1 \times \cdots \times K_s$ と直既約分解される．よって，$G = H_1 \times \cdots \times H_r \times K_1 \times \cdots \times K_s$ は G の直既約分解である．

5. 正規列 $G \supset N \supset \{e\}$ を細分して，G の組成列
$$G = H_0 \supset H_1 \supset \cdots \supset H_r = N \supset H_{r+1} \supset \cdots \supset H_{r+s} = \{e\}$$
をつくる．このとき，$H_i/N \triangleleft H_{i-1}/N$ であるから $G/N = H_0/N \supset H_1/N \supset \cdots \supset H_r/N = N$ は長さ r の G/N の組成列，$N \supset H_{r+1} \supset \cdots \supset H_{r+s} = \{e\}$ は長さ s の N の組成列になる．このとき G の組成列の長さは，それぞれの組成列の和 $r + s$ である．逆に G/N, N の組成列をそれぞれ
$$G/N = H_0/N \supset H_1/N \supset \cdots \supset H_r/N = N, \quad N = N_0 \supset N_1 \supset \cdots \supset N_s = \{e\}$$
とすれば，$H_i \triangleleft H_{i-1}$ がいえるから，次式は G の組成列になる．
$$G = H_0 \supset H_1 \supset \cdots \supset H_r(= N) \supset N_1 \supset \cdots \supset N_s = \{e\}$$

6. S_2 は単純群である．S_3 の真の正規部分群は A_3 だけであるから直積分解されない．S_4 の真の正規部分群は A_4 と V の 2 つであるが，位数をみれば $A_4 \times V \neq S_4$. S_n ($n \geq 5$) については組成列 $S_n \supset A_n \supset \{(1)\}$ と前問により，S_n の任意の正規部分群の位数は 2 か $n!/2$ であるが，位数 2 のものは存在しない．よって，このときも直積分解をもたない．

7. (1) $[a, [b, c]] = [b, c][c, b]a[b, c]a^{-1}[c, b]$
$\qquad = [b, c][[c, b], a][c, b]$
$\qquad = [[c, b], a]$ （交換子が可換であるから）$= [a, [c, b]]^{-1}$

(2) $[a, [b, c]][b, c] = [[a, b]b, [a, c]c]$ （問題 1.5A, 18 (3)）
$\qquad = ([a, b]b[a, c]b^{-1}[a, c]^{-1}[a, c]bc)([a, c]c[a, b]c^{-1}[a, b]^{-1}[a, b]cb)^{-1}$
$\qquad = ([a, b][b, [a, c]][a, c]bc)([a, c][c, [a, b]][a, b]cb)^{-1}$
$\qquad = [a, b][b, [a, c]][a, c][b, c][b, a][[a, b], c][c, a]$
$\qquad = [[a, b], c][b, [a, c]][b, c]$ （交換子が可換であるから）

よって，(1) より $[a, [b, c]] = [c, [a, b]]^{-1}[b, [c, a]]^{-1}$.

8. $D_n = \{e, a, \cdots, a^{n-1}, ab, \cdots, a^{n-1}b\}$ において，$a^n = b^2 = e$, $ab = ba^{-1}$ を満たすから $a^{-i} = (a^{-1})^i = (b^{-1}ab)^i = (b^{-1}ab)\cdots(b^{-1}ab) = b^{-1}a^ib$. すなわち $ba^{-i} = a^ib$.
よって，簡単な計算で
$$[a^i, a^j] = e, \quad [a^i, a^jb] = a^{2i}, \quad [a^ib, a^jb] = a^{2(i-j)}$$
したがって，$D(D_n) = [D_n, D_n] = \langle a^2 \rangle \subset D_n$.

$n = 2m+1$（奇数）のとき，$a^{2m+2} = a$ であるから $a \in D(D_n)$ となり a のべきがすべて現れる：$D(D_n) = \{e, a, \cdots, a^{2m}\}$.

$n = 2m$（偶数）のとき，$D(D_n) = \{e, a^2, \cdots, a^{2m-2}\}$.

9. $D(GL(n, \boldsymbol{R})) = SL(n, \boldsymbol{R})$ になる．$D(GL(n, \boldsymbol{R})) \subset SL(n, \boldsymbol{R})$ は容易である．逆の包含関係をいうには $SL(n, \boldsymbol{R})$ は例題 9 の基本行列で生成され，この行列が $ABA^{-1}B^{-1} (A, B \in GL(n, \boldsymbol{R}))$ の形に書けることをいう．

10. $G = H_0 \supset H_1 \supset \cdots \supset H_r = \{e\}$ を G のアーベル正規列とする．G/H_1 がアーベル群であるから $H_1 \supset D(G) = D_1(G)$. いま $H_{i-1} \supset D_{i-1}(G)$ とすれば，H_{i-1}/H_i がアーベル群であるから，

$$H_i \supset D(H_{i-1}) = [H_{i-1}, H_{i-1}] \supset [D_{i-1}(G), D_{i-1}(G)] = D_i(G)$$

となって，帰納法によりすべての i について，$H_i \supset D_i(G)$. とくに $\{e\} = H_r \supset D_r(G)$ により $D_r(G) = \{e\}$. 逆に G の交換子群列

$$G = D_0(G) \supset D_1(G) \supset \cdots \supset D_s(G) = \{e\}$$

は正規列で，$D_{i-1}(G)/D_i(G)$ はアーベル群であるから，これはアーベル正規列である．よって，G は可解群である．

11. $H_i = \left\{ \begin{bmatrix} 1 & \overbrace{0 \cdots 0}^{i} & * \cdots & * \\ & \ddots & & \vdots \\ & & \ddots & * \\ & & & 0 \\ & & & \vdots \\ O & & & 0 \\ & & & 1 \end{bmatrix} \right\}_i \quad (i = 0, 1, \cdots, n-1)$

とおけば，$N = H_0 \supset H_1 \supset \cdots \supset H_{n-1} = \{E_n\}$ が中心列になる．

1.6 有限群

◆ **p群・シロー群** 位数が素数 p のべき p^n である有限群を **p群** といい，群 G の部分群が p 群であるときは G の **p部分群** という．

有限群 G で位数 $|G| = p^r q$ (p：素数，$p \nmid q$) のとき，位数 p^r の部分群を G の **シローp部分群**，または **pシロー群** という．

シロー p 部分群は G の極大 p 部分群である．

― 定理 18 ―

p 群はべき零群である．

― 定理 19（シロー (Sylow)）―

G を有限群とする．このとき，
(i) G の位数 $|G|$ が素数 p のべき p^r で割り切れるとき，G は位数 p^r の p 部分群をもつ．したがって，とくに G のシロー p 部分群は存在する．
(ii) G の任意の p 部分群はある 1 つのシロー p 部分群に含まれる．
(iii) G の 2 つのシロー p 部分群が互いに共役である．
(iv) G の異なるシロー p 部分群の個数は $|G|$ の約数で $1 + pk$ の形で表される．

S_3 のシロー 2 部分群は $P_1 = \{(1), (1\,2)\}$, $P_2 = \{(1), (1\,3)\}$, $P_3 = \{(1), (2\,3)\}$ の 3 ($= 1 + 2 \cdot 1$) 個あり，たとえば $P_2 = (2\,3)P_1(2\,3)^{-1}$ である．

また，有限群 G の位数の約数を位数にもつ部分群は存在するとは限らない（問題 1.4B, 3 を参照）．

◆ **有限群の例** 位数が小さくてよく知られた有限群
(i) クラインの 4 元群 $V = \{e, a, b, ab\}$：位数 4 で，単位元以外の元の位数が 2 であるアーベル群
(ii) 4 元数群 $Q = \{\pm 1, \pm i, \pm j, \pm k\}$, $i^2 = j^2 = k^2 = -1$, $ij = -ji = k$, $jk = -kj = i$, $ki = -ik = j$：位数 8 の非可換群
(iii) 正 k 面体群：正 k 面体を自分自身にうつす運動全体のつくる群で，これらは $k = 4, 20, 8$ に応じて位数は 12, 60, 24 でそれぞれ A_4, A_5, S_4 に同型である．
(iv) 2 面体群 $D_n = \langle a, b \rangle$, $a^n = e$, $b^2 = e$, $ab = ba^{-1}$：正 n 角形を自分自身にうつす運動全体のつくる位数 $2n$ の群
(v) n 次対称群 S_n
(vi) n 次交代群 A_n
(vii) 位数 $2p$ (p：素数 > 2) の群：位数 $2p$ の巡回群 C_{2p} と 2 面体群 D_p の 2 つだ

けである．

(viii) 位数 pq (p, q：素数, $p > q$) の群：$q \nmid p-1$ のときは巡回群 C_{pq} で，$q \mid p-1$ のときは巡回群以外に，$a^p = b^q = e$, $bab^{-1} = a^r$ ($p \nmid r-1$, $p \mid r^q - 1$) となる a, b で生成される可解群がある．

位数が 15 以下の有限群は，次のようになる．

位数	2	3	4	5	6	7	8	9
群	C_2	C_3	C_4, V	C_5	C_6, D_3	C_7	$C_8, C_2 \times C_4, D_4$ $V \times C_2, Q$	$C_9, C_3 \times C_3$

位数	10	11	12	13	14	15
群	C_{10}, D_5	C_{11}	$C_{12}, C_2 \times C_6, A_4$ $S_3 \times C_2, B$	C_{13}	C_{14}, D_7	C_{15}

ここで，C_n は位数 n の巡回群，$B = \langle a, b \rangle$ (ただし，$a^6 = e$, $a^3 = b^2 = (ab)^2$) を表す．

例題 27 (p 群の中心)

p 群 G の中心の位数は p で割り切れることを証明せよ.

〚ポイント〛 第1章第4節における群 G の類等式を利用する. この例題から, とくに p 群の中心は決して単位群にならないことがわかる.

【解答】 $|G|=p^n$ $(n>0)$ とする. $G=Z(G)$ なら証明すべきことはないから, $G \neq Z(G)$ とすれば, G の類等式

$$p^n = |Z(G)| + |C_1| + \cdots + |C_k|$$

において, 各共役類 C_i の位数は $|G:N_G(a_i)| > 1$, すなわち $|G|$ の真の約数になるから p で割り切れる. よって, $|Z(G)|$ も p で割り切れねばならない.

例題 28 (位数 p^2 の群)

位数 p^2 の p 群 G はアーベル群になることを示せ.

【解答】 例題27により, G の中心 Z は $Z \neq \{e\}$ であるから, $Z \ni a (\neq e)$ をとれば, a の位数は p か p^2 のどちらかである.

a の位数が p^2 であれば, $G = \langle a \rangle$ となり, G はアーベル群である.

a の位数が p であれば, $H = \langle a \rangle$ とおく. このとき, $H \subset Z$ で G/H は位数が p になるから巡回群になる. よって, G はアーベル群である (問題 1.2A, 31 を参照).

例題 29 (シロー p 部分群と正規化群)

P を有限群 G のシロー p 部分群として, G の部分群 H が P の正規化群 $N_G(P)$ を含めば, $N_G(H) = H$ となることを証明せよ.

【解答】 $N_G(H) \ni a$ をとれば, $P \subset N_G(P) \subset H$ であるから P は H のシロー p 部分群で, $aPa^{-1} \subset aHa^{-1} = H$ となる. よって, P と aPa^{-1} はともに H のシロー p 部分群である. 定理 19 (iii) によって, これらは互いに共役であるから $aPa^{-1} = bPb^{-1}$ となる $b \in H$ が存在する. よって, $b^{-1}aP = Pb^{-1}a$, すなわち $b^{-1}a \in N_G(P)$. したがって,

$$a \in bN_G(P) \subset HN_G(P) \subset H$$

よって, $N_G(H) \subset H$. $N_G(H) \supset H$ は明らかであるから, $N_G(H) = H$.

例題 30 ────────────── （群がべき零になる条件）

有限群 G に対して，次の各条件は同値であることを証明せよ．
(ⅰ) G はべき零である．
(ⅱ) G の任意のシロー p 部分群は正規部分群である．
(ⅲ) G はいくつかのシロー p 部分群の直積で書ける．

【解答】 (ⅰ)$\Longrightarrow$(ⅱ)　べき零群 G のシロー p 部分群 P に対して，$N_G(P) \subsetneqq G$ と仮定する．例題 29 の H として $N_G(P)$ をとれば，
$$N_G(N_G(P)) = N_G(P)$$
ところが，例題 26 によれば，
$$N_G(P) \subsetneqq N_G(N_G(P))$$
が成り立たねばならない．よって，$N_G(P) = G$ でなければならないから $P \triangleleft G$．

(ⅱ)$\Longrightarrow$(ⅲ)　$|G| = p_1^{e_1} \cdots p_s^{e_s}$ と素因数分解して，P_i をシロー p_i 部分群とする．仮定から $P_i \triangleleft G$ であるから，$P_1 \cdots P_s$ は G の（正規）部分群である（問題 1.2A, 3 を参照）．各 $|P_i| = p_i^{e_i}$ は互いに素であるから $P_1 \cap P_2 = \{e\}$．よって，$|P_1 P_2| = p_1^{e_1} p_2^{e_2}$ となり $P_1 P_2 \cap P_3 = \{e\}$．繰り返して
$$|P_1 \cdots P_j| = p_1^{e_1} \cdots p_j^{e_j},$$
$$P_1 \cdots P_{j-1} \cap P_j = \{e\} \quad (j = 2, 3, \cdots, n)$$
したがって，例題 20（とその類似）により
$$P_1 \cdots P_s = P_1 \times \cdots \times P_s = G$$

(ⅲ)$\Longrightarrow$(ⅰ)　$G = P_1 \times \cdots \times P_s$，各直積因子 P_i はシロー部分群，とすれば，P_i は p 群であるから，定理 18 によりべき零群である．べき零群の直積はまたべき零群になるから（問題 1.5A, 33 を参照），G はべき零群になる．

例題 31 ────────────────────── （位数 15 の群）

位数 15 の群をすべてを決定せよ．

【解答】 位数 15 の群 G におけるシロー 3 部分群の共役群の個数 n_3 は，定理 19 (ⅳ) から $n_3 = 1 + 3k$ の形で，しかもこれが 15 の約数であるから $n_3 = 1$．よって，P_3 をこのシロー 3 部分群とすれば $P_3 \triangleleft G$．同様にして，シロー 5 部分群についても個数 $n_5 = 1$ になるから，P_5 をシロー 5 部分群とすれば $P_5 \triangleleft G$．P_3, P_5 はそれぞれ位数 3, 5 の巡回群であるから，$P_3 \cap P_5 = \{e\}$．よって，P_3 と P_5 のそれぞれの生成元 a, b について $ab = ba$ となり，ab の位数は 15 である（問題 1.2A, 13 を参照）．ゆえに G は位数 15 の巡回群である：$G = \langle ab \rangle$．

例題 32 ──────────────── (位数 $2p$ の群)

p を素数(>2)とするとき,位数 $2p$ の群 G は巡回群または 2 面体群であることを証明せよ.

【解答】 G のシロー 2 部分群を H,シロー p 部分群を K とすれば,H, K は位数がそれぞれ $2, p$ の巡回群である.そこで $H = \langle a \rangle$, $K = \langle b \rangle$ とおく.$|G : K| = 2$ であるから $G \triangleright K$. また $H \cap K = \{e\}$ であるから $G = HK$ で,
$$G = \{a^i b^j \mid i = 0, 1, \ j = 0, 1, \cdots, p-1\}$$
$$= \langle a, b \rangle$$
$G \triangleright K, a \in H \subset G$ により,$aba^{-1} = aba = b^m$ となる整数 m が存在する.
$$b^{m^2} = (b^m)^m = \overbrace{(aba^{-1}) \cdots (aba^{-1})}^{m} = ab^m a^{-1}$$
$$= a(aba)a = a^2 ba^2 = b$$
すなわち $b^{m^2-1} = e$ となり
$$p \mid m^2 - 1 = (m+1)(m-1)$$
よって,m は $m = pk \pm 1$ と書ける.したがって,$aba = b^m = b^{pk \pm 1} = b$ または b^{-1}.

(1) $aba = b$ ならば,$ab = ba^{-1} = ba$ となり G はアーベル群である.よって,
$$G \cong \langle a \rangle \times \langle b \rangle = \langle ab \rangle$$

(2) $aba = b^{-1}$ ならば,$a^2 = b^p = e$ を考慮にいれて G は 2 面体群 D_p になる(例題 4 を参照).

〚注意〛 位数 $6, 10, 14$ などの有限群はこの例題からすべて決定される.

例題 33 ──────────────── (位数 18 の群)

位数 18 の群 G は可解群であることを証明せよ.

【解答】 G のシロー 3 部分群 P の共役部分群の個数は $1 + 3k$ の形で,18 の約数であるから 1 となり,$P \triangleleft G$. P の位数は 3^2 であるから,例題 28 により P はアーベル群である.一方 G/P は位数が 2 であるから巡回群になる.よって,$G \supset P \supset \{e\}$ はアーベル正規列になるから,G は可解群である.

問題 1.6 A

◎ 問題 1.6 A, B において, G を有限群, p を素数とする.

1. 位数 p^r の p 群 G は $r = 1$ のときに限り単純群になることを証明せよ.
2. G が非可換な p 群のとき, G の中心の指数は p^2 で割り切れることを示せ.
3. G の位数および G の任意の真の部分群 H の指数が p で割り切れるならば, G の中心の位数も p で割り切れることを証明せよ.
4. G の位数が p で割れれば, G は位数 p の元をもつことを示せ.
5. 位数 p^n の p 群 G の位数 p^{n-1} の部分群 H について, $H \triangleleft G$ になることを示せ.
6. p 群 G の中心を Z, G/Z の中心を Z'/Z とするとき, $Z \subsetneq Z'$, $Z' \triangleleft G$ となることを証明せよ.
7. G のシロー p 部分群 P が G の正規部分群であれば, P は G のただ 1 つのシロー p 部分群になることを示せ.
8. G の正規部分群 N が p 部分群のとき, N は G の任意のシロー p 部分群に含まれることを示せ.
9. H を G の p 部分群, P を G のシロー p 部分群とするとき,
$$H \subset N_G(P) \iff H \subset P$$
を証明せよ.
10. N を G の正規部分群, P を G のシロー p 部分群として, $P \triangleleft N$ ならば, $P \triangleleft G$ であることを証明せよ.
11. K を G の正規部分群, P を K のシロー p 部分群とすれば, $G = KN_G(P)$ が成り立つことを証明せよ.
12. 部分群 N が $N \triangleleft G$ であって, $p \nmid |G:N|$ ならば, N は G のすべてのシロー p 部分群を含むことを証明せよ.
13. G がべき零群ならば, G にはシロー p 部分群がただ 1 つ存在することを証明せよ.
14. A_4 のシロー 2 部分群とシロー 3 部分群を求めよ.
15. S_4 のシロー 3 部分群を求めよ.
16. 位数 33 の群のシロー p 部分群はすべて正規部分群であることを示せ.
17. 位数 35 の群は巡回群になることを証明せよ.
18. 位数が 2 つの素数の積 pq ($p > q$) である群 G の (位数 p の) シロー p 部分群は正規部分群であること, および G が可解群になることを証明せよ.
19. 位数 20 の群は可解群であることを示せ.

問題 1.6 B

1. 位数 p^3 の非可換群 G においては, $D(G) = Z(G)$ が成り立ち, またこの位数は p であることを示せ.

1.6 有限群

2. 定理 18 を証明せよ.

3. N を G の正規部分群, P を G のシロー p 部分群とするとき, $N \cap P$ は N の, NP/N は G/N のシロー p 部分群になることを証明せよ.

4. G のシロー p 部分群 P に対し, $N_G(P) \subset M$ となる極大部分群 M が存在するとする. このとき, $D(G) \subset M$ であれば, $P \triangleleft G$ であることを証明せよ.

5. 位数が素数の積 pq $(p > q)$ になる群について, 次の各々を証明せよ.
  (1) $q \nmid p-1$ のとき, G は巡回群になる.
  (2) $q \mid p-1$ のとき, $G = \langle a, b \rangle$, $a^p = e$, $b^q = e$, $bab^{-1} = a^r$ (ただし, r は $p \mid (r^q - 1)$, $p \nmid (r-1)$ を満たす整数) となる非可換群になる.

6. 位数 30 の群 G のシロー 3 部分群とシロー 5 部分群はともに G の正規部分群になることを証明せよ.

7. $x^2 = y^2 = e$, $(xy)^n = e$ を満たす x, y で生成される群 $G = \langle x, y \rangle$ は 2 面体群 D_n に同型になることを証明せよ.

—— ヒントと解答 ——

問題 1.6 A

1. $r = 1$ なら G は単純群である. 逆に G を単純群とする. 例題 27 より $Z(G) \neq \{e\}$ で, $G \triangleright Z(G)$ であるから $Z(G) = G$. よって, $r = 1$.

2. $Z(G) = Z$ の指数が p^2 で割り切れないとすると, 例題 27 より $|G : Z| = p$ となるから G/Z は巡回群になる. よって, 問題 1.2A, 31 から G はアーベル群になり仮定に反する.

3. 例題 27 と同様. 類等式で各 C_i の位数は指数の形である.

4. 定理 19 (i) より G は位数 p の部分群 H をもつから, H は巡回群である: $H = \langle a \rangle$. よって, a の位数は p である.

5. p 群 H はべき零群であるから, 例題 26 により $H \subsetneq N_G(H) \subset G$ である. よって, $|G/H| = p$ から $N_G(H) = G$, すなわち $H \triangleleft G$.

6. G/Z は p 群であるから, その中心 Z'/Z は単位群と異なる. よって, $Z' \supsetneq Z$. また $Z'/Z \triangleleft G/Z$ でもあるから, $Z' \triangleleft G$ がわかる.

7. 定理 19 (iii) から明らか.

8. N は p 部分群より, N を含むシロー p 部分群 P があって, 定理 19 (iii) から任意のシロー p 部分群は aPa^{-1} と書ける. よって, $N = aNa^{-1} \subset aPa^{-1}$.

9. $H \subset N_G(P)$ とすれば HP は G の部分群, $P \triangleleft HP$ である. 定理 6 により $|HP : P| = |H : H \cap P|$ において, 左辺は p と素で右辺は p べきであるから, この指数は 1 になる. よって, $HP = P$ となり, $H \subset P$.

10. 例題 29 と同じく, P と aPa^{-1} $(a \in G)$ は N のシロー p 部分群である. 一方, $P \triangleleft N$ であるから問題 1.6A, 7 より $aPa^{-1} = P$, すなわち $P \triangleleft G$.

11. $G \ni a$ に対し, $aPa^{-1} \subset aKa^{-1} = K$ であるから P と aPa^{-1} は K の p シロー部分群になる. これらは共役になるから, $aPa^{-1} = bPb^{-1}$ となる $b \in K$ がある. よって, $b^{-1}aP = Pb^{-1}a$ すなわち $b^{-1}a \in N_G(P)$. ゆえに $a \in bN_G(P) \subset KN_G(P)$.

12. $|G| = p^m u$, $p \nmid u$ とすれば, $|N| = p^m v$, $p \nmid v$ $(v \leqq u)$ となる. 定理 19 (ⅰ) により, N のシロー p 部分群 P が存在する. P はまた G のシロー p 部分群でもある. よって, G の任意のシロー p 部分群 H に対し, $H = aPa^{-1} \subset aNa^{-1} = N$.

13. 定理 19 (ⅲ) と例題 30 により G のどのシロー p 部分群も互いに共役で, 正規部分群にもなるからただ 1 つしかない.

14. シロー 3 部分群は位数 3 の群：$\langle(1\ 2\ 3)\rangle$, $\langle(1\ 2\ 4)\rangle$, $\langle(1\ 3\ 4)\rangle$, $\langle(2\ 3\ 4)\rangle$. シロー 2 部分群はクラインの 4 元群：$\{(1),\ (1\ 2)(3\ 4),\ (1\ 3)(2\ 4),\ (1\ 4)(2\ 3)\}$.

15. $\langle(1\ 2\ 3)\rangle$ とその共役部分群のすべて（全部で 4 個）.

16. 例題 31 と同様である. シロー 3 部分群 P_3 の共役部分群の個数は $1 + 3k$ で, これは 33 の約数であるから 1. シロー 11 部分群 P_{11} も同様に共役は 1 個である. よって, P_3, P_{11} はともに位数 33 の群 G の正規部分群である.

17. 例題 31（または前問）と同様にして, シロー 5, およびシロー 7 部分群はただ 1 つずつでともに位数 35 の群 G の正規部分群である. よって, 例題 31 のようにみて G は巡回群になる.

18. シロー p 部分群の個数は $1 + pk$ と書けて, しかも pq の約数であるから, $p > q$ により 1. よって, このときもシロー p 部分群は G の正規部分群になる.

19. シロー 5 部分群 P は位数 20 の群 G の正規部分群になり, P と G/P はともにアーベル群であるから, $G \supset P \supset \{e\}$ はアーベル正規列である. よって, G は可解群である.

問題 1.6 B

1. $G \supsetneq Z(G) = Z \supsetneq \{e\}$ であるから, 問題 1.6A, 2 より $P^2 | |G : Z|$. よって, $|Z| = p$, $|G/Z| = p^2$. 例題 28 より G/Z はアーベルであるから, $D(G) \subset Z$. いま $D(G) \subsetneq Z$ とすれば, $|Z| = p$ により $D(G) = \{e\}$ となり, G がアーベル群になる. ゆえに $D(G) = Z$.

2. p 群 G の位数に関する帰納法で示す. $|G| = p$ ならば, G は巡回群であるからアーベル群になる. よって, G はべき零群である. $|G| > p$ とする. $Z(G) \neq \{e\}$ であるから $H = G/Z(G)$ は帰納法の仮定によりべき零である. よって, $\Gamma_r(H) = \{e\}$, すなわち $\Gamma_{r-1}(G) \subset Z(G)$ となるから $\Gamma_r(G) = [\Gamma_{r-1}(G),\ G] \subset [Z(G),\ G] = \{e\}$.

3. $|G : P| = |G : PN||PN : P|$ で, $|G : P|$ は p と素であるから, $|PN : P| = |N : P \cap N|$ は p と素になる. よって, $P \cap N$ は N の p 部分群であることから $P \cap N$ は

N のシロー p 部分群である．次に，$|G:PN|=|G/N:PN/N|$ も p と素で，PN/N は G/N の p 部分群であるから，PN/N は G/N のシロー p 部分群である．

4. $G\neq N_G(P)$ とする．$N_G(P)\subset M\subset N_G(M)$ であるから，例題29により $M=N_G(M)$．一方，$D(G)\subset M$ であるから，$M\triangleleft G$ となって M の極大性から $N_G(M)=G$ となる．よって，$G=M$ となって矛盾であるから $G=N_G(P)$ すなわち $P\triangleleft G$．

5. G のシロー p 部分群 $P=\langle a\rangle$ は問題1.6A, 18から $P\triangleleft G$．シロー q 部分群 $Q=\langle b\rangle$ と共役な群の個数 $n=1+qk$ は p の約数になることから，$n=1$ または p．よって，$n=1$ のとき，$Q\triangleleft G$ となるから，$G\cong P\times Q$ で G は位数 pq の巡回群である．このとき q は $p-1$ の約数ではない．$n=1+qk=p$，すなわち $q\mid p-1$ のとき，$bab^{-1}=a^r$ となる．$p\nmid r-1$ なら（例題32のようにみれば）$a^{r^q}=b^q ab^{-q}=a$ となって，$p\mid r^q-1$ である．$q\mid r-1$ なら，このときも G は巡回群である．

6. G のシロー3部分群の個数 n_3 は $n_3=1+3k$ の形でしかも30の約数であるから $n_3=1, 10$．同様に，シロー5部分群の個数 $n_5=1, 6$．いま $n_3=10, n_5=6$ とすれば，シロー3部分群 $P_1,\cdots,P_{10}$ について，$P_i\cap P_j=\{e\}$ $(i\neq j)$，シロー5部分群 $Q_1,\cdots,Q_6$ について，$Q_i\cap Q_j=\{e\}$ $(i\neq j)$．また，任意の i,j について，$P_i\cap Q_j=\{e\}$ であるから，$|G|\geqq 1+2\cdot 10+4\cdot 6=45$．よって，$n_3=1$ または $n_5=1$．PQ $(P=P_1, Q=Q_1)$ は位数が15であるから巡回群である．ゆえに $N_G(P)\supsetneq P$, $N_G(Q)\supsetneq Q$ となり，$N_G(P)=G$, $N_G(Q)=G$，すなわち $P\triangleleft G$, $Q\triangleleft G$．

7. $D_n=D=\langle a,b\rangle$, $a^n=b^2=e$, $ab=ba^{-1}$ とする．$x=ab, y=b$ とおけば，$D=\langle x,y\rangle$, $x^2=abab=ba^{-1}ab=b^2=e$, $y^2=b^2=e$, $(xy)^n=(ab^2)^n=a^n=e$．よって，全射準同型 $f:G\longrightarrow D$ が存在する．また
$$x(xy)x^{-1}=yx=y^{-1}x^{-1}=(xy)^{-1},\quad y(xy)y^{-1}=yx=(xy)^{-1}$$
により $\langle xy\rangle\triangleleft G$．$G=\langle xy\rangle+\langle xy\rangle y$ になるから，$|G|\leqq 2n$．ゆえに f は同型になる．

1.7 アーベル群

◆ **自由アーベル群** アーベル群 G が無限巡回群の直積
$$G = \langle a_1 \rangle \times \langle a_2 \rangle \times \cdots \times \langle a_r \rangle$$
に分解されるとき，G を**自由アーベル群**といい，直積因子の生成元の集合 $\{a_1, a_2, \cdots, a_r\}$ を G の**基底**または**基**という．自由アーベル群 G の元は $a = a_1{}^{n_1} a_2{}^{n_2} \cdots a_r{}^{n_r}$ $(n_i \in \mathbf{Z})$ とただ 1 通りに表される．

G を加法群とみるときは直積の代りに直和 $G = \langle a_1 \rangle + \langle a_2 \rangle + \cdots + \langle a_r \rangle$ で考えて，これを**自由加群**という．このときの G の元は $a = n_1 a_1 + n_2 a_2 + \cdots + n_r a_r$ $(n_i \in \mathbf{Z})$ とただ 1 通りに表される．

> **定理 20**
>
> 自由アーベル群の基底の元の個数は基底のとり方によらず一定である．

この一定の基底の元の個数を自由アーベル群 G の**階数**といい，rank G で表す．

> **定理 21**
>
> 自由加群 G において $\{a_1, a_2, \cdots, a_r\}$ が G の基底になるためには，$G = \langle a_1, a_2, \cdots, a_r \rangle$ であって，次が成り立つことが必要十分である．
> $$t_1 a_1 + \cdots + t_r a_r = 0 \ (t_i \in \mathbf{Z}) \quad \text{ならば} \quad t_1 = \cdots = t_r = 0$$

◆ **トーション部分群** アーベル群 G の元 a の位数が有限であるとき，元 a を**トーション元**といい，G のトーション元の全体は G の部分群になる（問題 1.2A，16 を参照）．これを $T(G)$ で表し，G の**トーション部分群**または**ねじれ部分群**という．$T(G) = \{e\}$ となるアーベル群 G を**トーション自由**である，または**ねじれがない**という．

◆ **有限生成アーベル群** アーベル群 G が有限個の元で生成されるとき，G は**有限生成**であるという．有限アーベル群は有限生成である．

> **定理 22**（アーベル群の基本定理）
>
> G を有限生成アーベル群とするとき，G はトーション部分群 $T(G)$ と自由アーベル群 A の直積に分解される：$G = T(G) \times A$．さらに，もっと詳しく G は次のような巡回群の直積に分解される：
> $$G = \langle a_1 \rangle \times \langle a_2 \rangle \times \cdots \times \langle a_r \rangle \times \langle b_1 \rangle \times \langle b_2 \rangle \times \cdots \times \langle b_s \rangle$$
> ここで，$a_1, a_2, \cdots, a_r$ の位数をそれぞれ $e_1, e_2, \cdots, e_r$ とすれば，$e_i \mid e_{i+1}$ $(i = 1, 2, \cdots, r - 1)$ となり，各 $\langle b_i \rangle$ は無限巡回群である．また，位数の組 $(e_1, e_2, \cdots, e_r)$ と直積因子の個数は直積分解によらず一意的に定まる．

この位数と s 個の 0 の組 $(e_1, e_2, \cdots, e_r, 0, \cdots, 0)$ を G の**不変系**という．

1.7 アーベル群

とくに有限アーベル群は有限巡回群に直積になる.

アーベル群である p 群 G が直積因子の位数が $p_1{}^{e_1}, \cdots, p_r{}^{e_r}$ の巡回群の直積に分解されるとき, G を $(p_1{}^{e_1}, \cdots, p_r{}^{e_r})$ 型のアーベル群という. とくに不変系が $(p, p, \cdots, p)$ のアーベル群を**基本アーベル群**という.

クラインの 4 元群は $(2, 2)$ を不変系とする基本アーベル群である.

また, アーベル群を加法群とみた場合の基本定理は次の形になる:

定理 22′

有限生成な加法群 G は次のような加法群の直和に分解される:
$$G = \mathbf{Z}/e_1\mathbf{Z} + \mathbf{Z}/e_2\mathbf{Z} + \cdots + \mathbf{Z}/e_r\mathbf{Z} + \mathbf{Z} + \cdots + \mathbf{Z}$$
ここで, トーション部分の位数について, $e_i | e_{i+1}$ $(i = 1, 2, \cdots, r-1)$ が成り立つ. さらに, 位数の組 $(e_1, e_2, \cdots, e_r)$ と直和因子の個数は直和分解によらず一意的に定まる.

◆ **指標群** アーベル群 G から複素数の乗法群 $\boldsymbol{C}^\times$ への準同型写像 $\lambda: G \longrightarrow \boldsymbol{C}^\times$ を G の**指標**という. G の元をすべて 1 に移す指標 ε, $\varepsilon(a) = 1$ $(a \in G)$, は**単位指標**とよばれる. G の 2 つの指標 λ_1, λ_2 に対して, 積 $\lambda_1 \lambda_2$ を
$$\lambda_1 \lambda_2(a) = \lambda_1(a) \lambda_2(a) \quad (a \in G)$$
で定義すれば, この積で G の指標全体はアーベル群になる. 指標 λ の逆元は λ^{-1}: $a \longrightarrow \lambda(a)^{-1}$ である. この群を $\widehat{G}$ で表し, G の**指標群**という.

定理 23 (指標の直交性)

G が有限アーベル群ならば, 次が成り立つ.
$$\sum_{a \in G} \lambda(a) = \begin{cases} |G| & \lambda = \varepsilon \\ 0 & \lambda \neq \varepsilon \end{cases}$$

定理 24

G が有限アーベル群ならば, 同型 $G \cong \widehat{G}$ が成り立つ.

例題 34 ────────────────（自由アーベル群）

(ⅰ) $f: A \longrightarrow G$ をアーベル群 A から自由アーベル群 G への全射準同型とすれば，f の核 $\operatorname{Ker} f$ は A の直積因子になる：
$$A = \operatorname{Ker} f \times B, \quad B \cong G$$
が成り立つことを証明せよ．

(ⅱ) 自由アーベル群 G の部分群 H はまた自由アーベル群になり，
$$\operatorname{rank} G \geqq \operatorname{rank} H$$
が成り立つことを証明せよ．

【解答】 (ⅰ) $G = \langle a_1 \rangle \times \langle a_2 \rangle \times \cdots \times \langle a_r \rangle$ とする．

f は全射であるから，各 i に対し，$f(b_i) = a_i$ となる $b_i \in A$ が存在する．$B = \langle b_1, b_2, \cdots, b_r \rangle$ とおく．

いま，$A \ni a$ に対して $f(a) = a_1{}^{n_1} \cdots a_r{}^{n_r}$ とするとき，$b = b_1{}^{n_1} \cdots b_r{}^{n_r}$ とおけば $f(a) = f(b)$，すなわち $f(ab^{-1}) = e$．よって，$x = ab^{-1} \in \operatorname{Ker} f$，すなわち $a = xb \in \operatorname{Ker} f \cdot B$．

したがって $A = \operatorname{Ker} f \cdot B$．

次に，$\operatorname{Ker} f \cap B \ni c = b_1{}^{m_1} \cdots b_r{}^{m_r}$ をとれば，$e = f(c) = a_1{}^{m_1} \cdots a_r{}^{m_r}$ であるから $m_1 = \cdots = m_r = 0$，すなわち $c = e$．よって，$\operatorname{Ker} f \cap B = \{e\}$．

ゆえに $A = \operatorname{Ker} f \times B$．このとき，$A/\operatorname{Ker} f \cong B$（問題 1.5A, 5 を参照）であるから，定理 5 より $B \cong G$ を得る．

(ⅱ) $G = \langle a_1 \rangle \times \langle a_2 \rangle \times \cdots \times \langle a_r \rangle$ として，$\operatorname{rank} G = r$ に関する帰納法で証明する．

写像 $f: H \ni b = a_1{}^{n_1} \cdots a_r{}^{n_r} \longrightarrow a_r{}^{n_r} \in \langle a_r \rangle$ は準同型になることは容易にわかる．

$\operatorname{Im} f = \{e\}$ ならば，$H \subset \langle a_1 \rangle \times \langle a_2 \rangle \times \cdots \times \langle a_{r-1} \rangle$ であるから，帰納法の仮定により H は自由アーベル群である．

$\operatorname{Im} f \neq \{e\}$ とする．このとき，$\operatorname{Im} f = \langle a_r{}^m \rangle$ $(m \neq 0)$ は無限巡回群であるから，$K = \operatorname{Ker} f$ とおけば，(ⅰ) より $H = K \times M$, M は無限巡回群，と表される．
$$K = \operatorname{Ker} f \subset \langle a_1 \rangle \times \langle a_2 \rangle \times \cdots \times \langle a_{r-1} \rangle$$
であるから，帰納法の仮定により K は自由アーベル群になり，$\operatorname{rank} K \leqq r - 1$ である．よって，H も自由アーベル群になり，$\operatorname{rank} H = \operatorname{rank} K + 1 \leqq r$ が成り立つ．

1.7 アーベル群

━━ 例題 35 ━━━━━━━━━━━━（自由加群）━━━━━━━━
自由加群 G の基底 $a_1, a_2, \cdots, a_r$ が G の r 個の元 $b_1, b_2, \cdots, b_r$ によって，
$$a_i = \sum_{j=1}^{r} s_{ij} b_j, \quad s_{ij} \in \mathbf{Z} \quad (i = 1, 2, \cdots, r)$$
と表されるとき，$b_1, b_2, \cdots, b_r$ も G の基底であることを証明せよ．

〚ヒント〛 定理 21 を利用する．定理 21 の条件
$$t_1 a_1 + \cdots + t_r a_r = 0 \ (t_i \in \mathbf{Z}) \quad ならば，\quad t_1 = \cdots = t_r = 0$$
が成り立つとき，線形代数におけると同様に，$a_1, \cdots, a_r$ は線形独立であるという．

【解答】 加法群 G は $b_1, b_2, \cdots, b_r$ で生成される．
$$f : s_1 a_1 + \cdots + s_r a_r \longrightarrow s_1 b_1 + \cdots + s_r b_r \quad (s_i \in \mathbf{Z})$$
は加法群としての G の全射自己準同型を与える．

いま，$\operatorname{Ker} f \ni u$ および $f(c_1) = a_1, \cdots, f(c_r) = a_r$ となる $c_1, \cdots, c_r \in G$ をとれば，$a_1, \cdots, a_r$ は線形独立より $c_1, \cdots, c_r$ も線形独立である．$r+1$ 個の元 $u, c_1, \cdots, c_r \in G$ は線形独立にならないから，すべてが 0 でない $t_0, t_1, \cdots, t_r \in \mathbf{Z}$ が存在して
$$t_0 u + t_1 c_1 + \cdots + t_r c_r = 0$$
よって，
$$\begin{aligned} 0 &= f(t_0 u + t_1 c_1 + \cdots + t_r c_r) \\ &= t_0 f(u) + t_1 f(c_1) + \cdots + t_r f(c_r) \\ &= t_1 a_1 + \cdots + t_r a_r \end{aligned}$$
$a_1, \cdots, a_r$ が G の基底であるから，$t_1 = \cdots = t_r = 0$, $t_0 \neq 0$.

よって，$t_0 u = 0$ になるから $u = 0$, すなわち $\operatorname{Ker} f = \{0\}$. これから，$f$ は G の自己同型である．とくに，f は単射であるから
$$s_1 b_1 + \cdots + s_r b_r = 0 \quad ならば \quad s_1 a_1 + \cdots + s_r a_r = 0$$
$a_1, \cdots, a_r$ の線形独立性から $s_1 = \cdots = s_r = 0$.

ゆえに G の元は $s_1 b_1 + \cdots + s_r b_r$ と書けるだけでなく，ただ 1 通りに書けることになり，$b_1, \cdots, b_r$ は G の基底である．

〚注意〛 $r+1$ 個の元 $u, c_1, \cdots, c_r \in G$ が線形従属（線形独立でないこと）になることなどは線形代数におけることがらと同じである．例題と類似なことは線形代数でも成り立つ．

【類題】 $a_1, \cdots, a_r$ を自由加群 G の基底として，整数成分の r 次の行列 $S = (s_{ij})$ の逆行列も成分が整数であるとすれば，
$$b_i = \sum_{j=1}^{r} s_{ij} a_j, \quad i = 1, 2, \cdots, r$$
は G の基底であり，逆に G の基底はすべてこのようにして得られることを証明せよ．

例題 36 ────────────────── （指標群）

G が有限アーベル群のとき，G の指標群 $\widehat{G}$ は G 自身に同型になること，すなわち定理 24 を証明せよ．

【解答】 定理 22 により，$G = \langle a_1 \rangle \times \langle a_2 \rangle \times \cdots \times \langle a_r \rangle$，$a_i$ の位数は e_i と書ける．$G \ni a = a_1{}^{t_1} \cdots a_r{}^{t_r}$，$\widehat{G} \ni \lambda$ をとれば，
$$\lambda(a) = \lambda(a_1{}^{t_1} \cdots a_r{}^{t_r}) = \lambda(a_1)^{t_1} \cdots \lambda(a_r)^{t_r}$$
であるから，λ は G の生成元 $a_1, \cdots, a_r$ における値によって一意的に定まる．

また，$\lambda(a_i)^{e_i} = \lambda(a_i{}^{e_i}) = \lambda(e) = 1$ から $\lambda(a_i)$ は 1 の e_i 乗根である．逆に，各 i に対し 1 の e_i 乗根を ρ_i とすれば，写像
$$G \ni a = a_1{}^{t_1} \cdots a_r{}^{t_r} \xrightarrow{\mu} \rho_1{}^{t_1} \cdots \rho_r{}^{t_r} \in \boldsymbol{C}^{\times}$$
は G の指標になり，$\mu(a_i) = \rho_i$ となる指標 μ が一意的に定まる．よって，G は $e_1 \cdots e_r = |G|$ 個の指標をもつ．

いま，ζ_i を 1 の原始 e_i 乗根（すなわち，$0 < m_i < e_i$ に対し $\zeta_i{}^{m_i} \neq 1$，$\zeta_i{}^{e_i} = 1$）として，$\widehat{G} \ni \lambda_i$ を
$$\lambda_i(a_i) = \zeta_i, \quad \lambda_i(a_j) = 1 \quad (j \neq i)$$
で定義するとき，G の任意の指標 λ に対し $\lambda(a_i) = \zeta_i{}^{t_i}$ とすれば，
$$(\lambda_1{}^{t_1} \cdots \lambda_r{}^{t_r})(a_i) = \lambda_i(a_i)^{t_i} = \zeta_i{}^{t_i} = \lambda(a_i)$$
よって，λ は $\lambda = \lambda_1{}^{t_1} \cdots \lambda_r{}^{t_r}$ $(0 \leq t_i < e_i)$ と一意的に表される．

したがって，$\widehat{G} = \langle \lambda_1 \rangle \times \langle \lambda_2 \rangle \times \cdots \times \langle \lambda_r \rangle$，$\lambda_i$ の位数は e_i となり，$G \cong \widehat{G}$ が成り立つ． ■

例題 37 ────────────────── （指標の直交性）

有限アーベル群 G の元 a と指標について，次を証明せよ．
$$\sum_{\lambda \in \widehat{G}} \lambda(a) = \begin{cases} |G| & a = e \\ 0 & a \neq e \end{cases}$$

【解答】 $a = e$ のとき，$\sum_{\lambda \in \widehat{G}} \lambda(a) = \sum_{\lambda \in \widehat{G}} 1 = |\widehat{G}| = |G|$．

$a \neq e$ のとき，$\lambda'(a) \neq 1$ となる $\lambda' \in \widehat{G}$ が存在するから
$$\sum_{\lambda \in \widehat{G}} \lambda(a) = \sum_{\lambda} \lambda \lambda'(a) = \sum_{\lambda} \lambda(a) \lambda'(a) = \lambda'(a) \sum_{\lambda} \lambda(a)$$
したがって $(1 - \lambda'(a)) \sum_{\lambda} \lambda(a) = 0$．ゆえに $\sum_{\lambda} \lambda(a) = 0$． ■

問題 1.7 A

1. $\mathbf{Z}^r = \mathbf{Z} + \cdots + \mathbf{Z}$（直和）は階数 r の自由加群であることを示せ．
2. アーベル群 G のトーション部分群 $T(G)$ による剰余群 $G/T(G)$ はねじれのないアーベル群になることを示せ．
3. G を有限生成アーベル群で $G = T(G)$ ならば，G は有限アーベル群になることを証明せよ．
4. 有限生成アーベル群はどのような巡回群のとき直既約になるか．
5. アーベル群 G の s 個の元 $a_1, \cdots, a_s$ に対して，これらのそれぞれの位数 $n_1, \cdots, n_s$ が互いに素であれば，$a_1 \cdots a_s$ の位数は $n_1 \cdots n_s$ になることを示せ．
6. 有限アーベル群はどのようなときに単純群になるか．
7. G を有限アーベル群として，G の位数の素因数分解を $|G| = p_1{}^{e_1} \cdots p_s{}^{e_s}$ とする．G のシロー p_i 部分群を S_i とすれば，$G = S_1 \times \cdots \times S_s$ と書けることを示せ．
8. 有限アーベル群 G の位数が素数 p で割り切れれば，G は位数 p の元をもつことを証明せよ．
9. 有限アーベル群 G の位数が m で割り切れれば，G は位数 m の部分群をもつことを示せ．
10. 有限アーベル群 G のすべての元の位数の最小公倍数を m とすれば，位数が m の元が G に存在することを証明せよ．また，このとき G の任意の元 a について $a^m = e$ となることを示せ．
11. 有限アーベル群 G の位数を mn として $(m, n) = 1$ であれば，
$$H = \{a \in G \mid a^n = e\}, \quad K = \{a \in G \mid a^m = e\}$$
はそれぞれ位数 m, n の G の部分群で，$G = H \times K$ となることを示せ．
12. p を素数とする．有限アーベル群の任意の元 a に対して $a^p = e$ であれば，G は基本アーベル群であることを示せ．
13. 位数が 8 のアーベル群をすべて決定せよ．
14. 有限アーベル群 G の指標の全体 $\widehat{G}$ は群になることを示せ．また，$\lambda^{-1}(a) = \overline{\lambda(a)}$ $(\lambda \in \widehat{G}, a \in G)$ を示せ．
15. 有限アーベル群 G の異なる 2 元 a, b に対し，$\lambda(a) \neq \lambda(b)$ となる G の指標 λ が存在することを証明せよ．
16. 有限アーベル群 G の元 a に対し，$\widehat{G}$ から複素数の乗法群 $\mathbf{C}^\times$ への写像 $\widehat{a}$ を $\widehat{a}(\lambda) = \lambda(a)$ で定めれば，$\widehat{a}$ は群の準同型すなわち $\widehat{G}$ の指標になることを示せ．
17. 有限アーベル群 G の元 a に対し，$f(a) = \widehat{a}$ で G から $\widehat{\widehat{G}}$ への写像を定めれば，f は同型写像であることを証明せよ．
18. 位数 3 のアーベル群 G に対して，$\widehat{G}$ を求め $G \cong \widehat{G}$ が成り立つことを確かめよ．

96   第1章 群

|||||||| 問題 1.7 B ||||||||||||||||||||||||||||||||||||||||||||||||||||||||||||||||||||||||

1. 自由アーベル群 $G = \langle a_1 \rangle \times \cdots \times \langle a_r \rangle$ において，$a_1 \cdots a_r, a_2, a_3, \cdots, a_r$ は G の基底であることを証明せよ．
2. 定理 20 を証明せよ．
3. 例題 35 の類題を証明せよ．
4. 有限アーベル群 G の元の位数のうち最大のものを n とすれば，G の任意の元の位数は n の約数になることを示せ．
5. $G = \langle a \rangle$ が位数 n の巡回群ならば，G の指標群 $\widehat{G}$ も位数 n の巡回群になることを証明せよ．
6. 有限アーベル群 G が $G = H_1 \times H_2$ であるとする．このとき
$$\widehat{G}_i = \{\lambda \in \widehat{G} \mid \lambda(a_j) = 1, \ a_j \in H_j, \ j \neq i\} \quad (i = 1, 2)$$
とおけば，$\widehat{G} = \widehat{G}_1 \times \widehat{G}_2, \ \widehat{G}_i \cong \widehat{H}_i \ (i = 1, 2)$ が成り立つことを証明せよ．
7. 有限アーベル群 G の部分群 H による剰余群の指標群 $\widehat{G/H}$ は G のある部分群に同型であることを証明せよ．

―――ヒントと解答―――――――――――――――――――――――――――

問題 1.7 A

1. $a_1 = (1, 0, \cdots, 0), \ a_2 = (0, 1, 0, \cdots, 0), \ \cdots, \ a_r = (0, \cdots, 0, 1)$ が $\boldsymbol{Z}^r$ の基底になる．
2. $T(G) = T$ とおく．$G/T = \{a_1 T, a_2 T, \cdots\}, \ a_1 = e, \ a_i \notin T \ (i \neq 1)$ とする．$(a_i T)^m = T$ であれば，$a_i^m \in T$ となり矛盾である．
3. $G = \langle a_1, \cdots, a_r \rangle$，$a_i$ の位数を e_i とすれば，G の元は $a_1^{k_1} \cdots a_r^{k_r} \ (0 \leqq k_i < e_i)$ と書けることから $|G| \leqq e_1 \cdots e_r$．
4. 素数べき位数の巡回群，または無限巡回群であるとき（問題 1.5B, 3 を参照）．
5. 問題 1.2A, 13 を繰り返せばよい．
6. $G \ni a \neq e$ をとれば，G が単純群であるから，$G = \langle a \rangle$．よって，G は素数位数の群か単位群のときである．
7. $S_1 \cdots S_{i-1}$ の元の位数は $p_1^{e_1} \cdots p_{i-1}^{e_{i-1}}$ の約数より p_i と互いに素になるから，
$$S_1 \cdots S_{i-1} \cap S_i = \{e\} \quad (i = 2, \cdots, s)$$
よって，$S_1 \cdots S_s = S_1 \times \cdots \times S_s$．位数を考えて，$G = S_1 \times \cdots \times S_s$．
8. $G = \langle a_1 \rangle \times \cdots \times \langle a_r \rangle$ において，a_i の位数を e_i とすれば，$|G| = e_1 \cdots e_r$ により e_i のうち少なくとも 1 つの e_j は p の倍数である．$k = e_j/p$ とすれば，a_j^k の位数は p である（問題 1.6A, 4 を参照）．
9. $G = \langle a_1 \rangle \times \cdots \times \langle a_r \rangle$ と書けることと問題 1.2A, 21 による（前問を参照）．

1.7 アーベル群

10. $m = p^e k$, $p \nmid k$ とする．前問より位数 $p^e n$ $(p \nmid n)$ をもつ元 $c \in G$ が存在する．$c^n = b$ の位数は p^e である．m の素因数分解を $m = p_1^{e_1} \cdots p_s^{e_s}$ とすれば，各 $p_i^{e_i}$ を位数にもつ元 c_i が存在する．$c = c_1 \cdots c_s$ とおけば問題 1.7A，5 により c の位数は m である．後半は容易．

11. 問題 1.3A，14 により $H, K \triangleleft G$ である．$(m, n) = 1$ より $ms + nt = 1$ となる $s, t \in \mathbf{Z}$ が存在するから $a = a^{ms+nt} = a^{ms}a^{nt}$.
$$(a^{ms})^n = (a^s)^{mn} = e, \quad (a^{nt})^m = (a^t)^{mn} = e$$
であるから $a^{ms} \in H$, $a^{nt} \in K$. よって，$G = HK$. また $H \cap K \ni a$ をとれば，
$$a = a^{ms+nt} = (a^n)^t(a^m)^s = e$$
ゆえに $G = H \times K$.

12. $G = \langle a_1 \rangle \times \cdots \times \langle a_r \rangle$ と書けば，$a_i^p = e$ であるから各 $\langle a_i \rangle$ の位数は p である．

13. 位数 8 の群 G が位数 8 の元を含めば G は巡回群である．G のすべての元の位数が 2 であれば，G は $(2, 2, 2)$ を不変系にもつ基本アーベル群である．G が巡回群でなく，位数 4 の元 a を含むとき，$H = \langle a \rangle \not\ni b$ となる b に対し $ab = ba$ ならば $(4, 2)$ を不変系にもつ群になる．これら以外はすべて非可換である（問題 1.2B，9 を参照）．

14. $G \ni a$, $\widehat{G} \ni \lambda$ をとれば，$\lambda\lambda^{-1}(a) = \lambda(a)\lambda(a)^{-1} = 1 = \varepsilon(a)$ から $\lambda\lambda^{-1} = \varepsilon$, すなわち ε は G の単位元である．他は明らか．$\lambda(a)$ は 1 の n 乗根であるから $\lambda^{-1}(a) = \lambda(a)^{-1} = \overline{\lambda(a)}$.

15. 例題 36 の記号を使う．$G \ni a = a_1^{t_1} \cdots a_r^{t_r}$, $b = a_1^{s_1} \cdots a_r^{s_r}$ とすれば，$a \neq b$ より $a_i^{t_i} \neq b_i^{s_i}$ となる i が存在するから，$\lambda_i(a) = \zeta_i^{t_i} \neq \zeta_i^{s_i} = \lambda_i(b)$.

16. $\widehat{G} \ni \lambda, \mu$ をとれば，$\widehat{a}(\lambda\mu) = (\lambda\mu)(a) = \lambda(a)\mu(a) = \widehat{a}(\lambda)\widehat{a}(\mu)$.

17. $G \ni a, b$, $\widehat{G} \ni \lambda$ をとれば，$(\widehat{ab})(\lambda) = \lambda(ab) = \lambda(a)\lambda(b) = \widehat{a}(\lambda)\widehat{b}(\lambda) = (\widehat{a}\widehat{b})(\lambda)$ より $f(ab) = f(a)f(b)$. f が全単射になることは容易．

18. $G = \{e, a, a^2\}$, ρ を 1 の 3 乗根 $(\neq 1)$ とする．第 3 節の表示を使って
$$\lambda_0 : \begin{pmatrix} e & a & a^2 \\ 1 & 1 & 1 \end{pmatrix}, \quad \lambda_1 : \begin{pmatrix} e & a & a^2 \\ 1 & \rho & \rho^2 \end{pmatrix}, \quad \lambda_2 : \begin{pmatrix} e & a & a^2 \\ 1 & \rho^2 & \rho \end{pmatrix}$$
とすれば，$\lambda_0 = \lambda_1^3$, $\lambda_2 = \lambda_1^2$ であるから $\widehat{G} = \langle \lambda_1 \rangle$.

問題 1.7 B

1. $b = a_1 \cdots a_r$ として，$a_1 = ba_2^{-1} \cdots a_r^{-1} \in \langle b \rangle(\langle a_2 \rangle \times \cdots \times \langle a_r \rangle)$ より G の元は $\langle b \rangle(\langle a_2 \rangle \times \cdots \times \langle a_r \rangle)$ に属するから $G = \langle b \rangle(\langle a_2 \rangle \times \cdots \times \langle a_r \rangle)$. $\langle b \rangle \cap \langle a_2 \rangle \times \cdots \times \langle a_r \rangle \ni c$ をとれば $c = b^m = a_1^m \cdots a_r^m = a_2^{t_1} \cdots a_r^{t_r}$ と書ける．$\{a_1, \cdots, a_r\}$ は G の基底であるから $m = 0$, すなわち $b = e$. よって，$G = \langle b \rangle \times \langle a_2 \rangle \times \cdots \times \langle a_r \rangle$.

2. 自由アーベル群 G が $G = \langle a_1 \rangle \times \cdots \times \langle a_r \rangle = \langle b_1 \rangle \times \cdots \times \langle b_s \rangle$ と書けるとする．

$$G^{(m)} = \{a^m \mid a \in G\} = \langle a_1{}^m \rangle \times \cdots \times \langle a_r{}^m \rangle = \langle b_1{}^m \rangle \times \cdots \times \langle b_s{}^m \rangle,$$
$$\langle a_i{}^m \rangle \triangleleft \langle a_i \rangle, \quad \langle b_i{}^m \rangle \triangleleft \langle b_i \rangle$$

から

$$G/G^{(m)} \cong \langle a_1 \rangle / \langle a_1{}^m \rangle \times \cdots \times \langle a_r \rangle / \langle a_r{}^m \rangle \cong \langle b_1 \rangle / \langle b_1{}^m \rangle \times \cdots \times \langle b_s \rangle / \langle b_s{}^m \rangle$$

これらの直積因子はすべて位数 m の巡回群である．位数を比べて $m^r = m^s$, すなわち $r = s$.

3. $S^{-1} = (t_{ij}) \in M_r(\mathbf{Z})$ とすれば，$a_i = \sum_{j=1}^{r} t_{ij} b_j$ ($i = 1, 2, \cdots, r$) であるから，例題 35 により $b_1, \cdots, b_r$ は G の基底である．逆に，$b_1, \cdots, b_r$ を G の基底とすれば，$b_i = \sum_{j=1}^{r} s_{ij} a_j$, $a_i = \sum_{j=1}^{r} t_{ij} b_j$, $s_{ij} \in \mathbf{Z}$, $t_{ij} \in \mathbf{Z}$ であるから $(s_{ij})(t_{ij}) = E$ (∵n 次単位行列) となる．

4. G の位数の素因数分解を $|G| = p_1{}^{e_1} \cdots p_s{}^{e_s}$, 位数が p_i べきで最大のものを a_i, a_i の位数を $p_i{}^{m_i}$ とすれば，$a = a_1 \cdots a_s$ の位数は $p_1{}^{m_1} \cdots p_s{}^{m_s}$. $G \ni x$ の位数を $l = p_1{}^{k_1} \cdots p_s{}^{k_s}$ とすれば，$\langle x \rangle$ は s 個の位数 $p_i{}^{k_i}$ の巡回群の直積になるから，$x = x_1 \cdots x_s$, x_i の位数は $p_i{}^{k_i} \leq p_i{}^{m_i}$. よって，$l \leq p_1{}^{m_1} \cdots p_s{}^{m_s} = n$, $l \mid n$.

5. $\widehat{G} \ni \lambda$ をとれば，$\lambda(a)$ は 1 の n 乗根であるから，$\lambda(a) = \zeta^m$, $\zeta = e^{\frac{2\pi i}{n}}$ とおく．$\lambda' \colon G \ni a \longrightarrow \zeta \in \mathbf{T}$ (∵トーラス群) は G の指標で，$\lambda(a^k) = \lambda(a)^k = \zeta^{mk} = \lambda'(a^k)^m = \lambda'^m(a^k)$ により $\lambda = \lambda'^m$, すなわち $\widehat{G} = \langle \lambda' \rangle$. $\lambda'^l = \varepsilon$ とすれば，$\lambda'^l(a) = \lambda'(a)^l = \zeta^l = 1$, すなわち $n \mid l$. これから，λ' の位数は n である．

6. $G \ni a = a_1 a_2$ ($a_1 \in H_1$, $a_2 \in H_2$), $\widehat{G} \ni \lambda$ に対し，$\lambda_1(a) = \lambda(a_1)$, $\lambda_2(a) = \lambda(a_2)$ で λ_1, λ_2 を定めると $\lambda_1 \in \widehat{G}_1$, $\lambda_2 \in \widehat{G}_2$. $\lambda(a) = \lambda(a_1 a_2) = \lambda(a_1) \lambda(a_2) = \lambda_1(a) \lambda_2(a)$ であるから $\widehat{G} = \widehat{G}_1 \widehat{G}_2$. $\widehat{G}_1 \cap \widehat{G}_2 \ni \lambda$ をとれば，$\lambda(a) = \lambda(a_1) \lambda(a_2) = 1$ ($a = a_1 a_2 \in G$) より $\widehat{G}_1 \cap \widehat{G}_2 = \{\varepsilon\}$. また，$i = 1, 2$ に対し $\widehat{G}_i \ni \lambda_i$ の定義域を H_i に制限すれば，H_i の指標 λ'_i になるから $\widehat{G}_i \ni \lambda_i \longrightarrow \lambda'_i \in \widehat{H}_i$ は同型である．

7. $H^* = \{\lambda \in \widehat{G} \mid \lambda(a) = 1, a \in H\}$ とおく．$H^* \ni \lambda, \mu$ に対し，$(\lambda \mu^{-1})(a) = \lambda(a) \mu^{-1}(a) = 1$ ($a \in H$) により $\lambda \mu^{-1} \in H$, すなわち H^* は G の部分群である．$G \longrightarrow G/H \xrightarrow{\lambda'} \mathbf{C}$ を $\lambda'(aH) = \lambda(a)$ で定めると $H \ni a$ に対し $\lambda'(a) = 1$ であるから，このような λ' の全体である $\widehat{G/H}$ は H^* と同型になる．

2 環

2.1 環 と 体

◆ **環** 和 $+$ と積 $\cdot$ の 2 種類の結合をもつ代数系 R が次の 3 つの条件（これらを**環の公理**という）を満たすとき，R は**環**であるという．またはこの 2 種類の結合は R に**環の構造**を定めるという．

(R1) 和 $+$ について R は加法群をなす（加法の単位元は 0 で表され，環 R の**零元**とよばれる）．

(R2) 積 $\cdot$ について R は半群をなす，すなわち
　結合法則：$(a \cdot b) \cdot c = a \cdot (b \cdot c)$ $(a, b, c \in R)$

(R3) 分配法則：$a \cdot (b + c) = a \cdot b + a \cdot c,$
$$(a + b) \cdot c = a \cdot c + b \cdot c \quad (a, b, c \in R)$$

さらに，環 R の積が

　交換法則：$a \cdot b = b \cdot a$ $(a, b \in R)$

を満たすとき，R を**可換環**という．また，環 R において乗法の単位元が存在すれば，それを 1 で表して，環 R の**単位元**という．$1 = 0$ ならば，$R = \{0\}$（**零環**とよばれる）となるから，単位元をもつ環というときは零環ではないとする．

以後，群の場合と同じく積 $a \cdot b$ は単に ab で表す．

◆ **環の例**

(i) 整数全体の集合 $\boldsymbol{Z}$，有理数全体の集合 $\boldsymbol{Q}$，実数全体の集合 $\boldsymbol{R}$，複素数全体の集合 $\boldsymbol{C}$ は通常の和と積で単位元をもつ可換環になる．とくに，$\boldsymbol{Z}$ は最も重要な環の 1 つであって（**有理**）**整数環**とよばれる．

(ii) $\boldsymbol{C}$ の部分集合 $\boldsymbol{Z} + i\boldsymbol{Z} = \{a + ib \mid a, b \in \boldsymbol{Z}\}$ $(i = \sqrt{-1})$ は単位元 1 をもつ可換環になる．この環を $\boldsymbol{Z}[i]$ で表し，**ガウス**（**Gauss**）**の整数環**という．$\boldsymbol{Z}[i]$ の元は**ガウスの整数**とよばれる．

(iii) 偶数全体 $2\boldsymbol{Z} = \{2n \mid n \in \boldsymbol{Z}\}$ は通常の和と積に関して，単位元をもたない環になる．

(iv) $R = \{0, 1\}$ に，$0 + 0 = 0,\ 0 + 1 = 1 + 0 = 1,\ 1 + 1 = 0,\ 0 \cdot 0 = 0 \cdot 1 = 1 \cdot 0 = 0,\ 1 \cdot 1 = 1$ と結合を定義することによって R は環になる．

(v) 直積集合 $\boldsymbol{R} \times \boldsymbol{R} = \boldsymbol{R}^2$ において，和と積を
$$(a, b) + (c, d) = (a + c,\ b + d), \quad (a, b)(c, d) = (ac,\ bd)$$

で定義すれば，R^2 は可換環になる．

(vi) 環 R の元を成分とする n 次正方行列の全体 $M_n(R)$ において和と積を，数を成分とする行列と同様に定義するとき，$M_n(R)$ は可換でない環になる．この環を R 上の n 次の**全行列環**という．

(vii) $\boldsymbol{Z}$ の元を係数とする多項式 $f(X) = a_0 X^n + a_1 X^{n-1} + \cdots + a_n$ の全体を $\boldsymbol{Z}[X]$ と書く．$\boldsymbol{Z}[X]$ の元 $f(X), g(X)$ に対して，和 $f(X) + g(X)$ と積 $f(X)g(X)$ を自然に定義すれば，$\boldsymbol{Z}[X]$ は環になる．この環を $\boldsymbol{Z}$ 上の**多項式環**という．

(viii) 実数の閉区間 $[a, b]$ で定義された実数値関数の全体 R は，R の元 f, g に対して，f と g の和と積を
$$(f+g)(x) = f(x) + g(x), \quad (fg)(x) = f(x)g(x) \quad (x \in [a, b])$$
で定義すれば，R は単位元をもつ環になる．

◆ **零因子・整域** 環 R において，$ab = 0, b \neq 0$ であるとき，a を R の**左零因子**といい，$ab = 0, a \neq 0$ であるとき，b を R の**右零因子**という．両方を合わせて**零因子**という．

単位元をもち，0 以外の零因子をもたない可換環を**整域**という．

$\boldsymbol{Z}$ 上の全行列環 $M_2(\boldsymbol{Z})$ において，$\begin{bmatrix} 1 & 3 \\ 2 & 6 \end{bmatrix} \begin{bmatrix} 6 & -3 \\ -2 & 1 \end{bmatrix} = \begin{bmatrix} 0 & 0 \\ 0 & 0 \end{bmatrix}$ であるから $\begin{bmatrix} 1 & 3 \\ 2 & 6 \end{bmatrix}$，$\begin{bmatrix} 6 & -3 \\ -2 & 1 \end{bmatrix}$ はそれぞれ左零因子，右零因子になる．

$\boldsymbol{Z}, \boldsymbol{Z}[i], \boldsymbol{Q}, \boldsymbol{R}, \boldsymbol{C}$ はいずれも整域である．前のページの環の例 (v) における $\boldsymbol{R}^2$ は $(a, 0)(0, d) = (0, 0)$ により整域ではない．

◆ **べき零元・べき等元** 環 R の元 a が，適当な自然数 n に対して，$a^n = 0$ となるとき，a を**べき零元**，元 a が $a^2 = a$ となるとき，a を**べき等元**という．

R 上の全行列環 $M_n(\boldsymbol{R})$ のべき零行列はべき零元であり，べき等行列はべき等元である．

◆ **単　元** 環 R のある元 a に対して，a の逆元すなわち
$$aa^{-1} = a^{-1}a = 1$$
となるような元 a^{-1} が R に存在するとき，a を R の**単元**または**可逆元**という．

R の単元の全体は積に関して群になる．この群を R の**単元群**または**単数群**という．

$\boldsymbol{Z}$ の単元は ± 1 だけである．

◆ **体** 零元 0 以外の元がすべて単元であるような単位元をもつ環を**体**という．すなわち，K が体であるとは，環 K が $K \ni 1$ であって，$K^\times = K - \{0\}$ が積に関して群になることである．とくに，$K^\times$ が可換群のとき**可換体**，可換でないときを**非可換体**または**斜体**という．

以後，単に体といえば可換体のこととする．

◆ **体の例**
　（i）　Q, R, C はいずれも体である．これらをそれぞれ**有理数体**，**実数体**，**複素数体**という．Z は体にはならない．
　（ii）　C の部分集合 $Q + iQ = \{a + ib \mid a, b \in Q\}$ は体になる．この体を $Q(i)$ で表し，**ガウスの数体**という．
　（iii）　R を係数とする 1 変数有理関数の全体は体になる．この体を $R(X)$ で表し，**有理関数体**という．
　（iv）　$K = \{0, 1, 2\}$ に右のように和と積を定義すると体になる．

+	0	1	2
0	0	1	2
1	1	2	0
2	2	0	1

×	0	1	2
0	0	0	0
1	0	1	2
2	0	2	1

定理 1

有限個の元からなる整域は体である．

◆ **部分環**　環 R の部分集合 S（空集合でないとする．以下でも同様である．）が R と同じ 2 つの結合で環になるとき，S を R の**部分環**という．環 R 自身と $\{0\}$ は R の部分環である．これらを**自明な部分環**という．

Z は $Z[i]$ の部分環，偶数全体 $2Z$ は Z の部分環である．

環 R の部分集合 M に対して，M を含む R のすべての部分環の共通集合は R の最小の部分環になる．この部分環を M で**生成される**部分環という．

◆ **イデアル**　環 R の部分集合 I が
　（1）　$I \ni a, b$ ならば，$a + b \in I$
　（2）　$R \ni r, I \ni a$ ならば，$ra \in I$
を満たすとき，I を R の**左イデアル**という．同様に R の部分集合 I が（1）および
　（3）　$R \ni r, I \ni a$ ならば，$ar \in I$
を満たすときは**右イデアル**という．また，左イデアルであって同時に右イデアルであるとき（すなわち，(1), (2), (3) を満たすとき）は**両側イデアル**，または単に**イデアル**という．

環 R において，R 自身と $\{0\}$ は R のイデアルである．これらを**自明なイデアル**という．イデアル $\{0\}$ は**零イデアル**とよばれ (0) と書く．

Z の部分環 nZ は Z のイデアルである．

定理 2

単位元をもつ環 R は自明でない左（または右）イデアルをもたないとき，しかもそのときに限り斜体である．

環のイデアルは群における正規部分群のような役割を果たす.

◆ **剰余類・剰余環** 環 R の R と異なる両側イデアル I に対して, $R \ni a, b$ が $a - b \in I$ を満たすとき, a は I を**法**として b に**合同**であるといい,

$$a \equiv b \pmod{I}$$

と書けば,この関係は同値律を満たす. この同値関係による $R \ni a$ の同値類は $a + I$ となり,イデアル I を法とする**剰余類**という. これらの全体の商集合は 2 つの結合を

$$(a + I) + (b + I) = (a + b) + I$$
$$(a + I)(b + I) = ab + I$$

で定義することによって環になる. この環を R/I で表し,イデアル I を法とする R の**剰余(類)環**という. また, R/I の元の個数, すなわち R の部分加群とみた I の指数 $|R:I|$ をイデアル I の**ノルム**といい, $N(I)$ で表す.

◆ **準同型写像・同型写像** 環 R から環 R' への写像 $f: R \longrightarrow R'$ が R の任意の元 a, b に対して

$$f(a+b) = f(a) + f(b), \quad f(ab) = f(a)f(b)$$

が成り立つとき, f を R から R' への**準同型(写像)**という. さらに, 準同型写像 f が全単射のとき, f を**同型(写像)**という. 2 つの環 R と R' の間に同型写像が存在するとき, R と R' は**同型**であるといい, $R \cong R'$ と書く.

また,環 R から R 自身への準同型写像,同型写像をそれぞれ環 R の**自己準同型(写像)**, **自己同型(写像)**という.

I を環 R の R と異なる両側イデアルとするとき, $\pi: R \ni a \longrightarrow a + I \in R/I$ は全射準同型になる. これを**自然な準同型**, または**標準的準同型**という.

$R = \mathbf{Z}[i]$ のとき, $R \ni a + bi \longrightarrow a - bi \in R$ で与えられる写像は R の自己同型写像である.

定理 3(準同型定理)

$f: R \longrightarrow R'$ を環 R から環 R' への準同型写像とするとき,
(i) **核** $\operatorname{Ker} f = \{a \in R \mid f(a) = 0\}$ は R のイデアルである.
(ii) 剰余環 $R/\operatorname{Ker} f$ は f による R の像と同型になる:
$$R/\operatorname{Ker} f \cong f(R)$$

2.1 環 と 体

例題 1 ――――――――――――――（自己準同型環）――

加法群 G の自己準同型写像の全体を R とする．R の 2 元 f, g に対して，
$$(f+g)(a) = f(a) + g(a),$$
$$(fg)(a) = f(g(a)) \quad (a \in G)$$
と定義すれば，この和と積で R は環になることを証明せよ．

【解答】 $R \ni f, g$ に対して，$(f+g)(a) = f(a) + g(a)$ であるから，
$$(f+g)(a+b) = f(a+b) + g(a+b) = f(a) + f(b) + g(a) + g(b)$$
$$= (f+g)(a) + (f+g)(b)$$
よって，$f+g$ は加法群 G の自己準同型である：$f+g \in R$．

第 1 章例題 13 から，この和で R は加法群になる．

次に，$R \ni f, g$ に対して，$(fg)(a) = f(g(a))$ であるから，
$$(fg)(a+b) = f(g(a+b)) = f(g(a) + g(b)) = f(g(a)) + f(g(b))$$
$$= (fg)(a) + (fg)(b)$$
よって，fg は加法群 G の自己準同型である：$fg \in R$．

この積が結合律 $(fg)h = f(gh)$ $(f, g, h \in R)$ を満たすことは容易にわかる（第 0 章定理 11）．

分配律についても，
$$((f+g)h)(a) = (f+g)(h(a)) = f(h(a)) + g(h(a))$$
$$= (fh)(a) + (gh)(a) = (fh + gh)(a)$$
により，$(f+g)h = fh + gh$．同様にして，$f(g+h) = fg + fh$ が成り立つ．

以上より，R は零写像を零元にもつ，必ずしも可換でない環になる．

〚注意〛 環 R は加法群 G の**自己準同型環**といい，しばしば $\mathrm{Hom}(G, G)$ または $\mathrm{End}(G)$ と書かれる．

例題 2 ――――――――――――――（整域の例）――

複素数全体の集合 $\mathbf{C}$ の部分集合 $\mathbf{Z}[\sqrt{-2}] = \{a + \sqrt{-2}b \mid a, b \in \mathbf{Z}\}$ は整域になることを示せ．

【解答】 $R = \mathbf{Z}[\sqrt{-2}] \ni \alpha = a + \sqrt{-2}b, \beta = c + \sqrt{-2}d$ をとれば
$$\alpha \pm \beta = (a \pm c) + \sqrt{-2}(b \pm d), \quad \alpha\beta = (ac - 2bd) + \sqrt{-2}(ad + bc)$$
は R の元で，この和と積に関して R は加法群および半群になる．分配法則，交換法則の成り立つことも容易に示されるから R は可換環になる．また，$\alpha\beta = 0$ ならば，$\alpha = 0$ または $\beta = 0$ となるから R は 0 以外に零因子をもたない．よって，R は整域である．

例題 3 ────────────────── (べき等元)

単位元をもつ環 R の任意の元がべき等元であれば，R は可換環で R のすべての元 a に対して $2a = 0$ になることを証明せよ．
(このような環はブール (**Boole**) 環とよばれる.)

【解答】 $R \ni a, b$ をとれば，
$$(a+b)^2 = (a+b)(a+b) = a^2 + ab + ba + b^2$$
一方 $(a+b)^2 = a+b$, $a^2 = a$, $b^2 = b$ であるから $ab + ba = 0$. ここで, $a = b$ とおけば $0 = 2a^2 = 2a$ となる. よって, $a = -a$ となって, $ab = -ba = b(-a) = ba$, すなわち R は可換環である.

例題 4 ────────────────── (ガウスの整数環)

ガウスの整数環 $R = \mathbf{Z}[i]$ の元 $\alpha = a + ib$ に対して,
$$N(\alpha) = \alpha\bar{\alpha} = a^2 + b^2 \in \mathbf{Z} \quad (\bar{\alpha} = a - ib は \alpha の共役複素数)$$
とおくとき,
$$(*) \qquad \alpha が R の単元 \iff N(\alpha) = \pm 1$$
が成り立つことを示し, R の単元をすべて求めよ. また, 例題 2 の $\mathbf{Z}[\sqrt{-2}]$ のすべての単元を求めよ.

【解答】 α が $R = \mathbf{Z}[i]$ の単元ならば, $\alpha\beta = 1$ となる $\beta \in R$ が存在する. このとき,
$$N(\alpha\beta) = \alpha\beta\overline{\alpha\beta} = \alpha\bar{\alpha}\beta\bar{\beta} = N(\alpha)N(\beta) = 1$$
であるから, $N(\alpha), N(\beta) \in \mathbf{Z}$ により $N(\alpha) = \pm 1$ ($= \mathbf{Z}$ の単元). 逆に, $N(\alpha) = \pm 1$ ならば $N(\alpha)^{-1}\bar{\alpha}$ は, R の元で $N(\alpha)^{-1}\alpha\bar{\alpha} = 1$ であるから α の逆元である. よって, α は単元である.

次に $R \ni \alpha = a + ib$ で $N(\alpha) = \pm 1$ となるものは, $0 < a^2 + b^2 = 1$ $(a, b \in \mathbf{Z})$ から $(a, b) = (\pm 1, 0), (0, \pm 1)$, すなわち $\alpha = \pm 1, \pm i$ が単元のすべてである.

また, $(*)$ は $R' = \mathbf{Z}[\sqrt{-2}]$ に対しても成り立つから, 同様に, $\gamma = c + \sqrt{-2}d$ で $N(\gamma) = c^2 + 2d^2 = 1$ $(c, d \in \mathbf{Z})$ となるものは, $c = \pm 1, d = 0$ のみであるから, $\gamma = \pm 1$ が R' における単元のすべてである.

〖注意〗 平方数でない d をとり, $D = \mathbf{Z}[\sqrt{d}] = \{a + b\sqrt{d} \mid a, b \in \mathbf{Z}\}$ とおくと, 例題 2 と同様にして D は整域になる. $D \ni \alpha = a + b\sqrt{d}$ に対し, $\bar{\alpha} = a - b\sqrt{d} \in D$ を α の共役といい, $N(\alpha) = \alpha\bar{\alpha} = a^2 - db^2 \in \mathbf{Z}$ を α のノルムという. このとき, 例題 4 の証明からわかるように, $N(\alpha\beta) = N(\alpha)N(\beta)$ $(\alpha, \beta \in D)$ および $(*)$ が成り立つ：α が D の単元 $\iff N(\alpha) = \pm 1$.

例題 5 ────────────────── (非可換体の例)

C 上の全行列環の部分集合 $H = \left\{ \begin{bmatrix} z & w \\ -\overline{w} & \overline{z} \end{bmatrix} \middle| z, w \in C \right\}$ は非可換体になることを証明せよ.

【解答】 $H \ni A = \begin{bmatrix} z & w \\ -\overline{w} & \overline{z} \end{bmatrix}, B = \begin{bmatrix} z' & w' \\ -\overline{w}' & \overline{z}' \end{bmatrix}$ をとれば,

$$A + B = \begin{bmatrix} z + z' & w + w' \\ -\overline{w} - \overline{w}' & \overline{z} + \overline{z}' \end{bmatrix}, \quad AB = \begin{bmatrix} zz' - w\overline{w}' & zw' + \overline{z}'w \\ -z'\overline{w} - \overline{z}\,\overline{w}' & -\overline{w}w' + \overline{z}\,\overline{z}' \end{bmatrix}$$

であるから, $A + B \in H$, $AB \in H$.

よって, H においてこれらの行列の和と積が環の公理を満たすことは容易にみてとれるから, H は $\begin{bmatrix} 0 & 0 \\ 0 & 0 \end{bmatrix}$ を零元, $\begin{bmatrix} 1 & 0 \\ 0 & 1 \end{bmatrix}$ を単位元にもつ環になる.

次に, $H \ni A = \begin{bmatrix} z & w \\ -\overline{w} & \overline{z} \end{bmatrix}$, $z = x + iy$, $w = u + iv$ ($x, y, u, v \in \mathbf{R}$, $i = \sqrt{-1}$) に対して,

$$\det A = z\overline{z} + w\overline{w} = x^2 + y^2 + u^2 + v^2,$$

$$\begin{bmatrix} z & w \\ -\overline{w} & \overline{z} \end{bmatrix} \begin{bmatrix} \overline{z} & -w \\ \overline{w} & z \end{bmatrix} = \begin{bmatrix} z\overline{z} + w\overline{w} & 0 \\ 0 & w\overline{w} + z\overline{z} \end{bmatrix} = \det A \begin{bmatrix} 1 & 0 \\ 0 & 1 \end{bmatrix}$$

すなわち, $H \ni A \neq O$ ならば, A の逆元 $A^{-1} = \dfrac{1}{\det A} \begin{bmatrix} \overline{z} & -w \\ \overline{w} & z \end{bmatrix}$ も H の元になるから, $H^\times$ は単元だけからなる. ゆえに H は体である.

また, $I = \begin{bmatrix} 0 & 1 \\ -1 & 0 \end{bmatrix}, J = \begin{bmatrix} i & 0 \\ 0 & -i \end{bmatrix}$ は H の元であるが,

$$IJ = \begin{bmatrix} 0 & -i \\ -i & 0 \end{bmatrix}, \quad JI = \begin{bmatrix} 0 & i \\ i & 0 \end{bmatrix}$$

であるから, H は非可換になる.

〚注意〛 例題における I, J および $K = \begin{bmatrix} 0 & -i \\ -i & 0 \end{bmatrix}, E = \begin{bmatrix} 1 & 0 \\ 0 & 1 \end{bmatrix}$ について

$$IJ = -JI = K, \quad JK = -KJ = I, \quad KI = -IK = J, \quad I^2 = J^2 = K^2 = -E$$

が成り立つ. このとき, H はこれらの1次結合の全体からなる集合に一致する:

$$H = \{aE + bI + cJ + dK \mid a, b, c, d \in \mathbf{R}\}$$

H はハミルトン (Hamilton) の **4元数体** とよばれ, 通常は4元数群と同様に小文字の i, j, k を用いて, $H = \{a + bi + cj + dk \mid a, b, c, d \in \mathbf{R}\}$ と表す.

---- 例題 6 ━━━━━━━━━━━━━━━━ (整数環の剰余環)
整数環 $\mathbf{Z}$ のイデアル $m\mathbf{Z}$ $(2 \leqq m \in \mathbf{Z})$ を法とする剰余類の全体,すなわち
$$a \equiv b \pmod{m\mathbf{Z}} \iff a - b \in m\mathbf{Z}$$
で定義される同値関係で $\mathbf{Z}$ を類別した集合 $\mathbf{Z}/m\mathbf{Z}$ は可換環になることを説明せよ.
また, $\mathbf{Z}/m\mathbf{Z}$ のすべての単元の個数を求めよ.
さらに, m が素数 p のときに限って, $\mathbf{Z}/m\mathbf{Z}$ は体になることを示せ.

【解答】 $\mathbf{Z}$ の元 a を含む類を $a + m\mathbf{Z} = \bar{a}$ と書けば, $\mathbf{Z}/m\mathbf{Z}$ は m 個の元 $\bar{0}, \bar{1}, \cdots,$ $\overline{m-1}$ からなり, $\{0, 1, \cdots, m-1\}$ はこの類別での完全代表系である.
$$a \equiv c \pmod{m\mathbf{Z}}, \quad b \equiv d \pmod{m\mathbf{Z}}$$
ならば, 定義から容易に
$$a + b \equiv c + d \pmod{m\mathbf{Z}}, \quad ab \equiv cd \pmod{m\mathbf{Z}}$$
が成り立つから, $\mathbf{Z}/m\mathbf{Z} \ni \bar{a}, \bar{b}$ の加法と積がそれぞれ
$$\bar{a} + \bar{b} = \overline{a+b}, \quad \bar{a}\bar{b} = \overline{ab}$$
と定義される. この和と積は $\mathbf{Z}/m\mathbf{Z}$ において結合法則や分配法則などが成り立つから $\mathbf{Z}/m\mathbf{Z}$ は零環でない可換環になる. とくに, 零元は $\bar{0} = m\mathbf{Z}$, 単位元は $\bar{1} = 1 + m\mathbf{Z}$ である.

次に, $(a, m) = 1$ ならば, $as + mt = 1$ となる $s, t \in \mathbf{Z}$ が存在するから $as \equiv 1 \pmod{m\mathbf{Z}}$, すなわち $\bar{a}\bar{s} = \bar{1}$ となる. よって, $\bar{a}$ は単元である. 逆に, $\bar{a}$ が単元であれば, 逆をたどって $as + mt = 1$ となる $s, t \in \mathbf{Z}$ が存在する. よって, 明らかに $(a, m) = 1$ である.

したがって, $\mathbf{Z}/m\mathbf{Z}$ の単元の個数は m と素な完全代表系の元の個数と一致するからオイラー関数 $\varphi(m)$ で与えられる.

また, m が素数 p のときは, $\mathbf{Z}/p\mathbf{Z} \ni \bar{a} \neq \bar{0}$ ととれば $p \nmid a$ であるから, $ps + at = 1$ となる $s, t \in \mathbf{Z}$ が存在する. よって, $at \equiv 1 \pmod{p\mathbf{Z}}$, すなわち $\bar{a}\bar{t} = \bar{1}$ となって, $\bar{a}$ は逆元 $\bar{t} \in \mathbf{Z}/p\mathbf{Z}$ をもつ. ゆえに, $\mathbf{Z}/p\mathbf{Z}$ は体になる.

m が合成数のときには, $m = hk$, $h > 1$, $k > 1$ とすれば $m \nmid h$, $m \nmid k$ により
$$\bar{h} \neq \bar{0}, \quad \bar{k} \neq \bar{0}, \quad \bar{0} = \bar{m} = \overline{hk} = \bar{h}\bar{k}$$
よって, $\mathbf{Z}/m\mathbf{Z}$ は $\bar{0}$ と異なる零因子をもつから体ではない.

したがって, $\mathbf{Z}/m\mathbf{Z}$ $(m \geq 2)$ が体であれば, m は素数になる.

〖注意〗 p が素数のとき, p 個の元から成る体 $\mathbf{Z}/p\mathbf{Z}$ を **p 元体** といって, $\mathbf{F}_p$ または $GF(p)$ で表す.

問題 2.1 A

1. 環 R の元 a, b に対して，$a0 = 0a = 0$, $(-a)b = a(-b) = -(ab)$, $ab = (-a)(-b)$ となることを示せ．
2. 単位元 1 をもつ環 R においては，$1 \neq 0$ となることを示せ．
3. 加法群 G において任意の 2 元の積を 0 と定義すれば，G は可換環になることを示せ．
4. 単位元 1 をもつ可換環 R において，次の各々は互いに同値になることを証明せよ．
   (1) R は整域である．
   (2) $R \ni a, b$ で $ab = 0$ ならば，$a = 0$ または $b = 0$
   (3) R において簡約律が成り立つ：
   $$ac = bc \quad \text{ならば} \quad a = b \quad (a, b, c \in R,\ c \neq 0).$$
5. 100 ページの環の例 (viii) での R は整域ではないことを説明せよ．
6. 複素数の全体 $\boldsymbol{C}$ の部分集合 $\boldsymbol{Q}(\sqrt{2}) = \{a + \sqrt{2}b \mid a, b \in \boldsymbol{Q}\}$ は体になることを示せ．
7. 可換体は整域になることを示せ．
8. 単元は零因子でないこと，および単元の全体は積に関して群になることを示せ．
9. 環 R の 1 と異なるべき等元は零因子であることを示せ．
10. 整域 R のべき等元をすべて求めよ．
11. 2 元からなる環をすべて求めよ．
12. 実数の全体 $\boldsymbol{R}$ の部分集合 $\boldsymbol{Z} + \sqrt[3]{2}\boldsymbol{Z}$ は加法群であるが，環にはならないことを示せ．
13. 環 R の部分集合 S が R の部分環になるためには
    $$S \ni a, b \quad \text{ならば} \quad a - b \in S,\ ab \in S$$
    が成り立つことが必要十分であることを説明せよ．
14. 環 R の部分集合 $S = \{a \in R \mid ax = xa,\ x \in R\}$ は R の部分環になることを示せ．この部分環 S を R の**中心**という．
15. S を環 R の部分環とするとき，R と S の零元は一致するが，R と S の単位元は必ずしも一致しないことを示せ．
16. S_λ がすべて環 R の部分環（またはイデアル）ならば，$\cap_\lambda S_\lambda$ もまた R の部分環（またはイデアル）になることを示せ．
17. 整数環の剰余環 $\boldsymbol{Z}/6\boldsymbol{Z}$ のべき等元を求めよ．
18. 整数環 $\boldsymbol{Z}$ の (0) でないイデアルはすべて $m\boldsymbol{Z}$ の形に書けることを示せ．
19. S を可換環 R の部分集合とするとき，$N(S) = \{a \in R \mid as = 0,\ s \in S\}$ は R のイデアルになることを証明せよ．このイデアルを S の**零化イデアル**という．
20. 可換環 R のべき零元の全体 N は R のイデアルになり，R/N は N 以外にべき零元をもたないことを証明せよ．このイデアル N を R の**べき零根基**という．

21. 環 R の左イデアル（右イデアル）I が単位元 1 を含めば，$I = R$ になることを示せ．
22. S を環 R の部分環，I を R の両側イデアルとするとき，$S \cap I$ は S の両側イデアルになることを示し，$S/(S \cap I) \cong (S+I)/I$ を証明せよ．
23. 環 R 上の全行列環 $M_n(R)$ の部分集合 $I = \left\{ \begin{bmatrix} 0 \\ a_1 \ a_2 \ \cdots \ a_n \\ 0 \end{bmatrix} \middle| a_i \in R \right\}$ は右イデアルになり，$J = \left\{ \begin{bmatrix} a_1 & & \\ & a_2 & \\ 0 & \vdots & 0 \\ & a_n & \end{bmatrix} \middle| a_i \in R \right\}$ は左イデアルになることを示せ．
24. ガウスの整数環 $\mathbf{Z}[i]$ の 2 で生成されるイデアル $I = (2)$ を法とする剰余環 $\mathbf{Z}[i]/I$ はどんな環か．
25. $f: R \longrightarrow R'$ を環の準同型とするとき，f の像 $\operatorname{Im} f = \{f(a) \mid a \in R\}$ は R' の部分環になり，f の核 $\operatorname{Ker} f$ は R のイデアルになることを証明せよ．
26. $f: R \longrightarrow R'$ を環の準同型とするとき，次を証明せよ．
    (1) I が R の左（または右）イデアルならば，$f(I)$ は $\operatorname{Im} f$ の左（または右）イデアルである．
    (2) I' が $\operatorname{Im} f$ の左（または右）イデアルならば，$f^{-1}(I')$ は R の左（または右）イデアルである．
27. $\mathbf{C}$ の部分環 $\mathbf{Z}[i]$ と $\mathbf{Z}[\sqrt{3}]$ とは同型にならないことを説明せよ．
28. 体には自明なイデアル以外にイデアルは存在しないことを示し，また体の準同型写像にはどういうものがあるか調べよ．

|||||||| 問題 2.1　B ||||||||||||||||||||||||||||||||||||||||||||||||||||||||||||||||||||||||||

1. 零環でない有限環 R の 0 以外の元は単元，もしくは左右いずれかの零因子であることを証明せよ．
2. $\mathbf{Z}[\sqrt{3}] = \{a + \sqrt{3}b \mid a, b \in \mathbf{Z}\}$ の単数群は無限群になることを示せ．
3. $R_1, \cdots, R_n$ を単位元をもつ環とする．直積集合 $R_1 \times \cdots \times R_n$ に和と積を定義する：
$$(a_1, \cdots, a_n) + (b_1, \cdots, b_n) = (a_1 + b_1, \cdots, a_n + b_n)$$
$$(a_1, \cdots, a_n)(b_1, \cdots, b_n) = (a_1 b_1, \cdots, a_n b_n)$$
    (1) $R_1 \times \cdots \times R_n$ は零元 $(0, \cdots, 0)$，単位元 $(1, \cdots, 1)$ をもつ環になることを示せ．この環を $R_1 \oplus \cdots \oplus R_n$ で表し，$R_1, \cdots, R_n$ の**直和環**という．
    (2) 環 R の元 $e_1, \cdots, e_n$ が $1 = e_1 + \cdots + e_n$，$e_i^2 = e_i$，$e_i e_j = 0 \ (i \neq j)$，$Re_i = e_i R$ を満たせば，Re_i は R の両側イデアルになることを示し，このイデアルを環とみて，

2.1 環 と 体

$R \cong Re_1 \oplus \cdots \oplus Re_n$ が成り立つことを証明せよ．

4. 定理 1 および定理 2 を証明せよ．

5. 斜体上の全行列環のイデアルは自明なものに限ることを証明せよ．

———— ヒントと解答 ————

問題 2.1 A

1. $0a = (0+0)a = 0a + 0a$ の両辺に $-0a$ を加えれば，$0a = 0$．同様に $a0 = 0$．
$ab + (-a)b = (a + (-a))b = 0b = 0$ から $(-a)b = -(ab)$．$a(-b) = -(ab)$ も同様．また，$(-a)(-b) = -(a(-b)) = -(-(ab)) = ab$．

2. $1 = 0$ とすれば，R の任意の元 a を右からかけて $1a = 0a = 0$ となるから $a = 0$．よって R は零環になる．

3. 環の公理を満たすことは容易にわかる．

4. (1)$\Longleftrightarrow$(2)　定義から明らか．
(2)$\Longrightarrow$(3)　$ac = bc$ $(c \neq 0)$ とすれば，$ac - bc = (a-b)c = 0$ より，$a - b = 0$ または $c = 0$．$c \neq 0$ であるから $a = b$．
(3)$\Longrightarrow$(2)　$ab = 0$, $b \neq 0$ とすれば，$ab = 0 = 0b$ であるから $a = 0$．

5. $R \ni f, g$ として，たとえば
$$f(x) = \begin{cases} 0 & a \leq x \leq \dfrac{a+b}{2} \\ 1 & \dfrac{a+b}{2} < x \leq b \end{cases}, \quad g(x) = \begin{cases} 1 & a \leq x \leq \dfrac{a+b}{2} \\ 0 & \dfrac{a+b}{2} < x \leq b \end{cases}$$
をとれば，$f \neq 0$, $g \neq 0$ であるが $fg = 0$ となる．

6. $K = \mathbf{Q}(\sqrt{2}) \ni \alpha = a + \sqrt{2}b \neq 0$ ならば，2 は有理数の平方で表せないから $a^2 - 2b^2 \neq 0$ となり，$\alpha^{-1} = (a - \sqrt{2}b)/(a^2 - 2b^2) \in K$．よって，例題 2 とあわせて容易に K が体になることがわかる．

7. 可換体 $K \ni a, b$ に対して，$ab = 0$, $a \neq 0$ とする．$a^{-1} \in K$ が存在するから両辺に a^{-1} を左からかければ，$b = 0$．よって，問題 2.1A，4 から K は整域である．

8. 単元は零因子でないことは前問と同様．a, b を単元とすれば，$(ab)^{-1} = b^{-1}a^{-1}$, $(a^{-1})^{-1} = a$ により ab, a^{-1} も単元であるから単元の全体は群になる．

9. e をべき等元とする．$R \ni a \neq 0$ に対し $ae^2 = ae$ より，$ae(e-1) = 0$．$e \neq 1$ であるから，e は零因子になる．

10. $a^2 = a$ から $a(a-1) = 0$．べき等元は $0, 1$ のみ．

11. $R = \{0, 1\}$ の和と積を右のように定義すれば，2 種類の環が得られる．

+	0	1		×	0	1		×	0	1
0	0	1		0	0	0		0	0	0
1	1	0		1	0	0		1	0	1

12. たとえば $(\sqrt[3]{2})^2$ はこの集合に属さないから環ではない．

13. $S \ni a, b$ に対し, $a - b \in S$ なら S は加法群 R の部分群で, $ab \in S$ なら明らかに S は半群 R の部分半群で, 分配法則は R で成り立っているから S でも成り立つ. よって, S は R の部分環になる. 必要性は明らか.

14. 前問を利用すれば容易.

15. S の零元 $0'$ と $R \ni a$ について, $a + 0' = a$. この両辺に R における $-a$ を左から加えると $0 + 0' = 0$ となるから $0' = 0$. 99 ページの環の例 (v) で, $\boldsymbol{R}^2$ の部分環 $S = \{(a, 0) \mid a \in \boldsymbol{R}\}$ の単位元は $(1, 0)$, 一方 $\boldsymbol{R}^2$ の単位元は $(1, 1)$.

16. 問題 1.2A, 1 と同様に容易.

17. べき等元は例題 6 の記号で $\overline{0}, \overline{1}, \overline{3}, \overline{4}$.

18. 問題 1.2A, 19 と同様にできる.

19. $N(S) \ni a, b, R \ni r$ をとれば $(a + b)s = as + bs = 0, (ra)s = r(as) = 0 \ (s \in S)$ であるから, $a + b, ra \in N(S)$. よって, $N(S)$ は R のイデアルである.

20. $N \ni a, b, R \ni r$ をとれば, ある自然数 m, n に対し, $a^m = 0, b^n = 0$ であるから $(a + b)^{m+n} = 0, (ra)^m = r^m a^m = 0$. また, $(a + N)^l = N$ ならば, $a \in N$.

21. $R \ni r$ をとれば, $r = r1 \in I$ であるから $R \subset I$.

22. $f : S \ni x \longrightarrow x + I \in S + I/I$ は全射準同型で, $\operatorname{Ker} f = S \cap I$.

23. 容易である.

24. I のノルム $N(I) = 4$ で, $\boldsymbol{Z}[i]/I = \{I, 1 + I, i + I, 1 + i + I\}$. $(1 + i + I)(1 + i + I) = 2i + I = I$ から, これは整域ではない.

25. $\operatorname{Im} f \ni a' = f(a), b' = f(b) \ (a, b \in R)$ をとれば,
$$a' - b' = f(a) - f(b) = f(a - b), \quad a'b' = f(a)f(b) = f(ab)$$
であるから, $a' - b', a'b' \in \operatorname{Im} f$. よって, 問題 13 から $\operatorname{Im} f$ は R' の部分環である. 次に, $\operatorname{Ker} f \ni a, b, R \ni x$ をとれば, $f(a - b) = f(a) - f(b) = 0' - 0' = 0'$ ($\because R'$ の零元), $f(xa) = f(x)f(a) = f(x)0' = 0', f(ax) = f(a)f(x) = 0'f(x) = 0'$ であるから, $a - b, xa, ax \in \operatorname{Ker} f$.

26. 前問および第 1 章例題 12 と同様に証明できる.

27. $f : \boldsymbol{Z}[i] \longrightarrow \boldsymbol{Z}[\sqrt{3}]$ が同型であれば,
$$f(i)^2 = f(i^2) = f(-1) = -f(1) = -1$$
であるから, $f(i) = \pm i \notin \boldsymbol{Z}[\sqrt{3}]$ で矛盾.

28. 体 K の左イデアルを $I \neq (0)$ とする. $I \ni a$ は K で逆元をもつから $1 = a^{-1}a \in KI \subset I$ となって, 問題 2.1A, 21 より $I = K$. 右イデアルも同様である. よって, イデアルは K と (0) だけである. f を K から環 R への全射準同型とすれば, $\operatorname{Ker} f$ は K のイデアルであるから, $\operatorname{Ker} f = (0)$ なら f は同型になり, $\operatorname{Ker} f = K$ なら $R = \{0\}$ で f はすべての元を 0 に写す零写像になる.

問題 2.1 B

1. $R \ni a \, (\neq 0)$ が零因子でなければ, R から R への写像 $x \longrightarrow ax$, $x \longrightarrow xa$ はともに単射で, R が有限集合であるから全射にもなる. よって, $ab = 1$, $ca = 1$ となる $b, c \in R$ が存在して, $c = c1 = c(ab) = (ca)b = 1b = b$ となるから, a は単元で $a^{-1} = b = c$.

2. $2 + \sqrt{3}$ は単元になり, $N(2 + \sqrt{3}) = 1$ により $(2 + \sqrt{3})^n$ $(n \in \boldsymbol{Z})$ はすべて単元である (単数群は加法群 $\boldsymbol{Z}$ に同型である).

3. (2) 各 i について, $Re_i \ni xe_i, ye_i$ $(x, y \in R)$, $R \ni r$ をとれば,
$$xe_i + ye_i = (x + y)e_i \in Re_i, \quad r(xe_i) \in Re_i$$
$Re_i = e_iR$ より $(xe_i)r = xr'e_i \in Re_i$ $(r' \in R)$ となり, Re_i は R の両側イデアルである. 写像 $f: R \ni a \longrightarrow (ae_1, \cdots, ae_n) \in Re_1 \oplus \cdots \oplus Re_n$ は
$$\begin{aligned} f(a + b) &= ((a + b)e_1, \cdots, (a + b)e_n) \\ &= (ae_1, \cdots, ae_n) + (be_1, \cdots, be_n) = f(a) + f(b) \\ f(ab) &= (abe_1, \cdots, abe_n) = (abe_1^2, \cdots, abe_n^2) \\ &= (ae_1, \cdots, ae_n)(be_1, \cdots, be_n) = f(a)f(b) \end{aligned}$$
により, 環の準同型である. 任意の $a_1e_1 \in Re_1, \cdots, a_ne_n \in Re_n$ に対し
$$\begin{aligned} f(a_1e_1 + \cdots + a_ne_n) &= ((a_1e_1 + \cdots + a_ne_n)e_1, \cdots, (a_1e_1 + \cdots + a_ne_n)e_n) \\ &= (a_1e_1, \cdots, a_ne_n) \end{aligned}$$
となるから, f は全射である.

4. 定理 1:整域を $R = \{0, 1, a_1, \cdots, a_n\}$ とする. R において, $a_ia_j = a_ia_k$ とすれば $a_j = a_k$ である. よって, $\{a_i1, a_ia_1, \cdots, a_ia_n\}$ は $n+1$ 個の元から成り, $\{1, a_1, \cdots, a_n\}$ と一致せねばならない. すなわち, 任意の $a_i \in R$ に対し $a_ia_j = 1$ となる a_i の逆元 $a_j \in R$ が存在する.

定理 2:R が自明でない左イデアルをもたないとすれば, $0 \neq a \in R$ に対し, $(0) \neq Ra = R$ から $ba = 1$ となる $0 \neq b \in R$ が存在する. この b に対し, 同様に $cb = 1$ となる $c \in R$ が存在するから, $c = c1 = cba = 1a = a$. すなわち $ab = ba = 1$ となり, a は単元である. 逆は問題 2.1A, 28 と同様.

5. 全行列環 $M_n(K)$ のイデアル I の元 $A = (a_{ij}) \neq 0$ に対し, $M_n(K) \ni E_{ij}$ を (i, j) 成分が 1 で他のすべての成分が 0 となる行列とすれば,
$$\sum_{k=1}^n E_{ki}AE_{jk} = a_{ij}E \quad (E \text{ は単位行列})$$
が成り立つ. このとき, 左辺は I の元になるから, $E \in I$, すなわち $I = M_n(K)$.

2.2 可換環のイデアル

◎ この節では環といえば単位元 1 をもつ可換環とする．

◆ **イデアルの生成元・単項イデアル** 環 R の部分集合 M に対して，M を含む R のすべてのイデアルの共通集合は M を含む最小のイデアルになる．このイデアルを M で**生成される**イデアル，M の元をそのイデアルの**生成元**という．とくに，有限集合 $M = \{a_1, a_2, \cdots, a_n\}$ で生成されるイデアルを $(a_1, a_2, \cdots, a_n)$ で表す．ただ 1 つの元 a で生成されるイデアル (a) を**単項イデアル**という．環 R 自身は単位元で生成される単項イデアルになる：$R = (1)$．よって，R を**単位イデアル**ということもある．

◆ **イデアルの整除** 環 R の 2 つのイデアル I, J が $I \subset J$ であれば，I は J で**割り切れる**，J は I を**割り切る**，あるいは I は J の**倍イデアル**，J は I の**約イデアル**などといって $J | I$ で表す．

◆ **イデアルの演算** I, J を環 R の 2 つのイデアルとする．
$$I + J = \{a + b \mid a \in I, b \in J\}$$
は $I \cup J$ で生成されるイデアル，すなわち I と J を含む最小のイデアルになる．このイデアル $I + J$ を I と J の**和**といい，(I, J) で表すこともある．とくに，$I + J = R$ (すなわち，$I + J \ni 1$) のとき，イデアル I と J は**互いに素**であるという．

$\{ab \mid a \in I, b \in J\}$ で生成されるイデアル
$$\left\{ \sum a_i b_i \text{(有限和)} \mid a_i \in I, b_i \in J \right\}$$
をイデアル I と J の**積**といい，IJ で表す．

イデアルの和と積は 3 つ以上のイデアルに対しても同様に定義される．

環 R の部分集合 S と R のイデアル I に対して，
$$\{a \in R \mid Sa \subset I\}$$
は I を含む R のイデアルになる．このイデアルを $I : S$ で表し，**イデアル商**という．このとき，$(I : S)S \subset I$ が成り立つ．

環 R のイデアル I に対して，
$$\{a \in R \mid a \text{ の適当なべき } a^n \in I\}$$
は I を含む R のイデアルになる．このイデアルを I の**根基**といい，$\sqrt{I}$ で表す．

◆ **素イデアル** 環 R の R と異なるイデアル P に対して
$$ab \in P \quad \text{ならば}, \quad a \in P \quad \text{または} \quad b \in P \quad (a, b \in R)$$
が成り立つとき，P を**素イデアル**という．

p を素数とするとき，$p\mathbf{Z}$ は $\mathbf{Z}$ の素イデアルである．

2.2 可換環のイデアル

定理 4

可換環 R のイデアル P に対して，次の各条件は同値である．
(i) P は素イデアルである．
(ii) R の 2 つのイデアル I, J について，$IJ \subset P$ ならば，$I \subset P$ または $J \subset P$ が成り立つ．
(iii) 剰余環 R/P は整域である．

◆ **極大イデアル** 環 R の R と異なるイデアル全体の集合は包含関係について帰納的順序集合になる．よって，ツォルンの補題（第 0 章第 1 節を参照）により，極大元 M が存在する．この M を R の**極大イデアル**という．すなわち，
$$M \text{ が極大イデアル} \iff M \subsetneq I \subset R \text{ ならば必ず } I = R$$

定理 5

可換環 R の R と異なるイデアル I に対して，I を含む R の極大イデアルが存在する．

定理 6

可換環 R のイデアル M が極大イデアルとなるための必要十分条件は，剰余環 R/M が体となることである．

◆ **準素イデアル・既約イデアル** 環 R のイデアル Q が
$$Q \ni ab \text{ ならば，} a \in Q \text{ または } b \in \sqrt{Q}$$
を満たすとき，Q を**準素イデアル**という．

素イデアルは準素イデアルである．

P が素イデアルのとき，$\sqrt{Q} = P$ となる準素イデアル Q を P **準素**という．

$\mathbf{Z}$ において，$\sqrt{(p^n)} = (p)$ が成り立つから，(p^n) は (p) 準素になる．

環 R の R と異なるイデアル I が I と異なる 2 つのイデアル J_1, J_2 により，
$$I = J_1 \cap J_2$$
と書けるとき，I を**可約イデアル**といい，可約でないイデアルは**既約**であるという．

◆ **ネター環** 任意に与えられた環 R のイデアルの列
$$I_0 \subset I_1 \subset I_2 \subset I_3 \subset \cdots$$
が必ず有限のところで切れるとき，すなわち，適当な自然数 n があって，
$$I_0 \subset I_1 \subset I_2 \subset \cdots \subset I_n = I_{n+1} = \cdots$$
となるとき，R においてイデアルの**昇鎖律**が成り立つという．

> **定理 7**
>
> 可換環 R において，次の各条件は同値である．
> (ⅰ) R においてイデアルの昇鎖律が成り立つ．
> (ⅱ) R の任意のイデアルは有限個の元で生成される．
> (ⅲ) R のイデアルの任意の集合には必ず極大元が存在する（このとき，R はイデアルの**極大条件**を満たすという）．

これらの条件の 1 つ，したがって全部を満たす可換環 R を**ネーター環**という．
$Z, Z[i]$ はネーター環である．

◆ 準素イデアル分解

> **定理 8**（ラスカー-ネター（Lasker-Noether））
>
> (ⅰ) ネーター環 R の任意のイデアル I は有限個の準素イデアルの共通集合で表される：$I = Q_1 \cap \cdots \cap Q_s$．
> (ⅱ) (ⅰ) のような表示は $\sqrt{Q_i} = P_i$ ($i = 1, 2, \cdots, s$) がすべて異なり，しかもすべての i について，
> $$Q_1 \cap \cdots \cap Q_{i-1} \cap Q_{i+1} \cap \cdots \cap Q_s \neq I$$
> と無駄のないようにできる．さらに，この表示は次のような意味で一意的である．
> $$I = Q_1 \cap \cdots \cap Q_s = Q'_1 \cap \cdots \cap Q'_t$$
> ($\sqrt{Q_i} = P_i$, $\sqrt{Q'_i} = P'_i$ はすべて異なる）
> ならば，$s = t$ であって，番号をつけかえることによって $P_i = P'_i$ となる．

イデアル I を (ⅱ) のような準素イデアルの共通部分で表すことを I の無駄のない**準素イデアル分解**または**正規分解**といい，$Q_1, Q_2, \cdots, Q_s$ を I の**準素成分**という．

2.2 可換環のイデアル

例題 7 ―――――――――――（単項イデアルの整除）―――――

可換環 R の 2 つの単項イデアル $(a), (b)$ が $(a) \subset (b)$ すなわち (a) が (b) で割り切れるためには，$a = rb$ となる元 r が R の中に存在することが必要十分であることを示せ．

【解答】 $(a) \subset (b)$ とすると $a \in (b) = \{rb \mid r \in R\}$ であるから，$a = rb$ となる元 $r \in R$ が存在する．逆に，$a = rb$ となる元 $r \in R$ が存在すれば，$(a) = (rb) \subset (b)$．

例題 8 ―――――――――――（根基とイデアル商）―――――

(i) 可換環 R の部分集合 S とイデアル I に対して，イデアル商 $I:S$ と根基 $\sqrt{I}$ はいずれも I を含む R のイデアルであることを示せ．

(ii) 可換環 R のイデアル I_1, I_2, I_3 について次の各々を証明せよ．
  (1) $\sqrt{I_1} \cap \sqrt{I_2} = \sqrt{I_1 \cap I_2} = \sqrt{I_1 I_2}$
  (2) $(I_1:I_2):I_3 = I_1:I_2 I_3 = (I_1:I_3):I_2$

【解答】(i) イデアル商 $I:S$ も根基 $\sqrt{I}$ も I を含むことは定義より明らか．$I:S \ni a, b$ および $R \ni r$ をとれば，$Sa \subset I, Sb \subset I$ であるから，$S(a+b) \subset I, Sra \subset I$．よって，$a+b, ra \in I:S$ となり $I:S$ は R のイデアルである．次に，$\sqrt{I} \ni a, b$ および $R \ni r$ をとれば，$a^m \in I, b^n \in I$ となる自然数 m, n が存在する．このとき，$(a+b)^{m+n}$ を展開してみればわかるように $(a+b)^{m+n} \in I$ であるから，$a+b \in \sqrt{I}$．また，$(ra)^m = r^m a^m \in I$ であるから $ra \in \sqrt{I}$．ゆえに $\sqrt{I}$ は R のイデアルである．

(ii) (1) まず $I_1 \supset I_2$ ならば $\sqrt{I_1} \supset \sqrt{I_2}$ が成り立つ．実際，$\sqrt{I_2} \ni a$ をとれば，ある自然数 n に対し $a^n \in I_2 \subset I_1$ となって $a \in \sqrt{I_1}$ となるからである．これを利用すれば，$I_1 \supset I_1 \cap I_2, I_2 \supset I_1 \cap I_2$ から $\sqrt{I_1} \supset \sqrt{I_1 \cap I_2}, \sqrt{I_2} \supset \sqrt{I_1 \cap I_2}$．よって，$\sqrt{I_1} \cap \sqrt{I_2} \supset \sqrt{I_1 \cap I_2}$．次に，$\sqrt{I_1} \cap \sqrt{I_2} \ni a$ をとれば，ある自然数 m, n に対し $a^m \in I_1, a^n \in I_2$．よって $\max(m,n) = k$ とすれば $a^k \in I_1 \cap I_2$，すなわち $a \in \sqrt{I_1 \cap I_2}$ となって $\sqrt{I_1} \cap \sqrt{I_2} \subset \sqrt{I_1 \cap I_2}$．ゆえに $\sqrt{I_1} \cap \sqrt{I_2} = \sqrt{I_1 \cap I_2}$．同様に $I_1 I_2 \subset I_1, I_1 I_2 \subset I_2$ から $\sqrt{I_1 I_2} \subset \sqrt{I_1} \cap \sqrt{I_2}$ である．次に，$\sqrt{I_1} \cap \sqrt{I_2} \ni a$ をとればある自然数 m, n に対し $a^m \in I_1, a^n \in I_2$ となって，$a^{m+n} \in I_1 I_2$．よって，$a \in \sqrt{I_1 I_2}$ となるから，$\sqrt{I_1} \cap \sqrt{I_2} \subset \sqrt{I_1 I_2}$．ゆえに $\sqrt{I_1} \cap \sqrt{I_2} = \sqrt{I_1 I_2}$．

(2) $(I_1:I_2):I_3 \ni a$ をとれば，$I_3 a \subset I_1:I_2$ であるから，$I_2 I_3 a \subset I_1$．よって，$a \in I_1:I_2 I_3$．ゆえに $(I_1:I_2):I_3 \subset I_1:I_2 I_3$．$(I_1:I_2):I_3 \supset I_1:I_2 I_3$ はこの逆をたどればよい．第 2 の等式は I_2 と I_3 を交換すればよい．

―― 例題 9 ―――――――――（Chinese Remainder Theorem）―――――

可換環 R のイデアル $I_1, I_2, \cdots, I_n$ はどの2つも互いに素とする．このとき，次の各々が成り立つことを証明せよ．

(ⅰ) $\cap_{i=1}^{n} I_i = I_1 I_2 \cdots I_n$

(ⅱ) R の元 $a_1, a_2, \cdots, a_n$ に対し，$a \equiv a_i \pmod{I_i}$ となる $a \in R$ が存在する．

(ⅲ) $R/\cap_{i=1}^{n} I_i \cong R/I_1 \oplus R/I_2 \oplus \cdots \oplus R/I_n$

〚ヒント〛 n に関する帰納法で証明する．このとき $n=2$ の結果を上手に利用する．

【解答】(ⅰ) n に関する帰納法で示す．$n=2$ とする．$I_1 I_2 \subset I_1, I_2$ であるから，$I_1 I_2 \subset I_1 \cap I_2$．$I_1 + I_2 = R$ により $x_1 + x_2 = 1$ となる $x_1 \in I_1, x_2 \in I_2$ が存在する．よって，$I_1 \cap I_2 \ni a$ をとれば，
$$a = (x_1 + x_2)a = x_1 a + x_2 a \in I_1 I_2 + I_2 I_1 = I_1 I_2$$
となって，$I_1 \cap I_2 \subset I_1 I_2$．ゆえに $I_1 \cap I_2 = I_1 I_2$ となり $n=2$ のとき成り立つ．

$n > 2$ とする．I_1 と $I_2 \cdots I_n$ は互いに素であることをいう．各 i について I_1 と I_i が互いに素であるから $x_1^{(i)} + x_i = 1$ となる $x_1^{(i)} \in I_1, x_i \in I_i$ が存在する．このとき積 $\prod_{i=2}^{n}(x_1^{(i)} + x_i) = 1$ において，左辺の1つの項 $x_2 x_3 \cdots x_n$ 以外の $x_1^{(i)}$ ($i \geq 2$) を含む項の和を x^* とおくと，各項はすべて I_1 に属するから $x^* \in I_1$．よって，$x^* + x_2 x_3 \cdots x_n = 1$ により $I_1 + I_2 I_3 \cdots I_n = R$ となり I_1 と $I_2 I_3 \cdots I_n$ は互いに素になる．したがって，帰納法の仮定と $n=2$ の場合を利用して
$$I_1 I_2 \cdots I_n = I_1 \cap (I_2 \cdots I_n) = \cap_{i=1}^{n} I_i$$

(ⅱ) n についての帰納法で示す．$n=2$ とする．$x_1 + x_2 = 1$ となる $x_1 \in I_1, x_2 \in I_2$ がとれる．このとき
$$a_1 = a_1(x_1 + x_2) \equiv a_1 x_2 \pmod{I_1}, \quad a_2 = a_2(x_1 + x_2) \equiv a_2 x_1 \pmod{I_2}$$
であるから，$a = a_1 x_2 + a_2 x_1$ とおけば $a \equiv a_1 x_2 \equiv a_1 \pmod{I_1}$, $a \equiv a_2 x_1 \equiv a_2 \pmod{I_2}$ となって，$n=2$ のとき成り立つ．

$n > 2$ とする．(ⅰ) から $I_1 + I_2 I_3 \cdots I_n = R$ であったから，$n=2$ の場合を利用して，$x_1 \equiv 1 \pmod{I_1}$, $x_1 \equiv 0 \pmod{I_2 \cdots I_n}$．また，$I_2 I_3 \cdots I_n \subset I_j$ ($j \geq 2$) であるから $x_1 \equiv 0 \pmod{I_j}$．よって，$i \neq 1$ でも同様であるから，各 i に対して
$$x_i \equiv 1 \pmod{I_i}, \quad x_i \equiv 0 \pmod{I_j} \quad (j \neq i)$$
このとき，$a = a_1 x_1 + a_2 x_2 + \cdots + a_n x_n$ とおけば，$a \equiv a_i x_i = a_i \pmod{I_i}$．

(ⅲ) 自然な準同型からつくられた写像 $f: R \ni a \longrightarrow (a + I_1, a + I_2, \cdots, a + I_n) \in R/I_1 \oplus R/I_2 \oplus \cdots \oplus R/I_n$ は環の準同型である．(ⅱ) から f は全射になり，$\operatorname{Ker} f = I_1 \cap \cdots \cap I_n$ であるから，定理3により求める同型が得られる．

2.2 可換環のイデアル

例題 10 ────────── （素イデアルの既約性）
　可換環 R の素イデアルは既約であることを証明せよ．

【解答】 R の素イデアル P が可約であるとする．すなわち $P = I \cap J$, $I \supsetneq P$, $J \supsetneq P$ と表されるとする．このとき，$a \in I$, $a \notin P$ となる a，および $b \in J$, $b \notin P$ となる b が存在する．よって，$ab \in IJ \subset I \cap J = P$. ところが $a \notin P$, $b \notin P$ であるから，P は素イデアルであることに反する．ゆえに素イデアル P は既約である．

例題 11 ────────── （ネター環の既約イデアル）
　環 R をネター環とするとき，次の各々を証明せよ．
　（ⅰ）　R の既約イデアルは準素イデアルになる．
　（ⅱ）　R の任意のイデアルは有限個の既約イデアルの共通集合で表される．

【解答】（ⅰ）　ネター環 R のイデアル I が準素イデアルでないとする．このとき，I は可約イデアルになることを証明する．いま，$ab \in I$, $a \notin I$, $b \notin \sqrt{I}$ となる R の元 a, b が存在するから，$a \in I:\{b\}$ となって $I \subsetneq I:\{b\}$ が成り立つ．R はネター環であるから定理 7 の昇鎖律が成り立つ．したがって
$$I \subsetneq I:\{b\} \subset I:\{b^2\} \subset \cdots$$
なる列について，ある自然数 m に対し $I:\{b^m\} = I:\{b^{m+1}\}$ が成り立つ．

　次に $I \subsetneq I+(a)$, $I \subsetneq I+(b^m)$ より $I \subset (I+(a)) \cap (I+(b^m))$. そこで，この逆の包含関係が成り立つことをいう．$(I+(a)) \cap (I+(b^m)) \ni x$ をとれば，
$$x = c + rb^m = c' + r'a \quad (c, c' \in I,\ r, r' \in R)$$
と 2 通りの表示ができる．このとき，$bx = bc + rb^{m+1} = bc' + r'ab \in I$ であるから $rb^{m+1} \in I$. ところが $I:\{b^m\} = I:\{b^{m+1}\}$ であったから $rb^m \in I$, すなわち $x = c + rb^m \in I$. ゆえに $I = (I+(a)) \cap (I+(b^m))$ となり，I は可約イデアルである．

　（ⅱ）　R のイデアルで有限個の既約イデアルの共通集合として表されないものの全体を Ω とおき，$\Omega \neq \emptyset$ とする．Ω に包含関係で順序を入れる．R がネター環であるから定理 7 の極大条件より Ω には極大イデアルが少なくとも 1 つ存在する．それを I とすれば，$I \in \Omega$ より，I は既約でないから $I = J_1 \cap J_2$, $I \subsetneq J_1$, $I \subsetneq J_2$ となるイデアル J_1, J_2 が存在する．いま，I は極大元であるから $J_1, J_2 \notin \Omega$, すなわち J_1, J_2 は有限個の既約イデアルの共通集合で表せる．よって，$I = J_1 \cap J_2$ も有限個の既約イデアルの共通集合で書けることになり，矛盾が生じる．ゆえに $\Omega = \emptyset$ となり，どのイデアルも有限個の既約イデアルの共通集合で表すことができる．

問題 2.2　A

◎ 問題 2.2 A, B において，環は単位元 1 をもつ可換環として，イデアルはすべてその環でのイデアルとする．

1. 環 R の有限個の元 $a_1, \cdots, a_n$ に対して，それらの R 上の 1 次結合の全体 $\{a_1 r_1 + \cdots + a_n r_n \mid r_1, \cdots, r_n \in R\}$ は，$a_1, \cdots, a_n$ で生成されるイデアル $(a_1, \cdots, a_n)$ と一致することを証明せよ．
2. 環 R において，$(a_1, \cdots, a_n) = ((a_1), \cdots, (a_n)) = (a_1) + \cdots + (a_n)$ が成り立つことを示せ．
3. イデアル $I_1, \cdots, I_n$ の共通集合 $J_1 = I_1 \cap \cdots \cap I_n$ はそれらの倍イデアルであって，それらのいかなる公倍イデアルも J_1 の倍イデアルであり，また $J_2 = (I_1, \cdots, I_n)$ はそれらの約イデアルであって，それらのいかなる公約イデアルも J_2 の約イデアルであることを証明せよ．このことから，$I_1 \cap \cdots \cap I_n$, $(I_1, \cdots, I_n)$ をそれぞれ $I_1, \cdots, I_n$ の**最小公倍イデアル**，**最大公約イデアル**ともいう．
4. 整数環 $\mathbf{Z}$ について，$2\mathbf{Z} + 3\mathbf{Z} = \mathbf{Z}$ を示せ．
5. イデアルについて，次の各々が成り立つことを示せ．
$$I + J = J + I, \quad IR = I, \quad I + R = R,$$
$$(I \cap J)(I + J) \subset IJ, \quad I(J_1 + J_2) = IJ_1 + IJ_2$$
6. イデアル I と J_1 および I と J_2 が互いに素であれば，I と $J_1 J_2$ も互いに素になることを証明せよ．
7. イデアル商について，次の各々が成り立つことを示せ．
   (1)　$J_1 \supset J_2$ ならば，$I:J_1 \subset I:J_2$
   (2)　$(I_1 \cap I_2):J = (I_1:J) \cap (I_2:J)$
   (3)　$I:(J_1 + J_2) = (I:J_1) \cap (I:J_2)$
   (4)　$I:J = I:(I+J)$
   (5)　$I + J = R$ ならば，$I:J = I$
   (6)　$I \supset J \iff I:J = R$
8. 根基について次の各々が成り立つことを示せ．
   (1)　$\sqrt{\sqrt{I}} = \sqrt{I}$　　　　　　　(2)　$\sqrt{I+J} = \sqrt{\sqrt{I} + \sqrt{J}}$
   (3)　$\sqrt{I} + \sqrt{J} = R \iff I + J = R$
9. $f : R \longrightarrow R'$ を環の全射準同型，I, J を R のイデアル，I', J' を R' のイデアルとするとき，次の各々が成り立つことを示せ．
   (1)　$f(I:J) \subset f(I):f(J)$　（$\mathrm{Ker}\, f \subset I$ のとき，等号が成り立つ）
   (2)　$f(\sqrt{I}) \subset \sqrt{f(I)}$　（$\mathrm{Ker}\, f \subset \sqrt{I}$ のとき，等号が成り立つ）
   (3)　$f^{-1}(I':J') = f^{-1}(I'):f^{-1}(J')$
   (4)　$f^{-1}(\sqrt{I'}) = \sqrt{f^{-1}(I')}$

10. 極大イデアルは素イデアルになることを証明せよ．
11. 環 K が体になることと，0 が K の極大イデアルであることとは同値であることを示せ．
12. P が素イデアルならば，$\sqrt{P} = P$ になることを示せ．
13. Q が準素イデアルならば，$\sqrt{Q}$ は素イデアルであることを示せ．
14. $I_1, \cdots, I_n$ を環 R のイデアルとする．R の素イデアル P について，$P \supset I_1 \cap \cdots \cap I_n$ ならば，$I_i \subset P$ となる番号 i が存在することを証明せよ．
15. 整数環 $\mathbf{Z}$ において，素数 p に対して $(p) = p\mathbf{Z}$ は極大イデアルになること，および (0) は素イデアルになることを証明せよ．
16. R の部分環 $\mathbf{Z}[\sqrt{10}] = \{a + \sqrt{10}b \mid a, b \in \mathbf{Z}\}$ のイデアル
$$P = (2, \sqrt{10}) = \{a + \sqrt{10}b \mid a, b \in \mathbf{Z},\ 2 \mid a\}$$
は素イデアルであることを示せ．
17. $f : R \longrightarrow R'$ を環の全射準同型として，R がネーター環であれば，R' もネーター環になることを証明せよ．

||||||| 問題 2.2　B |||||||||||||||||||||||||||||||||||||||||||||||||||||||||||||||

1. 環 R のべき零根基 N（問題 2.1A，20 を参照）は 0 の根基 $\sqrt{0}$ と一致して，N は R のすべての素イデアルの共通集合で書けることを証明せよ．
2. $P_1, \cdots, P_n$ を環 R の素イデアルとする．R のイデアル I について，$I \subset P_1 \cup \cdots \cup P_n$ ならば，$I \subset P_i$ となる番号 i が存在することを証明せよ．
3. P が素イデアルで，$Q_1, \cdots, Q_n$ が P 準素であるならば，$Q_1 \cap \cdots \cap Q_n$ も P 準素であることを証明せよ．
4. 既約イデアル I がいくつかのイデアル $J_1, \cdots, J_n$ の共通集合で表されていれば，I はどれか 1 つの J_i に一致することを示せ．
5. S を環 R の部分集合，P を素イデアル，Q を P 準素とするとき，$S \subset Q$ ならば $Q : S = R$ であり，$S \not\subset Q$ ならば $Q : S$ はまた P 準素であることを証明せよ．
6. 定理 8 を証明せよ．

===== ヒントと解答 =====

問題 2.2　A

1. 各 i について $a_i = 0a_1 + \cdots + 1a_i + \cdots + 0a_n$ であるから，$a_i \in L = \{r_1a_1 + \cdots + r_na_n \mid r_1, \cdots, r_n \in R\}$．$I$ を $a_1, \cdots, a_n$ を含む R の任意のイデアルとすれば，イデアルの定義より L の元 $r_1a_1 + \cdots + r_na_n$ は I に含まれるから $L \subset I$．よって，L は $a_1, \cdots, a_n$ を含む R の最小のイデアルである．
2. 容易である．

3. J_1 はイデアル $I_1, \cdots, I_n$ のすべてに含まれる最大のイデアルであり，イデアル $I_1, \cdots, I_n$ の和 J_2 はイデアル $I_1, \cdots, I_n$ をすべて含む最小のイデアル，すなわち $I_1, \cdots, I_n$ で生成されるイデアルである．

4. $(2,3) = 1$ より，ある $s, t \in \mathbf{Z}$ に対し $2s + 3t = 1$ となることから．

5. $(I \cap J)(I + J) = (I \cap J)I + (I \cap J)J \subset JI + IJ = IJ$．また，$I(J_1 + J_2)$ は $a(b+c) = ab + ac$ の形の元で生成されるから $I(J_1 + J_2) \subset IJ_1 + IJ_2$．逆は $J_1, J_2 \subset J_1 + J_2$ により $IJ_1, IJ_2 \subset I(J_1 + J_2)$ となり $IJ_1 + IJ_2 \subset I(J_1 + J_2)$．他は明らかである．

6. $a + b = 1$, $a' + c = 1$ となる $a, a' \in I$, $b \in J_1$, $c \in J_2$ をとれば，
$$1 = (a+b)(a'+c) = (aa' + ac + ba') + bc \in I + J_1 J_2$$
により $I + J_1 J_2 = R$．

7. (1) 明らか．

(2) $I_1 \cap I_2 : J \ni a \iff Ja \subset I_1 \cap I_2 \iff Ja \subset I_1$ かつ $Ja \subset I_2 \iff a \in (I_1 : J) \cap (I_2 : J)$．

(3) $I : (J_1 + J_2) \ni a \iff (J_1 + J_2)a \subset I \iff J_1 a \subset I$ かつ $J_2 a \subset I \iff a \in (I : J_1) \cap (I : J_2)$．

(4) $I : J \ni x$, $I + J \ni a + b$ をとれば，$x(a+b) = xa + xb \in I$ から $x \in I : (I + J)$．逆に，$I : (I + J) \ni x$ をとれば，$Jx \subset (I + J)x \subset I$ であるから $x \in I : J$．

(5) $a + b = 1$, $a \in I$, $b \in J$, $I : J \ni x$ をとれば，$I \ni bx = (1-a)x = x - ax$ であるから $x \in ax + I \subset I$．よって，$I : J \subset I$．

(6) $\implies$：$R \ni r$ に対し，$Jr \subset J \subset I$ により $r \in I : J$ となって $I : J \supset R$．$\impliedby$：明らか．

8. (1) $\sqrt{I} \supset I$ より $\sqrt{\sqrt{I}} \supset \sqrt{I}$．$\sqrt{\sqrt{I}} \ni a$ をとれば，ある m に対し $a^m \in \sqrt{I}$．よって，ある n をとれば $a^{mn} \in I$, すなわち $a \in \sqrt{I}$ となり $\sqrt{\sqrt{I}} \subset \sqrt{I}$．

(2) $\sqrt{I + J} \subset \sqrt{\sqrt{I} + \sqrt{J}}$ は明らか．$\sqrt{\sqrt{I} + \sqrt{J}} \ni a$ をとれば，ある n に対し $a^n \in \sqrt{I} + \sqrt{J}$．よって，ある l, m を用いて $a^n = b + c$, $b^l \in I$, $c^m \in J$ と表されるから，$a^{n(l+m)} \in I + J$．ゆえに $\sqrt{\sqrt{I} + \sqrt{J}} \subset \sqrt{I + J}$．

(3) $a + b = 1$ となる $a \in \sqrt{I}$, $b \in \sqrt{J}$ をとれば，ある m, n に対し $a^m \in I$, $b^n \in J$ となるから，$1 = (a+b)^{m+n} \in I + J$．逆は明らか．

9. (1) $f(I : J) \ni b = f(a)$ をとれば，$I : J \ni a$ より $Ja \subset I$．よって，$f(J)f(a) \subset f(I)$, すなわち $b = f(a) \in f(I) : f(J)$．次に，$f^{-1}(f(I)) = \operatorname{Ker} f + I$ が成り立つ．実際，$f^{-1}(f(I)) \ni a \iff f(a) \in f(I) \iff$ ある $b \in I$ に対し $f(a) = f(b) \iff a - b \in \operatorname{Ker} f \iff a \in \operatorname{Ker} f + I$．したがって，いま $\operatorname{Ker} f \subset I$ とすれば $f^{-1}(f(I)) = I$．そこで $f(I) : f(J) \ni b = f(a)$ をとれば，$f(J)b = f(Ja) \subset f(I)$ であるから $Ja \subset f^{-1}(f(I)) = I$, すなわち $a \in I : J$ となり逆の包含関係が成り立つ．

(2) $f(\sqrt{I}) \ni b$ をとれば,$f(a) = b$ となる $a \in \sqrt{I}$ とある n に対し,$a^n \in I$ であるから $f(a^n) = f(a)^n \in f(I)$,すなわち $b = f(a) \in \sqrt{f(I)}$.よって,$f(\sqrt{I}) \subset \sqrt{f(I)}$.逆の包含関係および (3),(4) もほぼ同様にできる.

10. 体は整域であることと定理 4 および定理 6 による.

11. 定理 2 と定理 6 による.

12. $\sqrt{P} \ni a$ をとれば,ある n に対し $a^n \in P$.P は素イデアルであるから $a \in P$,すなわち $\sqrt{P} \subset P$.逆は明らか.

13. $\sqrt{Q} \ni ab$,$\sqrt{Q} \not\ni a$ となる a, b をとれば,ある m に対し $(ab)^m = a^m b^m \in Q$,すべての n に対し $a^n \notin Q$.よって,$b^m \in Q$,すなわち $b \in \sqrt{Q}$ となり $\sqrt{Q}$ は素イデアルである.

14. $I_1 \cdots I_n \subset I_1 \cap \cdots \cap I_n$ であって,P が素イデアルより $I_1 \cdots I_n \subset P$ ならば,$I_i \subset P$ となる i が存在する.

15. $(p) \subsetneq I$ となる $\mathbf{Z}$ のイデアル I に対し,$I \ni a$,$(p) \not\ni a$ となる a が存在する.$p \nmid a$ より,$ps + at = 1$ となる $s, t \in \mathbf{Z}$ があるから,$I \supset (a) + (p) \ni 1$,すなわち $I = \mathbf{Z}$ となり,$(p) = p\mathbf{Z}$ は極大イデアルである.また,$\mathbf{Z}$ は整域であるから (0) は素イデアルである.

16. $P = (2, \sqrt{10}) \ni \alpha\beta$,$\alpha = a + \sqrt{10}b$,$\beta = c + \sqrt{10}d$ とすれば,$\alpha\beta = ac + 10bd + \sqrt{10}(ad+bc)$,$2 \mid (ac + 10bd)$ であるから $2 \mid ac$,すなわち a か c のどちらかが偶数.よって,$\alpha \in P$ または $\beta \in P$.

17. R' におけるイデアルの列 $J_0 \subset J_1 \subset J_2 \subset \cdots$ に対し,R において昇鎖律
$$f^{-1}(J_0) \subset f^{-1}(J_1) \subset \cdots \subset f^{-1}(J_s) = f^{-1}(J_{s+1}) = \cdots$$
が成り立つ.f は全射より,$J_i = f(f^{-1}(J_i))$ であるから $J_s = J_{s+1} = \cdots$.

問題 2.2 B

1. $N = \sqrt{0}$ は明らか.$N \ni a$ をとれば,任意の素イデアル P について $a^n = 0 \in P$ となる自然数 n が存在するから $a \in P$,すなわち N はすべての素イデアルの共通集合に含まれる.$N \not\ni a$ に対し,$\Omega = \{I \mid a^n \notin I,\text{任意の } n > 0\}$ は帰納的順序集合で,(0) を含むから $\Omega \neq \emptyset$ である.よって,ツォルンの補題から極大元 P が存在する.P は素イデアルである.実際,$P \not\ni x, y$ とすれば,$P + (x), P + (y) \notin \Omega$ であるから,ある自然数 m, n に対し $a^m \in P + (x)$,$a^n \in P + (y)$.よって,$a^{m+n} \in P + (xy)$,すなわち $P + (xy) \notin \Omega$ となり,$xy \notin P$.したがって,$a \notin P$.

2. すべての i について,$I \not\subset P_i$ として,n に関する帰納法で $I \not\subset \cup_{i=1}^n P_i$ を示す.$n-1$ のとき成り立つとする.各 i について,$a_i \in I$,$a_i \notin P_j$ $(j \neq i)$ となる a_i がとれるから,$b = \sum_{i=1}^n a_1 a_2 \cdots a_{i-1} a_{i+1} \cdots a_n$ とおけば,$b \in I$ で $b \notin P_i$.よって,$I \not\subset P_1 \cup \cdots \cup P_n$.

3. 例題 8 (ii) から $\sqrt{Q_1 \cap \cdots \cap Q_n} = \sqrt{Q_1} \cap \cdots \cap \sqrt{Q_n} = P$. $\cap_{i=1}^n Q_i \ni ab$, $\cap_{i=1}^n Q_i \not\ni a$ となる a, b をとれば,ある i について $Q_i \not\ni a$ であるが,$Q_i \ni ab$ であるから $b \in \sqrt{Q_i} = P$. よって,$\cap_{i=1}^n Q_i$ は準素イデアルである.

4. $I = J_1 \cap J_2 \cap \cdots \cap J_n$ が既約であるから,$I = J_1$ または $I = J_2 \cap \cdots \cap J_n$. $I = J_2 \cap \cdots \cap J_n$ ならば同様にして,$I = J_2$ または $I = J_3 \cap \cdots \cap J_n$. これを繰り返せば,$I$ は $J_1, \cdots, J_n$ のどれかに等しいことになる.

5. 前半は明らか.$Q : S \supset Q$ より $\sqrt{Q:S} \supset \sqrt{Q} = P$. $Q : S \ni x$ に対し,$Q \not\supset S$ より $S \ni a$, $Q \not\ni a$ となる a がとれて,$ax \in Q$ となり,Q は準素イデアルであるから $x \in \sqrt{Q} = P$. したがって,$\sqrt{Q:S} \subset P$ となり $\sqrt{Q:S} = P$. 次に,$Q:S \ni ab$, $Q:S \not\ni a$ とすれば,$Sab \subset Q$, $(b)\cdot aS = abS \subset Q$, $aS \not\subset Q$. よって,$(b) \subset \sqrt{Q} = P$. すなわち $b \in P = \sqrt{Q:S}$. ゆえに $Q:S$ は P 準素である.

6. (i) は例題 11 から出る. (ii) $I = Q_1 \cap \cdots \cap Q_n$ なる分解に無駄があれば,すなわちある i について $Q_1 \cap \cdots \cap Q_{i-1} \cap Q_{i+1} \cap \cdots \cap Q_n \subset Q_i$ が成り立てば,この左辺が $Q_1 \cap \cdots \cap Q_n$ に一致する.すなわち,このとき Q_i を除いた I の分解 $I = Q_1 \cap \cdots \cap Q_{i-1} \cap Q_{i+1} \cap \cdots \cap Q_n$ をつくることができる.もしもこの分解にまだ無駄があれば,上と同様な操作を続ければ,I の無駄のない表示に達することができる.この分解を $I = Q'_1 \cap \cdots \cap Q'_s$ として,いくつかの準素イデアル $Q'_{i_1}, \cdots, Q'_{i_r}$ が同じ素イデアル P の P 準素であるとする.$Q'_{i_1} \cap \cdots \cap Q'_{i_r} = Q''$ とおけば,問題 2.2B, 3 から Q'' もまた P 準素である.これを繰り返すことにより,I の正規分解が得られる.次に,$I = Q_1 \cap \cdots \cap Q_s = Q'_1 \cap \cdots \cap Q'_t$ をそのような分解として,$Q_1, \cdots Q_s$ の任意の 1 つが $Q'_1, \cdots, Q'_t$ のどれかに一致することをいえば一意性が示されたことになる.$J = Q_1 \cap \cdots \cap Q_{i-1} \cap Q_{i+1} \cap \cdots \cap Q_s$ とおけば $I = Q_i \cap J$, $J \not\subset Q_i$ より $J \ni c$, $Q_i \not\ni c$ とする.問題 2.2A, 7 (2) と前問より $I:(c) = (Q_i:(c)) \cap (J:(c)) = Q_i:(c)$ は P_i 準素である.一方,$I:(c) = (Q'_1:(c)) \cap \cdots \cap (Q'_t:(c))$ であるから,例題 8 と前問により $P_i = \sqrt{Q_i:(c)} = \sqrt{I:(c)} = \sqrt{Q'_1:(c)} \cap \cdots \cap \sqrt{Q'_t:(c)}$, $\sqrt{Q'_j:(c)} = R$ または P'_j $(j = 1, \cdots, t)$. ゆえに例題 10 と問題 2.2B, 4 により P_i はどれかの P'_j に一致する.

2.3 整域と商環

◆ **整域の元の整除** 整域 R の 0 でない単項イデアル $(a), (b)$ が $(a) \subset (b)$ すなわち $a = bc$ となる $c \in R$ が存在するとき，整数（第 0 章第 2 節を参照）やイデアルの場合と同様に a は b で**割り切れる**，b は a を**割り切る**，b は a の**約元**，a は b の**倍元**であるといって，$b|a$ と書く．b が a を割り切らないときは，$b \nmid a$ と書く．単位元 1 の約元は単元である．

$a|b$ かつ $b|a$ のとき，a と b は**同伴**であるという．

整数環 $\mathbf{Z}$ の 2 元 a, b が同伴であるのは $a = \pm b$ のときである．

整域 R において $d \ (\neq 0)$ が $a_1, a_2, \cdots, a_n$ の公約元（すなわち d が $a_1, a_2, \cdots, a_n$ のすべての約元）であって，$a_1, a_2, \cdots, a_n$ の任意の公約元が d の約元であるとき，d を $a_1, a_2, \cdots, a_n$ の**最大公約元**という．同様に，m が $a_1, a_2, \cdots, a_n$ の公倍元であり，$a_1, a_2, \cdots, a_n$ の任意の公倍元が m の倍元であるとき，m を $a_1, a_2, \cdots, a_n$ の**最小公倍元**という．

◆ **単項イデアル整域** 整域 R のすべてのイデアルが単項イデアルであるとき，R を**単項イデアル整域**という．単項イデアル整域はネター環である．

―― 定理 9 ――――――――
単項イデアル整域 R には，R の元 $a_1, a_2, \cdots, a_n$ の最大公約元および最小公倍元が存在する．
――――――――――――

◆ **素元・既約元** 整域 R の単元でない元 $p \ (\neq 0)$ に対して，(p) が素イデアルになるとき，すなわち $p|ab \ (a, b \in R)$ ならば，$p|a$ または $p|b$ が成り立つとき，p を R の**素元**という．整数環 $\mathbf{Z}$ における正の素元は素数である．

整域 R の単元でない元 $a \ (\neq 0)$ に対して，$a = bc \ (b, c \in R)$ ならば，必ず b または c が R の単元になるとき，a を R の**既約元**という．

◆ **ユークリッド整域** 整域 R から整列集合 W への写像 $\rho: R \longrightarrow W$ があって，次の 2 つの条件を満たすとき，R を**ユークリッド整域**という．

（ⅰ）W の最小元を w とするとき，$\rho(a) = w$ となるのは $a = 0$ のときに限る．

（ⅱ）R の元 $a, b \ (a \neq 0)$ に対して
$$b = aq + r, \quad \rho(r) < \rho(a)$$
を満たす $q, r \in R$ が存在する．

$\mathbf{Z}$ は $\rho(a) = |a| \in W = \mathbf{N} \cup \{0\}$ によりユークリッド整域になる．

―― 定理 10 ――――――――
ユークリッド整域は単項イデアル整域である．
――――――――――――

第2章 環

◆ **素元分解整域**　整域 R の単元でない任意の元 $a\,(\neq 0)$ が有限個の素元の積 $a = p_1 p_2 \cdots p_r$ として書けるとき，R を**素元分解整域**という．

$\boldsymbol{Z}$ は通常の素因数分解（第 0 章第 2 節）を考えれば素元分解整域である．

> **定理 11**
>
> R を素元分解整域とするとき，R の元 a が素元の積に分解する仕方は一意的である．すなわち，
> $$a = p_1 p_2 \cdots p_r = q_1 q_2 \cdots q_s \quad (p_i, q_i \text{ は } R \text{ の素元})$$
> ならば，$r = s$ であって番号を付けかえることにより，p_i と $q_i\,(i = 1, 2, \cdots, r)$ は同伴になる．

このことから素元分解整域を**一意分解整域**ともいう．

> **定理 12**
>
> 単項イデアル整域は素元分解整域である．

◆ **商体**　R を整域とすれば $K = \{ab^{-1} \mid a, b \in R,\ b \neq 0\}$ は R を含む体になる．この体を R の**商体**という．$\boldsymbol{Q}$ は $\boldsymbol{Z}$ の商体である．

> **定理 13**
>
> 任意の整域に対して，その商体は必ず存在し同型を除いて一意的に決まる．すなわち，K_1, K_2 を R の商体としたとき，R 上では恒等写像になる同型写像 $\phi\colon K_1 \longrightarrow K_2$ が存在する．

◆ **商環**　単位元をもつ可換環 R の部分集合 S が 1 を含み，乗法的に閉じていて（すなわち $S \ni a, b$ ならば，$ab \in S$ が成り立ち），$S \not\ni 0$ とする．このとき，$R \times S$ に 2 項関係
$$(a, s) \sim (a', s') \iff \text{ある } t \in S \text{ に対して，} \quad t(as' - a's) = 0$$
を定義すると，$\sim$ は同値関係になる．この関係による商集合 $R \times S/\sim$ を R_S で表し，(a, s) を含む同値類を a/s と書く．R_S に和と積を
$$a_1/s_1 + a_2/s_2 = (a_1 s_2 + a_2 s_1)/s_1 s_2, \quad a_1/s_1 \cdot a_2/s_2 = a_1 a_2/s_1 s_2$$
で定義すれば，R_S は $0/1$ を零元，$1/1$ を単位元とする可換環になる．可換環 R_S を R の S による**商環**という．とくに，S を R の零因子でない元の全体とするとき，S は乗法的に閉じているから，商環 R_S がつくれる．これを R の**全商環**という．

> **定理 14**
>
> R が整域のとき，R の全商環は R の商体と一致する．

2.3 整域と商環

例題 12 ────────────── （素元と既約元） ──────────────
(ⅰ) 整域においては，素元は既約元であることを証明せよ．
(ⅱ) 一般の整域では(ⅰ)の逆は成り立たないが，単項イデアル整域では，既約元は必ず素元になることを証明せよ．

【解答】 (ⅰ) 整域 R の素元 p をとって，$p = ab$ $(a, b \in R)$ とすれば，(p) は素イデアルで，$(p) \ni ab$ であるから $(p) \ni a$ または $(p) \ni b$ すなわち $p|a$ または $p|b$ が成り立つ．いま $p|a$ とすれば，$a = pc$ $(c \in R)$ と書けるから $p = ab = pcb$．R は整域であるから，$cb = 1$ となり b は単元である．$p|b$ とすれば，同様にして a は単元である．したがって，p は既約元である．

(ⅱ) たとえば，整域 $\boldsymbol{Z}[\sqrt{-5}] = \{a + \sqrt{-5}b \mid a, b \in \boldsymbol{Z}\}$ において，2 は既約元である．実際，$2 = \alpha\beta$ $(\alpha = a + \sqrt{-5}b)$ とすれば，$4 = N(\alpha)N(\beta)$ （例題 4 を参照）であるが，$N(\alpha) = a^2 + 5b^2 = \pm 2$ となる $a, b \in \boldsymbol{Z}$ は存在しない．よって，$N(\alpha)$ または $N(\beta) = \pm 1$，すなわち α または β が単元となり，2 は既約元である．ところが，$2 | (1+\sqrt{-5})(1-\sqrt{-5}) = 6$ であるが，$2(a + \sqrt{-5}b) = 1 + \sqrt{-5}$ を満たす整数 a, b は存在しないから $2 \nmid (1 + \sqrt{-5})$．同様に $2 \nmid (1 - \sqrt{-5})$ となり 2 は素元でない．

次に，R を単項イデアル整域として，p をそこでの既約元とする．定理 5 より (p) を含む極大イデアル M が存在し，R が単項イデアル整域であるから，ある $m \in R$ に対し $M = (m)$ となる．いま $m|ab, m \nmid a$ とするとき，$(m) + (a) \supsetneq (m)$ であるが (m) が極大イデアルであるから $(m) + (a) = R$．よって，$sm + ta = 1$ となる $s, t \in R$ が存在するから
$$b = (sm + ta)b = smb + tab$$
この右辺は (m) に属するから $m|b$ となり，m は素元である．

一方，$(p) \subset (m)$ から既約元 p は $p = rm$ $(r \in R)$ となり，m は単元でないから r は単元である．ゆえに m が素元であったから p も素元になる．

【類題】

1. 例題 12 (ⅱ) の整域 $\boldsymbol{Z}[\sqrt{-5}]$ において，3 と $4 + \sqrt{-5}$ は既約元であるが素元でないことを示せ．

2. ガウスの整数環 $\boldsymbol{Z}[i]$ においては $1 + i, 3, 2 + i$ は素元であるが，$2, 5$ は素元でないことを示せ．

〚注意〛 ガウスの整数環においては，$p = 4k + 3$ の形の素数，および $p = 4k + 1$ の形の素数と $p = 2$ の約元である $a \pm ib$ $(a^2 + b^2 = p)$ が（同伴元を除く）素元のすべてである（問題 2.3B, 3 を参照）．

例題 13 ――――――――――――（ユークリッド整域の例）

ガウスの整数環 $\boldsymbol{Z}[i]$ はユークリッド整域になることを証明せよ.

【解答】 $R = \boldsymbol{Z}[i]$ は整域であり, $\rho: R \ni \alpha \longrightarrow N(\alpha) \in W = \boldsymbol{N} \cup \{0\}$ はユークリッド整域の定義（123 ページ）の（ i ）を満たす.

$R \ni \alpha \,(\neq 0), \beta$ に対して, ある有理数 u, v により $\beta/\alpha = u + iv$ と書ける. このとき, m, n を有理数 u, v に最も近い整数とすれば

$$|u - m| \leqq \frac{1}{2}, \quad |v - n| \leqq \frac{1}{2}$$

そこで, $\gamma = m + in, \delta = (u-m) + i(v-n)$ とおけば,

$$\frac{\beta}{\alpha} = \gamma + \delta, \quad N(\delta) = (u-m)^2 + (v-n)^2 \leqq \frac{1}{4} + \frac{1}{4} < 1$$

よって, $\delta' = \alpha\delta$ とおけば, $\beta = \alpha\gamma + \delta'$ であって

$$N(\delta') = N(\alpha)N(\delta) < N(\alpha)$$

となり, R はユークリッド整域である.

〖注意〗 例題および定理 10, 12 から $\boldsymbol{Z}[i]$ は素元分解整域になる. また, 整域 $\boldsymbol{Z}[\sqrt{-2}]$ がユークリッド整域になることも同様に証明される.

例題 14 ――――――――――――（素元分解整域）

単項イデアル整域は素元分解整域であること, すなわち定理 12 を証明せよ.

【解答】 単項イデアル整域 R においては, 例題 12（ii）から既約元は素元であるから, 単元でない R の元 $a \neq 0$ が有限個の既約元の積で書けることを示せばよい.

いま, a が有限個の既約元の積で表されないとすれば, a は既約元でないから共に単元ではない a_1, a_1' を用いて $a = a_1 a_1'$ と書くことができる. 仮定から a_1, a_1' の少なくとも一方は既約元ではない. a_1 が既約元でなければ, 単元でない a_2, a_2' を用いて $a_1 = a_2 a_2'$ と書け, a_2, a_2' のうち少なくとも一方, たとえば a_2 が既約元ではない. このような分解を続ければ, 真に増大するイデアルの列

$$(a) \subsetneq (a_1) \subsetneq (a_2) \subsetneq \cdots \subsetneq (1) = R$$

が得られる. このとき, 和集合 $\cup_{n \geqq 0}(a_n), a_0 = a$ もイデアルであるが, R は単項イデアル整域であるから $\cup_{n \geqq 0}(a_n) = (b)$ と書ける. よって, $b \in (a_s)$ となる s があるから,

$$(b) = (a_s) = (a_{s+1}) = \cdots$$

となり, 真に増大する列 $(a_s) \subsetneq (a_{s+1}) \subsetneq \cdots$ に矛盾する. ゆえに, R の単元でない元 $a \neq 0$ はすべて有限個の既約元, したがって素元の積で表される.

2.3 整域と商環

--- **例題 15** --- （単項イデアル整域の素イデアル） ---

単項イデアル整域においては，(0) でない素イデアルは極大イデアルになることを証明せよ．

【解答】 $I = (a)$ を単項イデアル整域 R の (0) でない素イデアルとする．$I \subsetneq J \subset R$ となるイデアル $J = (b)$ に対し，$a \in J$ から $a = xb$ となる $x \in R$ が存在する．$xb \in I$，$b \notin I$ であり，I は素イデアルであるから $x \in I$．よって，$x = ya$ $(y \in R)$ と書けるから $a = yab$．R は整域であるから $yb = 1$，すなわち b は単元になる．ゆえに $J = R$ となり，I は極大イデアルである．

--- **例題 16** --- （商環） ---

単位元をもつ可換環 R と，R の乗法的に閉じている部分集合 S に対し，商環 R_S を構成する場合（124 ページ），R_S における和 $a_1/s_1 + a_2/s_2$ と積 $a_1/s_1 \cdot a_2/s_2$ は同値類の代表 $(a_1, s_1), (a_2, s_2)$ によらず一意的に定まることを示し，この和と積で R_S は可換環になることを証明せよ．

【解答】 $a_1/s_1 = a_1'/s_1'$, $a_2/s_2 = a_2'/s_2'$ とすれば，ある $s, t \in S$ に対し，
$$(*) \qquad s(a_1 s_1' - a_1' s_1) = 0, \quad t(a_2 s_2' - a_2' s_2) = 0$$
このとき
$$st\{s_1' s_2'(a_1 s_2 + a_2 s_1) - s_1 s_2 (a_1' s_2' + a_2' s_1')\}$$
$$= (t s_2 s_2') s(a_1 s_1' - a_1' s_1) + (s s_1 s_1') t(a_2 s_2' - a_2' s_2) = 0$$
であるから
$$(a_1 s_2 + a_2 s_1)/s_1 s_2 = (a_1' s_2' + a_2' s_1')/s_1' s_2'$$
すなわち $a_1/s_1 + a_2/s_2 = a_1'/s_1' + a_2'/s_2'$ となり，和は一意的に定まる．

積も同様にして $(*)$ から $st(a_1 a_2 s_1' s_2' - a_1' a_2' s_1 s_2) = 0$ であるから
$$a_1 a_2 / s_1 s_2 = a_1' a_2' / s_1' s_2'$$
すなわち $a_1/s_1 \cdot a_2/s_2 = a_1'/s_1' \cdot a_2'/s_2'$ となって，積も一意的に定まる．

次に，
$$a_1/s_1 (a_2/s_2 + a_3/s_3) = a_1/s_1 \{(a_2 s_3 + a_3 s_2)/s_2 s_3\}$$
$$= (a_1 a_2 s_3 + a_1 a_3 s_2)/s_1 s_2 s_3 = a_1 a_2/s_1 s_2 + a_1 a_3/s_1 s_3$$
$$= a_1/s_1 \cdot a_2/s_2 + a_1/s_1 \cdot a_3/s_3$$
より分配法則が成り立つ．他の環の公理が満たされることも容易に見てとれるから，R_S は $0/1$ を零元，$1/1$ を単位元とする可換環になる．

問題 2.3 A

1. 整域 R の元 a, b について，次の各々は同値になることを証明せよ．
   (1) a と b は同伴である．
   (2) $(a) = (b)$．
   (3) $a = bu$ となる単元 u が R に存在する．
2. 整域 R の元 $a_1, a_2, \cdots, a_n$ の最大公約元は存在すれば，単元を除いて一意的に決まることを示せ．
3. 同伴という関係は整域 R の元の間の同値関係になることを示せ．
4. 単項イデアル整域 R の元 $a_1, \cdots, a_n$ の最大公約元を d とすれば，$(a_1, \cdots, a_n) = (d)$ であり，$a_1 x_1 + \cdots + a_n x_n = d$ となる R の元 $x_1, \cdots, x_n$ が存在することを示せ．
5. 単項イデアル整域 R において，R の 2 元 a, b の最大公約元を d，最小公倍元を m とすれば，$(ab) = (dm)$ であることを示せ．
6. 整域 R の元 p について，$p = ab$ $(a, b \in R)$ ならば a または b が単元である，が成り立つことが p が素元であることの必要十分条件であることを証明せよ．
7. ガウスの整数環 $\mathbf{Z}[i]$ において，素元 α が素数 p で割り切れるとき，α と p が同伴でなければ，$N(\alpha) = p$ となることを示せ．
8. $\mathbf{Z}[\sqrt{2}] = \{a + \sqrt{2}b \mid a, b \in \mathbf{Z}\}$ においては 5 は素元であるが，7 は素元でないことを示せ．
9. 単項イデアル整域 R のイデアル I と J が $I : J = I$ を満たせば，I と J は互いに素であることを証明せよ．
10. 単項イデアル整域 R における素元分解 $a = p_1^{e_1} \cdots p_s^{e_s}$, $(p_i) \neq (p_j)$ $(i \neq j)$ に対して，$R/(a) \cong R/(p_1^{e_1}) \oplus \cdots \oplus R/(p_s^{e_s})$ が成り立つことを示せ．
11. 体はユークリッド整域であることを示せ．
12. 定理 10 を証明せよ．
13. $\mathbf{Z}[\omega] = \{a + \omega b \mid a, b \in \mathbf{Z}\}$, $\omega = (-1 + \sqrt{-3})/2$ はユークリッド整域であることを示せ．
14. $\mathbf{Z}[\sqrt{-5}]$ は素元分解整域ではないことを証明せよ．
15. $\mathbf{Z}[\sqrt{2}]$ の商体は $\mathbf{Q}(\sqrt{2}) = \{a + \sqrt{2}b \mid a, b \in \mathbf{Q}\}$ であることを示せ．
16. p が素数のとき，$\mathbf{Q}$ の部分集合
$$\mathbf{Z}_{(p)} = \{m/n \mid m, n \in \mathbf{Z}, (m, n) = (p, n) = 1\}$$
は整域であることを示せ．また，$\mathbf{Z}_{(p)}$ の単数群と商体を求めよ．
17. 可換環 R からその商環 R_S への写像 $f_S : a \longrightarrow a/1$ は環の準同型になることを示し，$\mathrm{Ker}\, f_S$ を求めよ．また R_S が全商環ならば，f_S は単射になることを示せ．

2.3 整域と商環

問題 2.3 B

1. 単項イデアル整域 R において，単元以外の既約元で生成されるイデアルは極大イデアルになることを証明せよ．
2. $\mathbf{Z}[\sqrt{5}]$ は素元分解整域でないことを示せ．
3. ガウスの整数環 $\mathbf{Z}[i]$ においては $4k+3$ の形の素数は素元になることを証明せよ．
4. 整域 R に対して，R の商体は必ず存在することを証明せよ．
5. 可換環 R の S による商環 R_S と R のイデアル I に対して，次が成り立つことを証明せよ．
   (1) $R_S I = \{a/s \mid a \in I, s \in S\}$
   (2) $I \cap S \neq \emptyset \iff R_S I = R_S$

=== ヒントと解答 ===

問題 2.3 A

1. $(1) \Longrightarrow (2)$ $a \mid b$ かつ $b \mid a$ は $(a) \supset (b)$ かつ $(a) \subset (b)$ を意味する．
 $(2) \Longrightarrow (3)$ $a = bu$, $b = av$ となる $u, v \in R$ がある．このとき，$a = (av)u$, $b = (bu)v$ となり，R は整域であるから $uv = vu = 1$．よって，u は単元である．
 $(3) \Longrightarrow (1)$ $a = bu$, $b = au^{-1}$ ($u^{-1} \in R$) より $b \mid a$, $a \mid b$．

2. d, d' を最大公約元とすれば，$d \mid d'$, $d' \mid d$, すなわち d と d' は同伴となって，$d = d'u$ (u：単元)．

3. 問題 2.3A，1 より容易である．

4. $(a_1, \cdots, a_n) = (d')$ となる d' が存在する．各 i で $(d') \ni a_i$ より $d' \mid a_i$．また，$d' = c_1 a_1 + \cdots + c_n a_n$ ($c_i \in R$) と書けるから，$m \mid a_i$ とすれば $m \mid d' = c_1 a_1 + \cdots + c_n a_n$．よって，$d'$ は最大公約元となり $d' = d$ (同様に定理 9 が示される)．

5. $(a, b) = (a) + (b) = (d)$, $(a) \cap (b) = (m)$ より，$(ab) = (a)(b) \supset (d)(m) = (dm)$ (問題 2.2A，5)．$a = a'd$, $b = b'd$ とすれば，$a'b'd = a'b = ab'$ より $a'b'd \in (a) \cap (b) = (m)$．よって，$ab = d(a'b'd) \in (d)(m)$, すなわち $(ab) \subset (dm)$．

6. 例題 12（ⅰ）を参照．

7. $p = \alpha\beta$ とすれば，$N(\alpha)N(\beta) = N(p) = p^2$. $N(\alpha), N(\beta) \neq 1$ から $N(\alpha) = N(\beta) = p$.

8. $5 \mid (a + \sqrt{2}b)(c + \sqrt{2}d)$ とすれば，$5 \mid a^2 - 2b^2$. これから容易に $5 \mid a$ および $5 \mid b$. よって，$5 \mid a + \sqrt{2}b$. 次に，$7 \mid (3 + \sqrt{2})(3 - \sqrt{2})$, $7 \nmid 3 \pm \sqrt{2}$.

9. $I = (a)$, $J = (b)$, a と b の最大公約元を d, $a = a'd$, $b = b'd$ とする．$I : J \ni x$ をとれば，$bx \in (a) \iff a \mid bx \iff a' \mid b'x \iff a' \mid x \iff x \in (a')$. よって，$I : J = I$ なら $(a) = (a')$ となり d は単元である．

10. $i \neq j$ のとき，$(p_i{}^{e_i}, p_j{}^{e_j}) = 1$ であるから例題 9 を利用する．

11. 体 K の元 $a \neq 0$ に対し，$\rho(a) = 0$ とおけばよい．

12. $I \neq (0)$ をユークリッド整域 R のイデアルとする．$\{\rho(x) \mid I \ni x \neq 0\}$ は整列集合の部分集合であるから整列集合である．よって，最小元 $\rho(a)$ が存在する．$I \ni b = aq + r$，$\rho(r) < \rho(a)$ とできて，$r = b - aq \in I$ と $\rho(a)$ の最小性から $r = 0$，$b \in (a)$．ゆえに $I = (a)$．

13. 整域になることは容易．$R = \mathbf{Z}[\omega]$，$\alpha = a + \omega b$ に対して，$\rho(\alpha) = N(\alpha) = \alpha\bar{\alpha} = a^2 + ab + b^2$，$\bar{\alpha} = a + \bar{\omega}b$，$\bar{\omega} = (-1 - \sqrt{-3})/2$ によりユークリッド整域になる．実際，$R \ni \alpha \, (\neq 0)$，β，$\beta/\alpha = u + \omega v \, (u, v \in \mathbf{Q})$ として，例題 13 と同様に m, n をとって，$\gamma = m + \omega n$，$\beta/\alpha = \gamma + \delta$ とすれば
$$N(\delta) = (u - m)^2 - (u - m)(v - n) + (v - n)^2 < 1$$
よって，$\delta' = \alpha\delta$ として $\beta = \alpha\gamma + \delta'$，$N(\delta') < N(\alpha)$．

14. 例題 12 を利用する．$6 = 2 \cdot 3 = (1 + \sqrt{-5})(1 - \sqrt{-5})$ で，例題 12 (ii)（とその類題）における 2 の場合と同様にして $3, 1 \pm \sqrt{-5}$ は既約元であるが，素元ではない．

15. $\mathbf{Z}[\sqrt{2}] \ni \alpha = a + \sqrt{2}b$，$\beta = c + \sqrt{2}d \neq 0$ をとれば，
$$\alpha\beta^{-1} = (c^2 - 2d^2)^{-1}(ac - 2bd + \sqrt{2}(bc - ad)) \in \mathbf{Q}(\sqrt{2})$$
逆に，$\mathbf{Q}(\sqrt{2})$ の元は $\gamma = \alpha\beta^{-1}$ $(\alpha, \beta \in \mathbf{Z}[\sqrt{2}], \beta \neq 0)$ と表される．ゆえに $\mathbf{Z}[\sqrt{2}]$ の商体は $\mathbf{Q}(\sqrt{2})$ である．

16. 整域になることは容易．単数群は $\{m/n \in \mathbf{Z}_{(p)} \mid (p, m) = (p, n) = 1\}$，商体は $\mathbf{Q}$．

17. 準同型は明らか．$\operatorname{Ker} f_S \ni a \iff a/1 = 0/1 \iff$ ある t に対し $ta = 0$．よって，$\operatorname{Ker} f_S = \{a \in R \mid \text{ある } t \in S \text{ に対し } at = 0\}$．次に，$R_S$ が全商環のとき，$a/1 = b/1$ とすれば，ある非零因子 $t \in S$ に対し $t(a - b) = 0$ より $a = b$．

問題 2.3 B

1. c を R の単元でない既約元として，$(c) \subsetneq (a) \subset R$ とする．$c = ab$ となる $b \in R$ があって，a または b が単元，すなわち $(a) = R$ または $(b) = R$ になる．$(b) = R$ ならば，$bb' = 1$ となる $b' \in R$ が存在して，$cb' = abb' = a$ により $(c) \subsetneq (a)$ に反する．よって，$(a) = R$ となり (c) は極大である．

2. $\mathbf{Z}[\sqrt{5}]$ において，$4 = 2 \cdot 2 = (3 + \sqrt{5})(3 - \sqrt{5})$．$3 + \sqrt{5} = \alpha\beta$ とおくと $N(3 + \sqrt{5}) = 4 = N(\alpha)N(\beta)$ であるから，α, β が単元でなければ，$N(\alpha) = N(\beta) = \pm 2$．これは成り立たない．実際，$\alpha = a + \sqrt{5}b$ とすれば，$N(\alpha) = a^2 - 5b^2 = \pm 2$．ところが，平方数を 5 で割った余りは 0, 1, 4 のいずれかであるから（または $\bmod 5$ で考えれば），このような整数 a, b は存在しない．したがって，$3 + \sqrt{5}$ は既約元である．2 と $3 - \sqrt{5}$ も同様に既約元である．一方，$2 \mid (3 + \sqrt{5})(3 - \sqrt{5})$．$2 \nmid 3 \pm \sqrt{5}$ であるから 2 は素元でない．

3. $\alpha = a + ib$ を素元とする．平方数を 4 で割った余りは必ず 0 または 1 であるから，$N(\alpha) = a^2 + b^2 = p = 4k + 3$ を満たす整数 a, b は存在しない．問題 2.3A，7 により，α と p は同伴になるから p も素元である．

4. $S = \{(a, b) \mid a, b \in R,\ b \neq 0\} \ni (a, b), (c, d)$ に対して
$$(a, b) \sim (c, d) \iff ad = bc$$
によって関係 $\sim$ を定義すれば，$\sim$ は同値関係になる．この関係による S の商集合 $K = S/\sim$ の (a, b) を含む類を a/b で表す．K の元の間に和と積を
$$a/b + c/d = (ad + bc)/bd, \quad a/b \cdot c/d = ac/bd$$
で定義すれば，この定義が意味をもつこと，すなわち同値類の代表元の取り方によらないことは例題 16 と同様である．この結合で K は零元，単位元をそれぞれ $0/1$, $1/1$ にもつ体になる．$f : R \ni a \longrightarrow a/1 \in K$ は中への同型になるから，この同型で R と K の部分環 $f(R)$ を同一視すれば，$R \subset K$ で K は R の商体になる．

5. (1) $R_S I$ は I で生成される R_S のイデアルであるから，$R_S I \ni c$ は R_S の元と I の元との有限和で書けるから，$I \ni a_i$, $S \ni s_i$, $R \ni x_i$ を用いて $c = (a_1/s_1)x_1 + \cdots + (a_n/s_n)x_n = (a_1(s_2 \cdots s_n)x_1 + \cdots + a_n(s_1 \cdots s_{n-1})x_n)/(s_1 \cdots s_n) = a/s$ ($a \in I$, $s \in S$)．よって $R_S I \subset \{a/s \mid a \in I, s \in S\}$．逆に，$I \ni a$, $S \ni s$ をとれば，$a/s = (1/s)a \in R_S I$．

(2) $I \cap S \neq \emptyset$ とする．$I \cap S \ni s$ をとれば，(1) より $1 = s/s \in R_S I$ であるから $R_S I = R_S$．逆に，$R_S I = R_S$ なら $1 \in R_S I$．(1) より $1\ (= R_S\text{の単位元}) = a/s$ となる $a \in I$, $s \in S$ が存在する．すなわち $s = a \in S \cap I$．よって，$S \cap I \neq \emptyset$．

2.4 整 数 環

◆ **整数環** 整数全体の集合 $\boldsymbol{Z}$ は，通常の和と積で可換環となり，**整数環**または**有理整数環**とよばれている．整数環 $\boldsymbol{Z}$ において，環の元としての約元，倍元，最大公約元，最小公約元などの概念はそれぞれ普通の約数，倍数，最大公約数，最小公倍数などの概念と完全に一致する．

> **定理 15**
> 整数環 $\boldsymbol{Z}$ はユークリッド整域である．

> **定理 16**
> 整数環 $\boldsymbol{Z}$ の全商環，商体はいずれも有理数体 $\boldsymbol{Q}$ と一致する．

> **定理 17**
> 整数環 $\boldsymbol{Z}$ において，整数 p に関して次の各々はすべて同値である．
> (i) p は素元．
> (ii) p は既約元．
> (iii) p は素数．

◆ **整数環のイデアル**

> **定理 18**
> 整数環 $\boldsymbol{Z}$ は単項イデアル整域で，そのイデアルはそれに含まれる最小な正整数の倍数全体から成る．

> **定理 19**
> 整数環 $\boldsymbol{Z}$ のイデアル $I_1 = (a_1), \cdots, I_n = (a_n)$ に対して，
> (i) $(a_1, \cdots, a_n) = d$ ならば，
> $$(I_1, \cdots, I_n) = (d)$$
> (ii) $a_1, \cdots, a_n$ の最小公倍数を l とすれば，
> $$I_1 \cap \cdots \cap I_n = (l)$$

◆ **整数の合同** 整数環 $\boldsymbol{Z}$ においては，そのイデアル $m\boldsymbol{Z} = (m)$ を法とする剰余類を単に整数 m を**法とする剰余類**という．また，2 つの整数 a と b が m を法とする同じ剰余類に属するとき，$a \equiv b \pmod{m}$ と書き（例題 6 を参照），a は m を**法として** b に**合同**であるという．すなわち，
$$a \equiv b \pmod{m} \iff m \mid a - b$$

2.4 整数環

定理 20

（ⅰ） $a \equiv b \pmod{m}$, $a' \equiv b' \pmod{m}$ ならば
$$a \pm a' \equiv b \pm b' \pmod{m}, \quad aa' \equiv bb' \pmod{m}$$

（ⅱ） $a \equiv b \pmod{m}$ ならば，任意の整数 c に対して
$$ac \equiv bc \pmod{m}$$
逆に，$ac \equiv bc \pmod{m}$ で $(m, c) = d$ ならば
$$a \equiv b \pmod{m/d}$$

定理 21

整数 a, b, m に対して，1次合同式
$$ax \equiv b \pmod{m}$$
を満たす整数解 x が存在するためには，b が $d = (a, m)$ で割り切れることが必要十分である．このとき，$\mod m$ でちょうど d 個の解をもつ．とくに，$(a, m) = 1$ ならば，この1次合同式は $\mod m$ でただ1つの解をもつ．

◆ 剰余環

定理 22

整数 m を法とする整数環 $\boldsymbol{Z}$ の剰余環 $\boldsymbol{Z}/m\boldsymbol{Z}$ において，単元である剰余類は m と互いに素な整数から成る剰余類である．このような剰余類全体は，位数 $\varphi(m)$ の（乗法）群をなす．ここで，$\varphi(m)$ はオイラーの関数（第0章第2節を参照）を表す．

この剰余類を，m を法とする**既約剰余類**といい，その全体からなる有限群を，m を法とする**既約剰余類群**といい，$\boldsymbol{Z}_m^\times$ で表す．

$\boldsymbol{Z}_m^\times$ の元は $\bar{a}$, または $a \bmod m$ で表す．このとき，$(a, m) = 1$ である．

定理 23（オイラー（Euler））

m を整数とする．$(a, m) = 1$ となる整数 a に対して
$$a^{\varphi(m)} \equiv 1 \pmod{m}$$
が成り立つ．とくに，素数 p に対しては，$p \nmid a$ ならば $a^{p-1} \equiv 1 \pmod{p}$ である．

この定理の m が素数 p の場合は，とくにフェルマ（**Fermat**）の定理という．

定理 24

整数環 $\boldsymbol{Z}$ において，素数 p を法とする剰余環 $\boldsymbol{Z}/p\boldsymbol{Z}$ は p 個の元からなる可換体（p 元体）になる（例題6を参照）．

―― 例題 17 ―――――――――――――（1 次方程式の整数解）―――

（ⅰ）整数 $a_1, a_2, \cdots, a_n$ $(n \geqq 2)$ および c に対して，1 次方程式
$$a_1 x_1 + a_2 x_2 + \cdots + a_n x_n = c$$
が整数解 $x_1, x_2, \cdots, x_n$ をもつためには，c が $a_1, a_2, \cdots, a_n$ の最大公約数 $d = (a_1, a_2, \cdots, a_n)$ で割り切れることが必要十分であることを証明せよ．

（ⅱ）とくに（ⅰ）から
$$ax + by = c \text{ が整数解 } (x, y) \text{ をもつ} \iff d = (a, b) \mid c$$
が成り立つが，このとき 1 組の整数解を x_0, y_0 とすれば，すべての解は
$$x = x_0 + \frac{b}{d} t, \quad y = y_0 - \frac{a}{d} t \quad (t \in \mathbf{Z})$$
で与えられることを証明せよ．

【解答】（ⅰ）$a_1, a_2, \cdots, a_n$ で生成されるイデアル $(a_1, a_2, \cdots, a_n)$ は単項イデアル (d) であるから，方程式
$$a_1 x_1 + a_2 x_2 + \cdots + a_n x_n = c$$
が整数解 $x_1, x_2, \cdots, x_n \in \mathbf{Z}$ をもてば，$c \in (a_1, a_2, \cdots, a_n) = (d)$．よって，$c = dk$ となる $k \in \mathbf{Z}$ が存在する，すなわち $d \mid c$．

逆に，$d \mid c$，すなわち $(c) \subset (d)$ ならば，
$$c \in (d) = (a_1, a_2, \cdots, a_n)$$
$$= \{a_1 x_1 + a_2 x_2 + \cdots + a_n x_n \mid x_1, \cdots, x_n \in \mathbf{Z}\}$$
であるから $a_1 x_1 + a_2 x_2 + \cdots + a_n x_n = c$ は整数解 $x_1, x_2, \cdots, x_n$ をもつ．

（ⅱ）$ax + by = c$，$ax_0 + by_0 = c$，$a = a'd$，$b = b'd$ とすれば，$a(x-x_0) + b(y-y_0) = 0$ であるから
$$a'(x - x_0) + b'(y - y_0) = 0$$
$(a', b') = 1$ から $b' \mid x - x_0$，$a' \mid y - y_0$．そこで，$x - x_0 = b't$ $(t \in \mathbf{Z})$ とおけば $y - y_0 = -a't$ になる．

さらに，$x = x_0 + b't$，$y = y_0 - a't$ は $ax + by = c$ を満たす．

よって，$ax + by = c$ のすべての解は次式で与えられる：
$$x = x_0 + \frac{b}{d} t, \quad y = y_0 - \frac{a}{d} t \quad (t \in \mathbf{Z})$$

【注意】例題の（ⅰ）において，$c = d$ とすれば，$a_1 x_1 + a_2 x_2 + \cdots + a_n x_n = d$ となる整数 $x_1, x_2, \cdots, x_n$ が存在することがわかる（第 0 章定理 3 を参照）．とくに，$a_1, a_2, \cdots, a_n$ が互いに素になるためには，$a_1 x_1 + a_2 x_2 + \cdots + a_n x_n = 1$ となる整数 $x_1, x_2, \cdots, x_n$ が存在することが必要十分である（十分性は，例題の（ⅰ）で $c = 1$ として $d \mid 1$ による）．

例題 18 ——————— (連立 1 次合同式)

(i) $m_1, m_2, \cdots, m_n$ を 2 つずつ互いに素な自然数とするとき,n 個の 1 次合同式
$$x \equiv a_1 \pmod{m_1}, \quad \cdots, \quad x \equiv a_n \pmod{m_n}$$
を同時に満たす解が存在し,そのような解は $M = m_1 \cdots m_n$ を法としてただ 1 つ定まる.このことを証明せよ.

(ii) 3 個の合同式
$$x \equiv a \pmod{3}, \quad x \equiv b \pmod{5}, \quad x \equiv c \pmod{7}$$
を同時に満たす解 x を求めよ.

【解答】 (i) $M = m_1 M_1 = m_2 M_2 = \cdots = m_n M_n$ とおけば,各 i について $(m_i, M_i) = 1$ であるから,定理 21 より
$$M_i x \equiv 1 \pmod{m_i}, \quad i = 1, \cdots, n$$
は各 i に対して,整数解 $x = s_i$ をもつ:$M_i s_i \equiv 1 \pmod{m_i}$. このとき
$$x = a_1 M_1 s_1 + a_2 M_2 s_2 + \cdots + a_n M_n s_n$$
とおけば,x は $x \equiv a_i \pmod{m_i}, i = 1, \cdots, n$ を同時に満たすから解である.

次に,x_1, x_2 をともに n 個の合同式 $x \equiv a_i \pmod{m_i}$ の解とすれば,
$$x_1 \equiv x_2 \pmod{m_i}, \quad i = 1, \cdots, n$$
が成り立つ.そこで,$(m_i, m_j) = 1 \ (i \neq j)$ より $M = m_1 \cdots m_n | x_1 - x_2$ であるから,$x_1 \equiv x_2 \pmod{M}$. ゆえに解は M を法としてただ 1 つに定まる.

(ii) 3, 5, 7 は 2 つずつ互いに素であるから,(i) の証明の記号を用いれば,$M = 105$,$M_1 = 35, M_2 = 21, M_3 = 15$. よって,
$$35x \equiv 2x \equiv 1 \pmod{3}, \quad 21x \equiv x \equiv 1 \pmod{5}, \quad 15x \equiv x \equiv 1 \pmod{7}$$
を満たす 1 組の整数 $-1, 1, 1$ がそれぞれとれるから
$$x \equiv -35a + 21b + 15c \pmod{105}$$
が与えられた連立合同式の解である.

〖注意〗 例題の (i) は Chinese Remainder Theorem (中国の剰余の定理) とか,孫氏の定理とかよばれており,可換環のイデアルの場合でみたものが例題 9 (ii) である.例題の (ii) は和算でいうところの百五減算である.

【問題】 例題に従って,次の連立 1 次合同式を解け.
(1) $x \equiv 17 \pmod{26}, \quad x \equiv 10 \pmod{27}$
(2) $x \equiv 2 \pmod{3}, \quad x \equiv 3 \pmod{5}, \quad x \equiv 4 \pmod{7}$
(3) $2x \equiv 1 \pmod{5}, \quad x \equiv 5 \pmod{6}, \quad x \equiv 2 \pmod{11}$

【解答】 (1) $x \equiv 199 \pmod{702}$ (2) $x \equiv 53 \pmod{105}$
(3) $x \equiv 233 \pmod{330}$

例題 19 ────────────── (既約剰余類群)

自然数 m ($\geqq 2$) を $m = m_1 m_2$, $m_1 \geqq 2$, $m_2 \geqq 2$, $(m_1, m_2) = 1$ と表すとき,既約剰余類群について
$$\mathbf{Z}_m^\times \cong \mathbf{Z}_{m_1}^\times \times \mathbf{Z}_{m_2}^\times$$
が成り立つことを証明せよ.

【解答】 $\mathbf{Z} \ni a$ に対し, $(a, m) = 1$ ならば $(a, m_1) = (a, m_2) = 1$ であるから写像
$$f : \mathbf{Z}_m^\times \ni a \bmod m \longrightarrow (a \bmod m_1,\ a \bmod m_2) \in \mathbf{Z}_{m_1}^\times \times \mathbf{Z}_{m_2}^\times$$
が定義される.容易にみてとれるように,f は準同型写像である.そこで,f が全単射になることを示す.

$\mathbf{Z}_{m_1}^\times \times \mathbf{Z}_{m_2}^\times \ni (b \bmod m_1, c \bmod m_2)$ をとれば,$(b, m_1) = (c, m_2) = 1$ である.例題 18 から
$$a \equiv b \pmod{m_1}, \quad a \equiv c \pmod{m_2}$$
を満たす整数 a が存在する.このとき,$(a, m_1) = (a, m_2) = 1$ であるから $(a, m) = 1$,すなわち $a \bmod m \in \mathbf{Z}_m^\times$.よって,
$$f(a \bmod m) = (a \bmod m_1, a \bmod m_2) = (b \bmod m_1, c \bmod m_2)$$
となり,f は全射になる.

次に,f が単射になることをいう.
$$f(a \bmod m) = 1 \text{ (直積群の単位元)}$$
$$\Longleftrightarrow (a \bmod m_1, a \bmod m_2) = (1 \bmod m_1, 1 \bmod m_2)$$
$$\Longleftrightarrow a \equiv 1 \pmod{m_1}, \quad a \equiv 1 \pmod{m_2} \Longleftrightarrow a \equiv 1 \pmod{m}$$
$$\Longleftrightarrow a \bmod m = 1$$
よって,f は単射である.

したがって,f は同型写像になり,同型 $\mathbf{Z}_m^\times \cong \mathbf{Z}_{m_1}^\times \times \mathbf{Z}_{m_2}^\times$ を与える.

〚注意〛 例題において群の位数を考えれば,オイラーの関数の乗法性が示される:
自然数 m_1, m_2 が $(m_1, m_2) = 1$ を満たせば,$\varphi(m_1 m_2) = \varphi(m_1) \varphi(m_2)$.
例題 19 をもっと一般に述べれば次のようになる.証明は同様である.
$\mathbf{Z} \ni n \geqq 2$ の素因数分解を $n = p_1^{e_1} \cdots p_s^{e_s}$ とすれば,
$$\mathbf{Z}_n^\times \cong \mathbf{Z}_{p_1^{e_1}}^\times \times \cdots \times \mathbf{Z}_{p_s^{e_s}}^\times, \quad \varphi(n) = \varphi(p_1^{e_1}) \cdots \varphi(p_s^{e_s})$$
が成り立つ.

問題 2.4 A

1. 整数 m, n に対し、
$$n \mid m \iff (m) \subset (n)$$
および
$$(m) = (n) \iff m = \pm n$$
を示せ。また、$(m) + (n) = (d)$, $(m) \cap (n) = (l)$ とすれば、d, l はそれぞれ m, n の最大公約数、最小公倍数になることも示せ。

2. 整数環 $\mathbf{Z}$ の自己準同型、自己同型をすべて求めよ。

3. 整数環 $\mathbf{Z}$ のイデアル $(p) = p\mathbf{Z}$ に関して、次の各々は同値であることを証明せよ。
   (1) (p) は極大イデアル。
   (2) (p) は素イデアル。
   (3) 整数 p は素数。

4. 整数 7 と 10 で生成される整数環 $\mathbf{Z}$ のイデアルは何か。

5. 整数環 $\mathbf{Z}$ の 2 つのイデアル $(a), (b) \neq (0)$ について、$(a, b) = d$ とすれば $(a) : (b) = (a/d)$ となることを示せ。また、$(12) : (9)$, $(12) : (7)$, $(12) : (0)$, $(0) : (12)$ はそれぞれどんなイデアルか。

6. 剰余環 $\mathbf{Z}/m\mathbf{Z}$ のイデアルをすべて求めよ。

7. 既約剰余類群 $\mathbf{Z}_{11}^{\times}$ の各元の逆元を求めよ。

8. 位数 n の巡回群 G に対し、G の自己同型群 $\mathrm{Aut}(G)$ は既約剰余類群 $\mathbf{Z}_n^{\times}$ に同型になることを示せ。

9. p を素数とする。整数 a を $a = p^n b$, $p \nmid b$ で表して $v_p(a) = n$ とおくとき、次を示せ。
   (1) $v_p(a+b) \geqq \min(v_p(a), v_p(b))$
   (2) $v_p(ab) = v_p(a) + v_p(b)$
   (3) $v_p(d) = \min(v_p(a), v_p(b))$, $v_p(l) = \max(v_p(a), v_p(b))$
   ここで、d, l はそれぞれ整数 a, b の最大公約数、最小公倍数を表す。

10. 整数 m, n の最小公倍数を l とするとき、次を示せ。
$$a \equiv b \pmod{m}, \quad a \equiv b \pmod{n} \iff a \equiv b \pmod{l}$$

11. 整数を $n = a_k 10^k + a_{k-1} 10^{k-1} + \cdots + a_1 10 + a_0$ （10進法表示）で表すとき、次を示せ。
    (1) $n \equiv a_0 + a_1 + \cdots + a_k \pmod{9}$
    (2) $n \equiv a_0 - a_1 + \cdots + (-1)^k a_k \pmod{11}$

12. p, q が異なる素数のとき、$p^{q-1} + q^{p-1} \equiv 1 \pmod{pq}$ となることを証明せよ。

13. 素数 p に対して $(a+b)^p \equiv a^p + b^p \pmod{p}$ を示せ。また、$a^p \equiv b^p \pmod{p}$ ならば、$a^p \equiv b^p \pmod{p^2}$ が成り立つことを証明せよ。

14. p が 2, 3 以外の素数ならば、$p^2 \equiv 1 \pmod{24}$ であることを証明せよ。

138　　　　　　　　　　　　　第2章　環

15. $3^{1234} + 3$ は 7 の倍数であることを示せ.

16. 次の1次合同式を解け.
  (1) $13x \equiv 2 \pmod{35}$
  (2) $277x \equiv -1 \pmod{364}$

17. 1次方程式 $21x + 13y = 1$ のすべての整数解を求めよ.

18. 合同式 $x^3 + 3x - 1 \equiv 0 \pmod{7}$ を解け.

~~~~~~~~ 問題 2.4　B ~~~~~~

1. $F_n = 2^{2^n} + 1 \ (n \geqq 0)$ とおくとき, $F_{n+1} = F_0 F_1 \cdots F_n + 2$ となることを示し, これを用いて素数が無限に存在することを証明せよ.

2. 剰余環 $\mathbf{Z}/m\mathbf{Z}$ のイデアル I について, $(0):((0):I) = I$ を示せ.

3. 整数 $n > 2$ が $2^n \equiv 1 \pmod{n}$ となることがあるか.

4. p が素数ならば, $(p-1)! \equiv -1 \pmod{p}$ が成り立つことを証明せよ (ウィルソン (**Wilson**) の定理という).

———ヒントと解答———

問題 2.4　A

1. 前節より明らか.

2. 自己準同型を f とする. $f(1) = 0$ のとき, すべての $m \in \mathbf{Z}$ について $f(m) = f(1 \cdot m) = f(1)f(m) = 0$. $f(1) \neq 0$ のとき, $f(1) = f(1 \cdot 1) = f(1)f(1)$ により $f(1) = 1$. 任意の正整数 n について $f(n) = f(1+\cdots+1) = f(1)+\cdots+f(1) = n$, $f(-n) = -f(n) = -n$. したがって, 自己準同型は零写像と恒等写像で, 自己同型は恒等写像のみ.

3. 2.2, 2.3節より明らか.

4. $(7, 10) = 1$ より整数環 $\mathbf{Z}$ に一致する.

5. $a = a'd$, $b = b'd$, $(a', b') = 1$ とする. $(a):(b) \ni c \iff (b)c \subset (a) \iff a | bc \iff a' | b'c \iff a' | c \iff c \in (a')$. よって, $(a):(b) = (a')$. イデアル商は順に $(4), (12), (1), (0)$.

6. $\mathbf{Z}/m\mathbf{Z}$ のイデアル全体と $m\mathbf{Z}$ を含む $\mathbf{Z}$ のイデアル全体とは1対1に対応するから, n を m の任意の約数とすれば, $\mathbf{Z}/m\mathbf{Z}$ のすべてのイデアルは $n\mathbf{Z}/m\mathbf{Z}$ のかたちである.

7. $\overline{1}$ と $\overline{1}$, $\overline{2}$ と $\overline{6}$, $\overline{3}$ と $\overline{4}$, $\overline{5}$ と $\overline{9}$, $\overline{7}$ と $\overline{8}$, $\overline{10}$ と $\overline{10}$ が互いに逆元になる.

8. 問題 1.3A, 18 による.

9. 容易である.

10. $m | a-b$, $n | a-b$ ならば, $a-b$ は m, n の公倍数であるから $l | a-b$. 逆は明らか.

11. 容易である. 整数 n が 9, 11 で割り切れるかどうかを判定するとき用いられる.

12. フェルマの定理により $p^{q-1} + q^{p-1} \equiv p^{q-1} \equiv 1 \pmod{q}$, $p^{q-1} + q^{p-1} \equiv q^{p-1} \equiv 1 \pmod{p}$ である．問題 2.4A, 10 を利用する．

13. 最初の式は 2 項係数 ${}_pC_r$ $(0 < r < p)$ は p で割り切れることから出る．次に，$p \nmid a$, $p \nmid b$ としてよいから $a^{p-1} \equiv 1 \pmod{p}$, $b^{p-1} \equiv 1 \pmod{p}$ より $a^p \equiv a \pmod{p}$, $b^p \equiv b \pmod{p}$. よって，$a \equiv b \pmod{p}$ がいえるから

$$a^p - b^p = (a-b)(a^{p-1} + a^{p-2}b + \cdots + b^{p-1})$$
$$\equiv (a-b)(a^{p-1} + \cdots + a^{p-1}) \equiv (a-b)(1 + \cdots + 1)$$
$$\equiv 0 \pmod{p^2}$$

14. $p = 4k \pm 1$ とおけるから $p^2 = 16k^2 \pm 8k + 1 \equiv 1 \pmod{8}$. $p = 3m \pm 1$ ともおけるから $p^2 = 9m^2 \pm 6m + 1 \equiv 1 \pmod{3}$. よって，問題 2.4A, 10 より $p^2 \equiv 1 \pmod{24}$.

15. $1234 = 6 \cdot 205 + 4$, $3^6 \equiv 1 \pmod{7}$ による．

16. (1) $13x \equiv 2 \pmod{35} \Longrightarrow (13 \cdot 3 - 35)x \equiv 6 \pmod{35} \Longrightarrow 4x \equiv 6 \pmod{35} \Longrightarrow 12x \equiv 18 \pmod{35} \Longrightarrow (13-12)x \equiv 2 - 18 \pmod{35} \Longrightarrow x \equiv 19 \pmod{35}$.

(2) (1) と同様にして，$x \equiv 159 \pmod{364}$. または $277x - 364y = -1$ として，ユークリッドの互除法を利用する（第 0 章例題 2）．

17. $21x \equiv 8x \equiv 1 \pmod{13}$ より $x \equiv 5 \pmod{13}$. よって，$x = 5 + 13t$, $y = -8 - 21t$ $(t \in \mathbf{Z})$.

18. x に $0, 1, \cdots, 6$ を代入して，$x \equiv 3 \pmod{7}$.

問題 2.4 B

1. $F_{n+1} = F_0 F_1 \cdots F_n + 2$ とすれば，$F_{n+2} = 2^{2^{n+2}} + 1 = 2^{2^{n+1} \cdot 2} + 1 = (F_{n+1} - 1)^2 + 1 = F_{n+1}^2 - 2F_{n+1} + 2 = (F_{n+1} - 2)F_{n+1} + 2 = (F_0 F_1 \cdots F_n)F_{n+1} + 2$. よって，帰納法により示された．いま，$p | F_{n+1}$, $p | F_i$ とすると $p = 2$ となるから，各 i について $(F_{n+1}, F_i) = 1$. よって，$(F_i, F_j) = 1$ $(i \neq j)$ となり，各 F_i の素因子 p_i を 1 つずつとれば，各 p_i はすべて異なるから素数は無限にある．

2. $I = (\bar{a})$, $\bar{a}$ は a を含む剰余類，$d = (m, a)$, $m = kd$ とすれば，$I = (\bar{d})$, $(0) : I = (\bar{k})$ であるから，$(0) : (\bar{k}) = (\bar{d}) = I$.

3. $2^n \equiv 1 \pmod{n}$ となる n が存在すれば，$2^n - 1$ は奇数より n も奇数．$p | n$ なる最小の素数 p (> 2) に対し，$2^n \equiv 1 \pmod{p}$, $2^{p-1} \equiv 1 \pmod{p}$. $\mathbf{Z}_p^\times \ni \bar{2}$ の位数を e とすれば，$e | n$ かつ $e | p-1$ より $e < p$. これは p のとり方に反する．

4. p を素数 > 2 とする．$\mathbf{Z}/p\mathbf{Z}$ は体であるから $1 \leqq a \leqq p-1$ なる a に対し，$ab \equiv 1 \pmod{p}$ となる b $(1 \leqq b \leqq p-1)$ がただ 1 つ定まる．$a = b$ となるのは $a = 1$ または $p-1$ のときだけであるから $(p-1)! = 1^{\frac{p-3}{2}} \cdot 1 \cdot (p-1) \equiv -1 \pmod{p}$. $p = 2$ のときは明らか．（逆も成り立つ．証明は容易．）

2.5 多項式環

◆ **多項式環・多項式の次数** 可換環 R の元を係数にもつ文字 X の多項式
$$f(X) = a_0 X^n + a_1 X^{n-1} + \cdots + a_n \quad (a_i \in R)$$
の全体を $R[X]$ で表す．$R[X]$ の 2 元
$$f(X) = a_0 X^n + a_1 X^{n-1} + \cdots + a_n, \quad g(X) = b_0 X^m + b_1 X^{m-1} + \cdots + b_m$$
に対して，たとえば，$n > m$ ならば，$b_{m-n} = 0$ として
$$f(X) + g(X) = \sum_{i=0}^{n} (a_i + b_{m-n+i}) X^{n-i},$$
$$f(X)g(X) = \sum_{k=0}^{n+m} \left(\sum_{i+j=k} a_i b_j \right) X^{n+m-k}$$
で和と積を定義すれば，$R[X]$ は R を含む可換環になる．これを R 上の**多項式環**という．多項式 $f(X) = a_0 X^n + a_1 X^{n-1} + \cdots + a_n$ において，文字 X を**不定元**または**変数**といい，$a_0 \neq 0$ のとき n を $f(X)$ の**次数**といって，$\deg f$ で表す．a_0 を**最高次の係数**といい，$a_0 = 1$ である多項式は**モニック**であるとよばれる．

定理 25

R を整域とする．このとき，$R[X]$ もまた整域となり，$R[X]$ の 0 でない 2 元 $f(X), g(X)$ の次数について次の各式が成り立つ．
（ i ）　$\deg(f+g) \leqq \max(\deg f, \deg g)$
（ ii ）　$\deg(fg) = \deg f + \deg g$

環 $R[X]$ 上の不定元 Y の多項式全体のなす環 $(R[X])[Y]$ を $R[X, Y]$ と書き，R 上の **2 変数の多項式環**という．同様にして，R 上の **n 変数多項式環** $R[X_1, \cdots, X_n]$ が定義される．

◆ **多項式の整除・多項式の零点**

定理 26

R が整域で，$R[X]$ の元 $f(X), g(X)$ について，$g(X)$ の最高次の係数が単元ならば（たとえば，$g(X)$ がモニックならば），
$$f(X) = g(X)q(X) + r(X), \quad r(X) = 0 \quad \text{または} \quad \deg r < \deg g$$
となる多項式 $q(X), r(X)$ が $R[X]$ でただ 1 つずつ存在する．

$q(X), r(X)$ をそれぞれ $f(X)$ を $g(X)$ で割った**商**，**余り**（または**剰余**）という．また，$r(X) = 0$ のときは，$f(X)$ が $g(X)$ で割り切れる，すなわち単項イデアルについて $(f(X)) \subset (g(X))$ が成り立つ．このとき，いままでと同じく $g(X) | f(X)$ で表す．

$f(X) = a_0 X^n + a_1 X^{n-1} + \cdots + a_n$ に対して，$f(c) = 0$ を満たす R の元 c を多項式 $f(X)$ の**零点**，もしくは方程式 $f(X) = 0$ の**根**または**解**という．

2.5 多項式環

定理 27（剰余定理）

R が整域で，$R[X]$ の元 $f(X)$ と R の元 c に対して，
$$f(X) = (X - c)q(X) + f(c)$$
となる $R[X]$ の元 $q(X)$ が存在する．とくに $(X - c) \mid f(X) \Longleftrightarrow f(c) = 0$.

整域 R の元 c が $f(X) \in R[X]$ の零点であるとき，$(X - c)^k \mid f(X)$ であって，$(X - c)^{k+1} \nmid f(X)$ となる自然数 k を零点 c の**重複度**といい，$k \geqq 2$ のとき c は方程式 $f(X) = 0$ の k 重根であるという．

定理 28

R が素元分解整域ならば，$R[X]$ も素元分解整域になる．

◆ **多項式の既約** 整域 R の多項式環 $R[X]$ の元 $f(X)$ が $R[X]$ で
$$f(X) = g(X)h(X), \quad \deg g > 0, \quad \deg h > 0$$
と分解されるとき，R 上で（または $R[X]$ で）**可約**であるといい，そうでないとき**既約**であるという．

$\mathbf{Z}[X] \ni X^2 - 2$ は $\mathbf{Z}[X]$ で既約であるが，$\mathbf{R}[X]$ の元とみれば既約ではない．

定理 29

R を素元分解整域，K を R の商体とするとき，$R[X]$ の既約多項式は $K[X]$ においても既約である．

◆ **体上の多項式環** 体 K 上の多項式環 $K[X]$ は整数環 $\mathbf{Z}$ と類似な性質をもつ．

定理 30

体 K 上の多項式環 $K[X]$ はユークリッド整域である．したがって，単項イデアル整域になる．

定理 31

体 K 上の多項式環 $K[X]$ の元 $f(X), g(X)\ (\neq 0)$ に対して，
$$f(X) = g(X)q(X) + r(X), \quad r(X) = 0 \quad \text{または} \quad \deg r < \deg g$$
となる多項式 $q(X), r(X)$ が $K[X]$ でただ 1 つずつ存在する．

定理 32

体 K 上の多項式環 $K[X]$ の元 $f(X), g(X)$ に対して，それらの最大公約元を $d(X)$ とすると，$f(X)u(X) + g(X)v(X) = d(X)$ となる $u(X), v(X)$ が $K[X]$ で存在する．

---- 例題 20 ────────────────（原始多項式）────

素元分解整域 R 上の多項式環 $R[X]$ の 0 でない元 $f(X)$ の係数の最大公約元が 1 のとき，$f(X)$ は**原始多項式**であるという．このとき，次の各々を証明せよ．
（ⅰ）2つの原始多項式の積はまた原始多項式である．
（ⅱ）K を R の商体のとき，$K[X]$ の任意の元 $f(X)$ は K の元 c と原始多項式 $f_0(X) \in R[X]$ を用いて $f(X) = cf_0(X)$ と表される．このとき，c は R の単元倍を除いて $f(X)$ により一意的に定まる．

【解答】（ⅰ）$f(X) = a_0 X^n + a_1 X^{n-1} + \cdots + a_n$, $g(X) = b_0 X^m + b_1 X^{m-1} + \cdots + b_m$ を $R[X]$ の原始多項式として，積 $f(X)g(X)$ は原始多項式でないとする．このとき，$f(X)g(X)$ の係数のすべてを割り切る素数 p が存在し，p で割り切れない $f(X), g(X)$ の最初の係数が存在するから，それらをそれぞれ a_i, b_j とする：
$$p \mid a_0, \cdots, p \mid a_{i-1}, p \nmid a_i, p \mid b_0, \cdots, p \mid b_{j-1}, p \nmid b_j$$
$f(X)g(X)$ における $X^{n+m-i-j}$ の係数について
$$a_i b_j + (a_{i-1} b_{j+1} + \cdots + a_0 b_{j+i}) + (a_{i+1} b_{j-1} + \cdots + a_{i+j} b_0) \equiv a_i b_j \not\equiv 0 \pmod{p}$$
これは $f(X)g(X)$ のすべての係数が p で割り切れることに反するから，$f(X)g(X)$ は原始多項式である．

（ⅱ）$K[X] \ni f(X) = c_0 X^n + c_1 X^{n-1} + \cdots + c_n$, $c_i = b_i/a_i$ $(a_i, b_i \in R)$ として，$a = a_0 \cdots a_n$ とおけば，$af(X) \in R[X]$．いま，$ac_0, \cdots, ac_n$ の最大公約元を d として，
$$c = d/a, \quad ac_i = dc_i', \quad f_0(X) = c_0' X^n + c_1' X^{n-1} + \cdots + c_n'$$
とすれば，
$$f(X) = (ac_0 X^n + \cdots + ac_n)/a = \frac{d}{a}(c_0' X^n + \cdots + c_n') = c(c_0' X^n + \cdots + c_n') = cf_0(X)$$
このとき，明らかに $f_0(X)$ は原始多項式である．
次に，$f(X) = cf_0(X) = c' f_0'(X)$ $(c, c' \in K, R[K] \ni f_0(X), f_0'(X)$ は原始多項式$)$ と書けたとする．$c = b/a, c' = b'/a'$ $(a, a', b, b' \in R, a$ と b および a' と b' の最大公約元はいずれも 1$)$ とすれば，
$$ab' f_0'(X) = a' b f_0(X)$$
このとき，a は右辺の $a'bf_0(X)$ の各係数で割り切れるが，$f_0(X)$ は原始多項式で，$(a, b) = 1$ であるから $a \mid a'$. 同様にして，$a' \mid a$. よって，a と a' は同伴，すなわち単元を除いて一致する．b と b' も同様であるから，c と c' は R の単元倍を除いて一致する．

〚注意〛 例題における c を $f(x)$ の**内容**といい，$I(f)$ で表す．

2.5 多項式環

例題 21 ────────────── (多項式環 $Z[X]$)

（i）整数環 Z 上の多項式環 $Z[X]$ は単項イデアル整域でないことを示せ．

（ii）$Z[X]$ において，イデアル (X) は素イデアルであり，イデアル $(X, 2)$ は極大イデアルであることを証明せよ．

【解答】（i）$Z[X]$ のイデアル $XZ[X] + 2Z[X] = (X, 2)$ が単項イデアルであるとする：$(X, 2) = (f(X))$．このとき，$2 = f(X)g(X)$ となる $g(X) \in Z[X]$ が存在する．よって，$\deg f = 0$，すなわち $f(X)$ は定数であるから，$f(X)$ は 2 の約数となり $\pm 1, \pm 2$ のいずれかである．ところが，$(X, 2) \neq (1)$ であるから $f(X) \neq \pm 1$.

また，$X = 2h(X)$ となる $h(X)$ は $Z[X]$ で存在しないから $f(X) \neq \pm 2$．したがって，$(X, 2) = (f(X))$ となる $f(X)$ は存在しないことになり，$(X, 2)$ は単項イデアルでない．

（ii）$Z[X] \ni f(X) = a_0 + a_1 X + \cdots, \quad g(X) = b_0 + b_1 X + \cdots$

として，積 $f(X)g(X)$ が (X) に属しているとする．(X) の元は
$$X(c_0 + c_1 X + \cdots) = c_0 X + c_1 X^2 + \cdots$$
の形であるから，
$$f(X)g(X) = a_0 b_0 + (a_0 b_1 + a_1 b_0)X + \cdots$$
において $a_0 b_0 = 0$ である．よって，$a_0 = 0$ または $b_0 = 0$，すなわち $f(X) \in (X)$ または $g(X) \in (X)$ となるから，(X) は素イデアルである．

次に，$(X, 2)$ の元は
$$X(c_0 + c_1 X + \cdots) + 2(c'_0 + c'_1 X + \cdots)$$
すなわち $b_0 + b_1 X + b_2 X^2 + \cdots, \ 2|b_0$ の形である．いま，イデアル J を $(X, 2) \subsetneq J \subset Z[X]$ とすれば，$f(X) \in J, \ f(X) \notin (X, 2)$ となる多項式 $f(X) = a_0 + a_1 X + \cdots$ が存在する．このとき，a_0 は奇数であるから
$$f(X) - 1 = (a_0 - 1) + a_1 X + a_2 X^2 + \cdots \in (X, 2)$$
よって，$1 = f(X) - (f(X) - 1) \in J$，すなわち $J = Z[X]$ となるから，$(X, 2)$ は極大イデアルである．

〚注意〛 $(X) \subsetneq (X, 2) \subsetneq Z[X]$ であるから，(X) は極大イデアルにならない．

【類題】体 K 上の 2 変数の多項式環 $K[X, Y]$ は単項イデアル整域でない．また，イデアル $(X) = XK[X, Y]$ は素イデアルであるが，極大イデアルではない．これらを証明せよ．

例題 22 ────────── (多項式の既約判定)

(ⅰ) 整数係数の多項式 $f(X) = a_0 X^n + a_1 X^{n-1} + \cdots + a_n$ において
$$p \nmid a_0, \quad p \mid a_i \quad (i = 1, 2, \cdots, n), \quad p^2 \nmid a_n$$
を満たす素数 p が存在すれば, $f(X)$ は $\boldsymbol{Q}$ 上で既約多項式になることを証明せよ (これを**アイゼンシュタイン**(**Eisenstein**)**の定理**という).

(ⅱ) 整数係数の多項式 $f(X)$ に対して
$$f(X) \text{ が既約} \Longleftrightarrow f(X+a) \text{ が既約} \quad (a \in \boldsymbol{Z})$$
を証明せよ. また, これを用いて p が素数のとき
$$X^{p-1} + X^{p-2} + \cdots + X + 1$$
が $\boldsymbol{Q}$ 上で既約多項式になることを示せ.

【解答】 (ⅰ) $\boldsymbol{Z}[X] \ni f(X)$ が可約であるとする, すなわち形式的に
$$f(X) = g(X)h(X) \quad (g(X), h(X) \in \boldsymbol{Z}[X])$$
$$g(X) = b_0 X^n + b_1 X^{n-1} + \cdots + b_n, \quad h(X) = c_0 X^n + c_1 X^{n-1} + \cdots + c_n$$
と書く. $a_n = b_n c_n$, $p \mid a_n$, $p^2 \nmid a_n$ であるから b_n, c_n はどちらか一方だけが p で割り切れる. そこで, $p \mid b_n$, $p \nmid c_n$ とすれば, $p \mid a_{n-1} = b_n c_{n-1} + b_{n-1} c_n$ から $p \mid b_{n-1}$. これを続ける, すなわち $a_k = \sum_{i=0}^{n-k} b_{n-i} c_{k+i}$ $(0 \leqq k \leqq n)$ と書けるから, $0 < j \leqq n$ に対し $p \mid b_j$. いま $b_0 = 0$ とすれば, $a_0 = b_n c_0 + b_{n-1} c_1 + \cdots + b_1 c_{n-1}$ の右辺は p で割り切れるから $p \mid a_0$. しかるに, これは仮定に反する. よって, $b_0 \neq 0$, すなわち $\deg g = n$ となり, $f(X)$ は $n-1$ 次以下の多項式の積にならない. ゆえに $f(X)$ は $\boldsymbol{Z}$ 上で既約になる. したがって, 定理 29 により $\boldsymbol{Q}$ 上で既約である.

(ⅱ) $f(X) = g(X)h(X)$, $\deg g > 0$, $\deg h > 0$ とすれば,
$$f(X+a) = g(X+a)h(X+a)$$
であるから, $f(X)$ が可約であれば, $f(X+a)$ も可約である.

同様にして, $f(X-a)$ が可約であれば, $f(X)$ も可約である. よって, a の代りに $-a$ とみれば, 逆も示されたことになる.

次に, $f(X) = X^{p-1} + \cdots + X + 1 = \dfrac{X^p - 1}{X - 1}$ とおけば
$$f(X+1) = (X+1)^p - 1/X = X^{p-1} + p X^{p-2} + \cdots + {}_p\mathrm{C}_r X^{p-r-1} + \cdots + p$$
2 項係数 ${}_p\mathrm{C}_r = \dfrac{p!}{r!(p-r)!} \in \boldsymbol{Z}$ で $p \nmid r!(p-r)!$ であるから, ${}_p\mathrm{C}_r$ は p で割り切れる. すなわち (ⅰ) の条件が満たされる. よって $f(X+1)$ は既約, したがって $f(X)$ も既約である.

【**注意**】 整数環 $\boldsymbol{Z}$ に限らず, 素元分解整域上の多項式環においても例題が成り立つ. 証明は同様である.

2.5 多項式環

問題 2.5　A

1. R が整域ならば, $R[X]$ の単元は R の単元と一致することを証明せよ.
2. 定理 30 を証明せよ.
3. 可換環 R 上の多項式環 $R[X, Y]$ のイデアル (X) に対して次を示せ.
$$R[X, Y]/(X) \cong R[Y]$$
4. K が体のとき, $K[X]$ のイデアル $(f(X)) \neq (0)$ が素イデアルであるためには, $f(X)$ が既約になることが必要十分であることを証明せよ.
5. $\mathbf{Z}[X]$ の単項な素イデアルをすべて求めよ.
6. 体 K の元を係数とする不定元 X の有理式（分数式）の全体を $K(X)$ で表せば, $K(X)$ は $K[X]$ の商体になることを示せ.
7. $\mathbf{Z}[X]$ において, その 2 元 $f(X), g(X)$ とその最大公約元 $d(X)$ に対して, $(f(X), g(X)) = (d(X))$ は必ずしも成り立たないことを示せ.
8. R が整域のとき多項式環 $R[X_1, \cdots, X_n]$ は整域であり, R が素元分解整域のとき $R[X_1, \cdots, X_n]$ も素元分解整域であることを示せ.
9. R が可換環のとき, $f(X) = \sum_{i=0}^{\infty} a_i X^i \ (a_i \in R)$ の形の式全体を $R[[X]]$ と書く. $R[X]$ の場合と同様に, 自然に和と積を定義すれば $R[[X]]$ は可換環になることを示せ. さらに, R が整域ならば $R[[X]]$ も整域になることを示せ. この環を**形式的べき級数環**という.
10. 例題 20 のもとで, R の単元を除いて $I(fg) = I(f)I(g)$ となることを示せ.
11. 整域 R 上の多項式 $f(X) = \sum_{i=0}^{n} a_i X^{n-i}$ に対し, $f'(X) = \sum_{i=0}^{n-1}(n-i)a_i X^{n-i-1}$ とおくとき, R の元 c が $f(X) = 0$ の k 重根 $(k \geqq 2)$ であれば c は $f'(X) = 0$ の少なくとも $(k-1)$ 重根であることを示せ. $f'(X)$ を $f(X)$ の**微分**という.
12. 整域 R の元 c が $R[X]$ の方程式 $f(X) = 0$ の重根であるためには, $f(c) = f'(c) = 0$ となることが必要十分であることを証明せよ.
13. 体 K 上の n 次多項式 $f(X) \ (\neq 0)$ は K において n 個より多くの異なる零点をもたないことを証明せよ.
14. 例題 5 の 4 元数体 $\mathbf{H}$ において, 方程式 $X^2+1=0$ は無限個の解をもつことを示せ.
15. 実数体 $\mathbf{R}$ 上の環 $\mathbf{R}[X]$ のイデアル $J = (X^2 + 1)$ を法とする剰余環はどんな環か.
16. 次の各々の多項式は $\mathbf{Q}$ 上既約であることを示せ.
    (1) $f(X) = X^4 + 1$
    (2) $g(X) = X^{p-1} - X^{p-2} + X^{p-3} - \cdots - X + 1$ （p：素数 > 2）
17. $K = \mathbf{Z}/5\mathbf{Z}$ のとき, $K[X]$ の元 $f(X) = X^3 - X - 2$ は既約であることを示せ.
18. 多項式 $f(X) = X^6 + X + 1$ を $\mathbf{Z}/2\mathbf{Z}[X]$ の元とみたとき, 既約であることを示し, これから $\mathbf{Z}[X]$ でも既約であることを証明せよ.
19. $\mathbf{Z}/2\mathbf{Z}$ 上の 2 次の既約多項式をすべて求めよ.

20. 多項式環でのユークリッドの互除法を利用して，$f(X) = 2X^3+X^2-3X+1$, $g(X) = X^4 - X^3 - 4X^2 + X + 1$ の最大公約元を求めよ．

問題 2.5 B

1. R が環のとき，$R[X]$ の元 $f(X) = aX + 1$ $(a \neq 0)$ が $R[X]$ の単元であるためには，a が R のべき零元になることが必要十分であることを証明せよ．

2. K が体のとき，$K[X]$ の元 $f_1(X), \cdots, f_n(X)$ の最大公約元を $g(X)$ とすれば，$t_1(X)f_1(X) + \cdots + t_n(X)f_n(X) = g(X)$ となる n 個の多項式 $t_1(X), \cdots, t_n(X) \in K[X]$ が存在することを証明せよ．

3. R が整域のとき，多項式環 $R[X, Y]$ は単項イデアル整域ではなく，極大でない素イデアルが存在することを示せ．

4. K が体のとき，形式的べき級数環 $K[[X]]$ のイデアル $M = (X) = \{f(X) \in K[[X]] \mid f(0) = 0\}$ は極大イデアルであることを証明せよ．

5. 定理 29 を証明せよ．

6. $\mathbf{Z}[X]$ のイデアル $J = (X^2, 2X, 4)$ について，$J = (X^2, 2) \cap (X, 4)$ が成り立ち，可約イデアルになることを証明せよ．

7. 体 K 上の多項式環 $K[X, Y]$ のイデアル $Q = (X^2, XY, Y^2)$ は準素イデアルで，$\sqrt{Q} = (X, Y)$ であることを証明せよ．

8. 自然数 $m > 1$ に対し，$\sqrt[m]{2}$ は無理数であることを示せ．

―― ヒントと解答 ――

問題 2.5 A

1. R の単元は $R[X]$ でも単元である．逆に，$R[X] \ni f(X)$ を単元とすれば，ある $g(X) \in R[X]$ に対して，$f(X)g(X) = 1$ であるが，次数をみれば共に 0 次であるから $f(X), g(X) \in R$ となる．

2. $\rho : K[X] \ni f(X) \longrightarrow \deg f \in \mathbf{N} \cup \{0, -\infty\}$ ($f(X) = 0$ のとき，$\deg f = -\infty$ とする) でユークリッド整域になる．

3. $R[X, Y] \ni f(X, Y) = f_0(Y) + X f_1(Y) + \cdots + X^n f_n(Y)$ と表せば，写像 $\psi : R[X, Y] \ni f(X, Y) \longrightarrow f_0(Y) \in R[Y]$ は全射になり，$\mathrm{Ker}\, \psi = XR[X, Y] = (X)$ であるから定理 3 を使う．

4. $K[X] \ni f(X)$ が可約であるとする：$f(X) = g(X)h(X)$, $\deg g > 0$, $\deg h > 0$. このとき，$K[X] \supsetneq (g(X)) \supsetneq (f(X))$ となり，$f(X)$ は極大イデアルでないから，定理 30 と例題 15 により素イデアルでもない．十分性はこれの逆をたどればよい．

5. (0), (p), $(f(X))$ (p は素数，$f(X)$ は $\mathbf{Q}$ 上既約な多項式)

6. 容易である．

7. $f(X) = p (=素数), g(X) = X$ とおけば, $d(X) = \pm 1, (f(X), g(X)) = (p, X) \neq (1)$.

8. 定理 25, 28 と帰納法による.

9. $f(X) = \sum_{i=0}^{\infty} a_i X^i$, $g(X) = \sum_{i=0}^{\infty} b_i X^i$ として $f(X)g(X) = \sum_{i=0}^{\infty} (\sum_{k+m=i} a_k b_m) X^i$. $\{a_i\}, \{b_i\}$ のうち 0 でない最初のものをそれぞれ a_r, b_s とすれば, $f(X)g(X) = a_r b_s X^{r+s} + (r+s+1$ 次以上の項$)$ であるから, R が整域なら $R[[X]]$ も整域である.

10. 例題 20 のように $f(X) = I(f)f_0(X), g(X) = I(g)g_0(X)$ と書けば, $f_0(X)g_0(X)$ は原始多項式で, $f(X)g(X) = I(f)I(g)f_0(X)g_0(X)$.

11. $f(X) = (X-c)^k g(X) \in R[X]$ とすれば $f'(X) = k(X-c)^{k-1}g(X) + (X-c)^k g'(X)$.

12. $f(X) = (X-c)g(X)$ ($g(X) \in R[X], g(c) \neq 0$) とすれば, $f'(X) = g(X) + (X-c)g'(X)$ より $f'(c) = g(c) \neq 0$. 逆は前問を参照.

13. n に関する帰納法で証明する. $n=1$ のときは明らか. $n>1$ のとき, $c \in K$ を $f(X)$ の零点とすれば, $f(X) = (X-c)g(X), g(X) \in K[X]$. $b \in K$ を c と異なる $f(X)$ の零点とすれば $0 = f(b) = (b-c)g(b)$ より $g(b) = 0$. 帰納法の仮定よりこのような零点 b はたかだか $n-1$ 個であるから, $f(X)$ の K における零点はたかだか n 個である.

14. $(ai+bj)^2 + (a^2+b^2) = 0$ $(a, b \in \mathbf{R})$ による (例題 5 の注意を参照).

15. $\mathbf{R}[X]$ の任意の元は $f(X) = g(X)(X^2+1) + (a+bX)$ と書かれるから, $\mathbf{R}[X]/J$ の $a+bX$ を含む元は $J + a + bX = \overline{a+bX}$ $(a, b \in \mathbf{R})$ で与えられる. $X^2 \in J - 1$ により $\overline{a+bX} + \overline{c+dX} = \overline{(a+c) + (b+d)X}$, $\overline{(a+bX)(c+dX)} = \overline{(ac-bd) + (ad+bc)X}$. よって $\overline{a+bX}$ と $a+bi \in \mathbf{C}$ を対応させれば, $\mathbf{R}[X]/J \cong \mathbf{C}$.

[別解] $\psi : \mathbf{R}[X] \ni f(X) \longrightarrow f(i) \in \mathbf{C}$ は全射準同型で,
$$f(X) \in \operatorname{Ker} \psi \Longleftrightarrow f(i) = 0 \Longleftrightarrow f(X) = g(X)(X^2+1)$$
であるから $\operatorname{Ker} \psi = (X^2+1)$ となって, 定理 3 を使えばよい.

16. (1) は $f(X+1) = X^4 + 4X^3 + 6X^2 + 4X + 2$, (2) は $g(X-1) = (X-1)^p + 1/X = X^{p-1} - {}_pC_1 X^{p-2} + {}_pC_2 X^{p-3} - \cdots - {}_pC_{p-2} X + p$ であるから例題 22 を適用すればよい.

17. $K = \{0, 1, 2, 3, 4\}$ (5 元体) として, $f(X)$ が可約であれば, X の 1 次式で割り切れるが, X に K の元を代入すれば, いずれも $X^3 - X - 2 \neq 0$. よって, 定理 27 より $f(X)$ は K で 1 次式を因数にもたないから既約である.

18. 既約性は前問と同様. $f(X) = g(X)h(X), \deg g > 0, \deg h > 0$ であれば $f(X) \equiv g(X)h(X) \pmod{2}$ となるが, これは先のことに反する.

19. $X^2 + X + 1$ のみ. ($X^2 + 1 = (X-1)(X-1)$ は可約.)

20. $X^2 + X - 1$

問題 2.5　B

1.　$R[X] \ni g(X) = b_1 X^{n-1} + \cdots + b_{n-1} X + 1$, $f(X)g(X) = 1$ とすれば, $ab_1 = 0$, $\cdots$, $ab_{n-1} + b_{n-2} = 0$, $a + b_{n-1} = 0$ であるから $b_{n-1} = -a$, $b_{n-2} = a^2$, $\cdots$, $b_1 = (-1)^{n-1} a^{n-1}$, $ab_1 = (-1)^{n-1} a^n = 0$. 逆に, $a^n = 0$ ならば, 上のように $b_1, \cdots, b_{n-1} \in R$ を定めれば, $f(X)g(X) = 1$.

2.　$J = \{t_1(X)f_1(X) + \cdots + t_n(X)f_n(X) \mid t_1(X), \cdots, t_n(X) \in K[X]\}$ は単項イデアルになるから $J = (g(X))$. 各 i について $f_i(X) \in J$ より $g(X) \mid f_i(X)$, すなわち $g(X)$ は $f_i(X)$ の公約元である. $J \ni g(X) = t_1(X)f_1(X) + \cdots + t_n(X)f_n(X)$ より $h(X)$ を $f_1(X), \cdots, f_n(X)$ の任意の公約元とすれば $h(X) \mid g(X)$. よって, $g(X)$ は $f_1(X), \cdots, f_n(X)$ の最大公約元である.

3.　イデアル (X, Y) は単項でない. 実際, $(X, Y) = (f(X, Y))$ とすれば $f(X, Y) \mid X$, $f(X, Y) \mid Y$ より $f(X, Y)$ は定数になる. 準同型写像 $R[X, Y] \ni f(X, Y) \longrightarrow f(X, X) \in R[X]$ の核は $(X - Y)$ になるから $R[X, Y]/(X - Y) \cong R[X]$. この右辺は整域であるが, 体ではないから, 定理 4 と定理 6 により $(X - Y)$ は素イデアルであるが極大ではない.

4.　$K[[X]] \ni f(X) = \sum_{i=0}^{\infty} a_i X^i \longrightarrow f(0) = a_0 \in K$ は全射準同型, 核は M であるから $K[[X]]/M \cong K$. よって M は極大である.

5.　$R[X] \ni f(X)$ が $K[X]$ で $f(X) = g(X)h(X)$, $\deg g > 0$, $\deg h > 0$ と書けたとすれば, 例題 20 と問題 2.5A, 10 により $f(X) = I(f)f_0(X)$, $g(X) = I(g)g_0(X)$, $h(X) = I(h)h_0(X)$, $I(f) = I(g)I(h)u$ (u は R の単元) であるから
$$f(X) = I(g)I(h)g_0(X)h_0(X) = I(f)u^{-1}g_0(X)h_0(X)$$
よって, $f(X)$ は $R[X]$ で既約でない.

6.　$I_1 = (X^2, 2)$, $I_2 = (X, 4)$ とおけば, $J \subset I_1$, $J \subset I_2$ であるから $J \subset I_1 \cap I_2$. $X, 2 \notin J$, $2 \in I_1$, $X \in I_2$ であるから $J \subsetneq I_1$, $J \subsetneq I_2$. $I_1 \cap I_2 \ni f(X) = a_0 + a_1 X + \cdots$ をとれば, $f(X) \in I_1$ より $2 \mid a_0$, $2 \mid a_1$, $f(X) \in I_2$ より $4 \mid a_0$, すなわち $f(X) \in J$. 結局 $J = I_1 \cap I_2$ となり J は可約イデアルである.

7.　Q の元は 1 次以下の項をもたない多項式であるから, $f(X, Y)g(X, Y) \in Q$, $f(X, Y) \notin Q$ とすれば, $g(X, Y)$ は定数項をもたない多項式となって $(g(X, Y))^2 \in Q$, すなわち $g(X, Y) \in \sqrt{Q}$. これから $\sqrt{Q} = (X, Y)$ もわかる.

8.　$X^m - 2$ は例題 22 より $\boldsymbol{Q}[X]$ で既約であり, とくに 1 次の因数をもたない.

2.6 R 加群

◆ **R 加群と R 部分加群** R を単位元 1 をもつ環とする（以下，この節ではこのようにする）．次の 2 つの条件を満たす代数系 M を**左 R 加群**という．

(M1) 和 + について M は加法群をなす．

(M2) $R \ni a, M \ni x$ に対して，結合 $ax \in M$ が定められていて，

 (i) $(a+b)x = ax + bx$
 (ii) $a(x+y) = ax + ay$
 (iii) $a(bx) = (ab)x$
 (iv) $1x = x$ $\qquad (a, b \in R, \ x, y \in M)$

(M2) で R と M の結合の順序を ax の代りに xa にすれば，同様に**右 R 加群**が定義される．

― 定理 33 ―――――

R を可換環，M を左 R 加群とする．M の元 x に R の元 a を右から結合する仕方を $xa = ax$ で定義すると，この結合に関して M は右 R 加群になる．

このことから，可換環 R 上では左 R 加群と右 R 加群は区別しなくてよいから，単に **R 加群**という．左右の R 加群は平行に論じられるから，以後，主として左 R 加群を扱う．

左 R 加群 M の部分集合 N が加法群として部分群であって，N が左 R 加群になっているとき，**R 部分加群**という．

N が R 部分加群になるためには，

$$N \ni x, y, \ R \ni a \text{ に対して，} \quad x+y \in N, \ ax \in N$$

が成り立つことが必要十分である．

左 R 加群 $M (\neq 0)$ が M と 0 以外に部分加群をもたないとき，M は**単純**であるという．

左 R 加群 M の部分集合 S に対して，$\sum_i a_i u_i \ (a_i \in R, \ u_i \in S)$ の形の元の全体である $\sum_{u \in S} Ru$（すなわち，S を含む最小の R 部分加群）を S で**生成される** M の R 部分加群という．M が有限集合 S で生成されるとき，M は**有限生成**であるという．

左 R 加群 M の R 部分加群 N に対して，$M \ni x, y$ が $x - y \in N$ を満たすとき，$x \equiv y \pmod{N}$ と書く．この同値関係で M の元を類別して得られる商集合 M/N を M の N による**剰余加群**という．

左 R 加群 M の R 部分加群 N_1, N_2 に対して，加法群 M が部分群として N_1 と N_2 の直積のとき，左 R 加群 M は N_1 と N_2 の**直和**であるといい，$M = N_1 \oplus N_2$ で表す．

第 2 章 環

◆ **R 加群の例**
 (ⅰ) 体 K 上の線形空間（ベクトル空間）は K 加群である．
 (ⅱ) 加法群 A の元 a に対して，
$$a+\cdots+a=na, \quad (-a)+\cdots+(-a)=(-n)a \quad (n\in \boldsymbol{N})$$
と考えれば，A は $\boldsymbol{Z}$ 加群になる．
 (ⅲ) 単位元をもつ環 R 自身は，(M2) の (ⅰ), (ⅱ), (ⅲ) は環の分配法則，結合法則にほかならないから，自然に左 R 加群になる．
 (ⅳ) 環 R の直積 $R^n=\{(x_1,\cdots,x_n)\mid x_1,\cdots,x_n\in R\}$ の元について，$(x_1,\cdots,x_n)+(y_1,\cdots,y_n)=(x_1+y_1,\cdots,x_n+y_n),\ a(x_1,\cdots,x_n)=(ax_1,\cdots,ax_n)\ (a\in R)$ により R^n は左 R 加群になる．
 (ⅴ) 可換環 R を R 加群とみるとき，R のイデアルは R 部分加群になる．

◆ **準同型** 左 R 加群 M から左 R 加群 M' への写像 $f\colon M \longrightarrow M'$ が
$$f(x+y)=f(x)+f(y), \quad f(ax)=af(x) \quad (x,y\in M, a\in R)$$
を満たすとき，f を M から M' への **R 準同型**（写像）という．さらに，R 準同型写像 f が全単射のとき，f は **R 同型**（写像）であるという．

 左 R 加群 M から左 R 加群 M' への R 準同型の全体は $\boldsymbol{Z}$ 加群になり，これを $\mathrm{Hom}\,(M,M')$ で表す．とくに，$\mathrm{Hom}\,(M,M)$ は加法群として M の自己準同型のつくる環の部分環であり，$\mathrm{End}(M)$ で表す（例題 1 を参照）．

 左 R 加群の完全系列も第 1 章第 3 節と同様に定義される．

> **定理 34**
> $f\colon M \longrightarrow M'$ を左 R 加群の R 準同型とすれば，f の核 $\mathrm{Ker}\,f$ は M の R 部分加群で，同型 $M/\mathrm{Ker}\,f \cong f(M)$ が成り立つ．

◆ **R 自由加群** 左 R 加群 M の有限部分集合 $\{u_1,u_2,\cdots,u_n\}$ に対して
$$a_1u_1+a_2u_2+\cdots+a_nu_n=0 \quad (a_i\in R) \quad \text{ならば}, \quad a_1=\cdots=a_n=0$$
が成り立つとき，$u_1,\cdots,u_n$ は R 上**線形独立**または **1 次独立**であるという．また，M の部分集合 U の任意の有限部分集合が線形独立のとき，U は R 上線形独立であるという．

 左 R 加群 M が線形独立な部分集合 U で生成されるとき，M は左 **R 自由加群**であるといい，U を M の（自由）**基底**という．

> **定理 35**
> 左 R 自由加群 M が有限個の元からなる 1 つの基底をもてば，他の基底の元の個数も有限であり，基底をつくる元の個数は一定である．

この一定の基底の元の個数を M の**階数**といい，$\mathrm{rank}\,M$ で表す．

2.6 R 加群

例題 23 ─────（R 加群 $\mathrm{Hom}(R, M)$）

R を可換環，M を R 加群とするとき，R から M への R 準同型の全体 $\mathrm{Hom}(R, M)$ は M 自身に R 同型であることを証明せよ．

【解答】 $\mathrm{Hom}(R, M)$ が R 加群になることを示す．R および M が加法群であるから $\mathrm{Hom}(R, M)$ が加法群になることは既に知っている（第 1 章例題 13 を参照）．
$R \ni a$, $\mathrm{Hom}(R, M) \ni f$ に対し，$af: R \longrightarrow M$ を
$$(af)(x) = a(f(x)) \quad (x \in R)$$
で定義すれば，
$$(af)(x+y) = a(f(x) + f(y)) = (af)(x) + (af)(y)$$
$$(af)(cx) = a(f(cx)) = a(cf(x)) = c(af(x)) = c(af)(x)$$
により，$af \in \mathrm{Hom}(R, M)$．

したがって，これから $\mathrm{Hom}(R, M)$ は容易に R 加群になることがわかる．

いま，写像 $\psi: \mathrm{Hom}(R, M) \longrightarrow M$ を
$$\psi(f) = f(1) \quad (f \in \mathrm{Hom}(R, M), \text{ 1 は } R \text{ の単位元})$$
で定義する．
$$\psi(f+g) = (f+g)(1) = f(1) + g(1) = \psi(f) + \psi(g)$$
$$\psi(af) = (af)(1) = a(f(1)) = a\psi(f)$$
$$(f, g \in \mathrm{Hom}(R, M)), \ a \in R$$
により，ψ は R 準同型である．

次に，$\mathrm{Hom}(R, M) \ni f, g$ に対して，$f(1) = g(1)$ とすれば，
$$f(a) = f(a1) = af(1) = ag(1) = g(a) \quad (a \in R)$$
により，$f = g$，すなわち ψ は単射になる．

また，$M \ni x$ に対して $f_x(c) = cx$ $(c \in R)$ とすれば，$f_x \in \mathrm{Hom}(R, M)$．$\psi(f_x) = f_x(1) = x$ であるから ψ は全射になる．

したがって，ψ は $\mathrm{Hom}(R, M)$ から M への R 同型写像である．

〚注意〛 1. R が必ずしも可換でない環のときは，左 R 加群 M に対し
$$(af)(x) = f(xa) \quad (x \in R)$$
によって，写像 $af: R \longrightarrow M$ を定義すれば，$\mathrm{Hom}(R, M)$ は左 R 加群になり M に R 同型になる．証明は例題とほとんど同じである．

2. R が可換環で M, M' が R 加群のとき，$\mathrm{Hom}(M, M')$ は R 加群になることも例題と同様に証明できる．

【類題】 M が左 R 加群ならば，$(fa)(x) = f(x)a$ $(x \in M)$ によって，$\mathrm{Hom}(M, R)$ は右 R 加群であることを証明せよ（R が可換環ならば，$\mathrm{Hom}(M, R)$ が R 加群になることは上の 2 から明白である）．この $\mathrm{Hom}(M, R)$ を M^* で表し，M の**双対加群**という．

例題 24 ────────────（完全系列の分裂）─────

R 加群の完全系列 $M \xrightarrow{f} M' \longrightarrow \{0\}$ に対して，R 準同型 $g : M' \longrightarrow M$ が存在して，$f \cdot g = 1_{M'}$（：M' 上の恒等写像）であれば，M の R 部分加群 N が存在して，$M = \operatorname{Ker} f \oplus N$ が成り立つことを証明せよ．

〚ヒント〛 直和 $M = \operatorname{Ker} f \oplus N$ が成り立つことをいうには，$M = \operatorname{Ker} f + N$, $\operatorname{Ker} f \cap N = \{0\}$ を示せばよい（第 1 章例題 20 を参照）．ここでの完全系列は f が全射であることを意味する（48 ページを参照）．

【解答】 R 準同型 $g : M' \longrightarrow M$ が存在して $f \cdot g = 1_{M'}$ とする．$N = g(M')$ とおいて，$\operatorname{Ker} f \cap N \ni x = g(x')$ $(x' \in M')$ をとれば
$$x' = (f \cdot g)(x') = f(g(x')) = f(x) = 0$$
よって，$\operatorname{Ker} f \cap N = \{0\}$．

次に，M の元 x に対して，$f(x) = x' \in M'$ とすれば，
$$f(x - g(x')) = f(x) - f(g(x')) = x' - x' = 0$$
すなわち，$x - g(x') \in \operatorname{Ker} f$ が成り立つ．

よって，$x = (x - g(x')) + g(x') \in \operatorname{Ker} f + N$, すなわち $M = \operatorname{Ker} f + N$．

したがって，$M = \operatorname{Ker} f \oplus N$．

〚注意〛 例題の逆も成り立つ（これを証明せよ）．また，例題の条件が成り立つとき，完全系列 $M \longrightarrow M' \longrightarrow \{0\}$ は**分裂**するという．

例題 25 ────────────（シューア（Schur）の補題）─────

M, M' をともに単純な左 R 加群とするとき，零写像でない R 準同型写像 $f : M \longrightarrow M'$ は同型であることを証明せよ．また，このとき自己準同型環 $\operatorname{End}(M)$ は斜体であることを示せ．

【解答】 $f : M \longrightarrow M'$ が R 準同型ならば，$\operatorname{Ker} f, f(M)$ はそれぞれ M, M' の R 部分加群である．実際，たとえば，$f(M) \ni x', y'$ をとれば，$f(x) = x', f(y) = y'$ となる $x, y \in M$ が存在するから，$x' + y' = f(x) + f(y) = f(x + y) \in f(M), ax' = af(x) = f(ax) \in f(M)$ $(a \in R)$．ゆえに $f(M)$ は M' の R 部分加群になる．

いま，$f \neq 0$ から $\operatorname{Ker} f \neq M, f(M) \neq 0$．そこで，$M, M'$ が単純であることから $\operatorname{Ker} f = \{0\}, f(M) = M'$, すなわち f は単射かつ全射になる．よって f は同型である．

また，$\operatorname{End}(M) \ni f \neq 0$ は，いま証明したことから M の自己同型であり逆元をもつ．

したがって $\operatorname{End}(M)$ は斜体である．

2.6 R 加群

問題 2.6 A

1. 左 R 加群 M において，$ax = 0$ ならば $a = 0$ または $x = 0$ が成り立つか．

2. 左 R 加群 M の部分集合 N が M の R 部分加群となるためには，
$$N \ni x, y, \ R \ni a \Longrightarrow x + y \in N, \ ax \in N$$
が成り立つことが必要十分であることを示せ．

3. 左 R 加群 M の部分加群 N_1, N_2 に対し，$N_1 + N_2 = \{x_1 + x_2 \mid x_1 \in N_1, \ x_2 \in N_2\}$ は M の R 部分加群で，しかも N_1, N_2 を含むような M の R 部分加群のうちの最小のものであることを示せ．

4. N を左 R 加群 M の R 部分加群として，剰余加群 M/N を定義せよ．すなわち 149 ページの $\equiv \pmod{N}$ は同値関係になり，商集合 M/N は左 R 加群になることを示せ．

5. 環 R 上の多項式環 $R[X]$ は R 自由加群になることを示せ．

6. 左 R 加群 M の R 部分加群 N_1, N_2 と M の元 x_1, x_2 に対して，$x \equiv x_1 \pmod{N_1}$，$x \equiv x_2 \pmod{N_2}$ を満たす M の元 x が存在すれば $x_1 \equiv x_2 \pmod{N_1 + N_2}$ が成り立つことを示せ．また，逆に $x_1 \equiv x_2 \pmod{N_1 + N_2}$ が成り立てば，$x \equiv x_1 \pmod{N_1}$，$x \equiv x_2 \pmod{N_2}$ となる M の元 x が存在することを示せ．

7. 左 R 加群 M の R 部分加群 N_1, N_2, N_3 と M の元 x_1, x_2, x_3 に対して，各 i, j について $x_i \equiv x_j \pmod{N_i + N_j}$ ならば $x \equiv x_i \pmod{N_i}$ となる M の元 x が存在したとする．このとき，$N_1 + (N_2 \cap N_3) = (N_1 + N_2) \cap (N_1 + N_3)$ が成り立つことを証明せよ．

8. R を整域，N を R 加群 M の部分加群とするとき，次の各々を証明せよ．
   (1) $T_N(M) = \{x \in M \mid R \text{ のある元 } a \ (\neq 0) \text{ に対し}, \ ax \in N\}$ は N を含む M の R 部分加群である．
   (2) $T_0(M) = T(M)$ とおけば，M の R 部分加群 N に対して $T_N(M)/N \cong T(M/N)$ が成り立つ．$T(M)$ を M の**ねじれ加群**という．

9. 左 R 加群 M が 1 つの元 x で生成されるとする：$M = Rx$．このとき，$f : R \ni a \longrightarrow ax \in M$ は全射 R 準同型で，$\text{Ker} f = \{a \in R \mid ax = 0\}$ は R の左イデアルであることを示せ．このイデアルを x の**零化イデアル**という．

10. $\{0\} \longrightarrow M \xrightarrow{f} M' \xrightarrow{g} M'' \longrightarrow \{0\}$ を左 R 加群の完全系列とする．M, M'' が有限生成ならば，M' も有限生成であることを証明せよ．

11. 可換環 R を R 加群とみるとき，R の任意の 2 元 x, y は線形独立でないことを示せ．

12. $f : M \longrightarrow M'$ を左 R 加群の R 準同型とする．M の部分集合 $\{x_1, \cdots, x_n\}$ に対し $f(x_1), \cdots, f(x_n)$ が線形独立ならば，$\{x_1, \cdots, x_n\}$ は線形独立になることを示せ．

13. M が R 自由加群ならば，ねじれ加群について $T(M) = \{0\}$ を証明せよ．

問題 2.6 B

1. 環 R を左 R 加群とみるとき,その自己準同型環は R に同型であることを証明せよ.
2. 左 R 加群の完全系列 $M \xrightarrow{f} M' \longrightarrow \{0\}$ において, M' が R 自由加群であれば,これが分裂することを証明せよ.
3. R を体でない整域とすれば,R の商体 K は R 加群として有限生成でないことを証明せよ.
4. R を可換環,A, B, M を R 加群,$f: A \longrightarrow B$ を R 準同型とするとき,
   (1) $f^*: \mathrm{Hom}(B, M) \ni g \longrightarrow g \cdot f \in \mathrm{Hom}(A, M)$ は R 準同型であることを示せ.
   (2) $A \xrightarrow{f} B \xrightarrow{g} \{0\}$(完全)ならば,$\{0\} \xrightarrow{g^*} \mathrm{Hom}(B, M) \xrightarrow{f^*} \mathrm{Hom}(A, M)$(完全)を証明せよ.

━━━ ヒントと解答 ━━━

問題 2.6 A

1. 成立しない.たとえば,加法群 $\boldsymbol{Z}/p\boldsymbol{Z} = \boldsymbol{F}_p$($p$ は素数)を $\boldsymbol{Z}$ 加群と考えれば,$p1 = 0$, $\boldsymbol{Z} \ni p \neq 0$, $F_p \ni 1 \neq 0$.(線形空間では成り立つ.)
2. $N \ni y$ をとれば,$(-1)y \in N$,すなわち $-y \in N$.よって,最初の条件と合わせて N は M の部分群である.ゆえに定義から N は M の部分加群である.逆は明らか.
3. 前問を用いれば容易.
4. 同値関係になることは明らか.たとえば,推移律については,$M \ni x, y, z$ をとれば,$x-y \in N$, $y-z \in N$ より $x-z = (x-y)+(y-z) \in N$. $x \equiv x' \pmod{N}$, $y \equiv y' \pmod{N}$ ならば,$(x+y)-(x'+y') = (x-x')+(y-y') \in N$, $ax-ax' = a(x-x') \in N$ により $x+y \equiv x'+y' \pmod{N}$, $ax \equiv ax' \pmod{N}$.よって $M \ni x$ を含む同値類を $\overline{x} = x+N$ とおけば,剰余類の結合 $\overline{x}+\overline{y}$, $a\overline{x}$ は,$\overline{x}, \overline{y}$ の代表元のとり方によらず一意的に定まる.このとき,$\overline{x}+\overline{y} = \overline{x+y}$, $a\overline{x} = \overline{ax}$ と定義すれば M/N は R 加群になる.
5. $\{1, X, X^2, \cdots\}$ が基底になる.
6. $x-x_1 \in N_1$, $x-x_2 \in N_2$ より $x_1-x_2 = (x-x_2)-(x-x_1) \in N_2+N_1$.逆に,$x_1-x_2 \in N_1+N_2$ より $x_1-x_2 = y_1+y_2$ ($y_1 \in N_1, y_2 \in N_2$) とすれば,$x = x_1-y_1 = x_2+y_2$ とおけばよい.
7. $N_1+(N_2 \cap N_3) \subset (N_1+N_2) \cap (N_1+N_3)$ は明らか.$(N_1+N_2) \cap (N_1+N_3) \ni y$ をとれば,$x \equiv 0 \pmod{N_1}$, $x \equiv y \pmod{N_2}$, $x \equiv y \pmod{N_3}$ となる $x \in M$ が存在するから,$y = x+(y-x) \in N_1+(N_2 \cap N_3)$,すなわち $(N_1+N_2) \cap (N_1+N_3) \subset N_1+(N_2 \cap N_3)$.
8. (1) $T_N(M) \ni x, y$, $R \ni c$ をとれば,$ax, by \in N$ ($0 \neq a, b \in R$). $ab(x+y) = abx+aby \in N$, $a(cx) = c(ax) \in N$,すなわち $x+y \in T_N(M)$, $cx \in T_N(M)$.
   (2) 標準的準同型 $M \ni x \longrightarrow x+N \in M/N$ において,$x+N \in T(M/N) \iff 0 \neq a \in R$ に対し,$a(x+N) = ax+N = N \iff 0 \neq a \in R$ に対し,$ax \in N \iff x \in T_N(M)$.

9. 問題 2.1A, 19 を参照.

10. M, M'' がそれぞれ $\{x_1, \cdots, x_m\}$, $\{z_1, \cdots, z_n\}$ で生成されているとする. g が全射より $g(y_1) = z_1, \cdots, g(y_n) = z_n$ となる $y_i \in M'$ が存在するから, $\{f(x_1), \cdots, f(x_m), y_1, \cdots, y_n\}$ が M' を生成する.

11. $x = 0$ のときは $1x + 0y = 0$, $x \neq 0$ のときは $(-y)x + xy = 0$ より線形独立でない.

12. $a_1 x_1 + \cdots + a_n x_n = 0 \ (a_i \in R)$ とすれば, $f(a_1 x_1 + \cdots + a_n x_n) = a_1 f(x_1) + \cdots + a_n f(x_n) = 0$ から $a_1 = \cdots = a_n = 0$.

13. $M \ni x = \sum_{x_i \in U} a_i x_i$ (U は M の基底) とおく. $R \ni a \neq 0$ に対し $ax = 0$ とすれば, $\sum_i a a_i x_i = 0$ より, 各 i について $a a_i = 0$. よって, $a_i = 0$ となり, $x = 0$.

問題 2.6 B

1. $R = R1$ とみれば, R は 1 を基底とする R 自由加群である. $\mathrm{End}\,(R) \ni f$ に対し $f(1) = c$ とすれば, $f(a) = f(a1) = af(1) = ac \ (a \in R)$ であるから f は c によって一意的に定まる. c として R の任意の元がとれるから $\mathrm{End}\,(R) \ni f \longrightarrow f(1) \in R$ は全単射になる.

2. M' の基底を $U = \{u_\lambda\}$ とする. f は全射であるから, 各 λ に対し $f(x_\lambda) = u_\lambda$ となる $x_\lambda \in M$ がとれるから, $g: M' \ni \sum_\lambda a_\lambda u_\lambda \longrightarrow \sum_\lambda a_\lambda x_\lambda \in M$ は R 準同型で, $f \cdot g = 1_{M'}$ が成り立つ.

3. K が有限個の元 $a_1 b_1^{-1}, \cdots, a_n b_n^{-1}$ で生成されるとする. $b = b_1 \cdots b_n$ とおけば, $a_i b_i^{-1} \in Rb^{-1}$ より $K = Rb^{-1}$. よって, $b^{-2} = cb^{-1} \ (c \in R)$ と表され, $b^{-1} = c \in R$ であるから $K = Rb^{-1} = Rc \subset R$, すなわち $K = R$.

4. (1) 第 1 章例題 13 を参照. また $R \ni x$ として $(ag)(f(x)) = a(g(f(x)))$, $(a(g \cdot f))(x) = a((g \cdot f)(x))$ から $(ag) \cdot f = a(g \cdot f)$, すなわち $f^*(ag) = af^*(g)$.

(2) $\mathrm{Ker}\, f^* \ni g$, $B \ni y$ をとれば, f は全射より $f(x) = y$ となる $x \in A$ があるから, $g(y) = g(f(x)) = (g \cdot f)(x) = f^*(g)(x)$. $\mathrm{Ker}\, f^* \ni g$ より $f^*(g) = 0$ (零写像) となって, $g = 0$ (零写像). よって, $\mathrm{Ker}\, f^* = \{0\}$, すなわち f^* は単射である.

3 体

以後，単に体といえばすべて可換体を意味するものとする．

3.1 拡 大 体

◆ **拡大体と部分体** 体 K の部分集合 F が，K と同じ結合で体をなすとき，K を F の**拡大体**，F を K の**部分体**といい，K/F で表す．さらに，L が K の拡大体であるとき，K を L/F の**中間体**という．

複素数体 $\boldsymbol{C}$ は有理数体 $\boldsymbol{Q}$ の拡大体であり，実数体 $\boldsymbol{R}$ は $\boldsymbol{C}/\boldsymbol{Q}$ の中間体である．また，複素数体 $\boldsymbol{C}$ の部分体をとくに**数体**という．

体 L の 2 つの任意の部分体 K_1, K_2 に対して，それらの共通集合 $K_1 \cap K_2$ も L の部分体である．また，拡大体 L/F の 2 つの中間体 K_1, K_2 に対して，それらをともに含むすべての中間体の共通集合は，K_1 と K_2 をともに含む最小の中間体である．これを $K_1 \cdot K_2$ と書き，K_1 と K_2 の**合成体**または**合併体**という．

◆ **有限次拡大と無限次拡大** 拡大体 K/F において，K は F 上のベクトル空間とみられる．K が F 上のベクトル空間として有限次元であるとき，K/F は**有限次拡大**，または単に**有限拡大**であるという．K/F のベクトル空間としての次元を，その**拡大次数**といい，$[K:F]$ で表す．また，K/F のベクトル空間としての基底を，K の F 上の**基底**という．

K/F が有限次拡大でないとき，K/F は**無限次拡大**であるといい，$[K:F] = \infty$ と書く．

複素数体 $\boldsymbol{C}$ は実数体 $\boldsymbol{R}$ 上の有限次拡大で，その拡大次数は $[\boldsymbol{C}:\boldsymbol{R}] = 2$，基底は $\{1, \sqrt{-1}\}$ である．しかし，実数体 $\boldsymbol{R}$ は有理数体 $\boldsymbol{Q}$ 上の無限次拡大である．

> **定理 1**
>
> L/K および K/F がそれぞれ m, n 次の有限次拡大であれば L/F は mn 次の有限次拡大である．

◆ **単純拡大体** 拡大体 K/F において，K の元 $\alpha_1, \alpha_2, \cdots$ と F を含む最小な体を，F 上 $\alpha_1, \alpha_2, \cdots$ によって**生成された体**，または F に $\alpha_1, \alpha_2, \cdots$ を**添加して得られる体**といい，$F(\alpha_1, \alpha_2, \cdots)$ と書く．とくに $F(\alpha_1, \alpha_2, \cdots, \alpha_n)$ のように，有限個の元を F に添加して得られる体を F 上**有限的に生成された体**という．さらに，ただ 1 つの元 α を添加して得られる体 $F(\alpha)$ を**単純拡大**といい，α を $F(\alpha)$ の**原始元**と

いう.

複素数体 C は実数体 R に $i = \sqrt{-1}$ を添加して得られる単純拡大である.

また,平方数でないような整数 m に対して,単純拡大 $K = \boldsymbol{Q}(\sqrt{m})$ は有理数体 $\boldsymbol{Q}$ 上 2 次の拡大体である.このような体 $\boldsymbol{Q}(\sqrt{m})$ は,$m > 0$ のとき**実 2 次体**,$m < 0$ のとき**虚 2 次体**という.とくに,単純拡大 $\boldsymbol{Q}(\sqrt{-1})$ はガウスの数体である.

さらに,立方数でないような有理数 a に対して,単純拡大 $\boldsymbol{Q}(\sqrt[3]{a})$ は有理数体 $\boldsymbol{Q}$ 上 3 次の拡大体で,これを**純 3 次体**という.

◆ **同型写像** 体 K から体 K' への写像 f が,環としての準同型写像であるとき,すなわち K の任意の 2 元 a, b に対して

$$f(a+b) = f(a) + f(b),$$
$$f(ab) = f(a)f(b)$$

が成り立つとき,f を**体としての準同型写像**という.K から K' への体としての準同型写像 f が,全単射であるとき,f を K から K' への**同型写像**といい,それが存在するとき,K と K' は**同型**であるといって $K \cong K'$ で表す.とくに,体 K のそれ自身の上への同型写像を K の**自己同型写像**という.

また,2 つの体 K, K' がともに体 F の拡大体であるとき,F の元をそれ自身にうつすような K から K' への同型写像を **F 上の同型写像**といい,F 上の同型写像が存在するとき,K と K' は **F 同型**であるという.とくに $K' = K$ のときは,F 上の同型写像を **K/F の自己同型写像**という.

複素数 $\alpha = a + ib$ $(a, b \in R)$ をその複素共役 $\bar{\alpha} = a - ib$ にうつす写像は $\boldsymbol{C}/\boldsymbol{R}$ の自己同型写像である.

定理 2

体 K_1 から体 K_2 への環としての準同型写像は,全射であれば体としての同型写像になる.

―― 例題 1 ―――――――――――――（有限次拡大の基底）――

L/K および K/F をそれぞれ m, n 次の有限次拡大とし，$\alpha_1, \cdots, \alpha_m : \beta_1, \cdots, \beta_n$ をそれぞれの基底とすれば，$\alpha_i\beta_j \ (i=1,\cdots,m : j=1,\cdots,n)$ は L/F の基底であることを証明せよ．

〖ポイント〗 $\alpha_i\beta_j \ (i=1,\cdots,m : j=1,\cdots,n)$ が F 上 1 次独立であることと，L の任意の元がこれらの F 上の 1 次結合として表されることを示せ．

【解答】 まず，mn 個の L の元 $\alpha_i\beta_j \ (i=1,\cdots,m : j=1,\cdots,n)$ は F 上 1 次独立であることを証明する．

もし，
$$\sum_{i=1,\ j=1}^{m,\ n} a_{ij}\alpha_i\beta_j = 0 \quad (a_{ij} \in F)$$
ならば
$$\sum_{i=1}^{m} \left(\sum_{j=1}^{n} a_{ij}\beta_j\right)\alpha_i = \sum_{i=1,\ j=1}^{m,\ n} a_{ij}\alpha_i\beta_j = 0$$
かつ
$$\sum_{j=1}^{n} a_{ij}\beta_j \in K$$
となる．ここで，$\alpha_i \ (i=1,\cdots,m)$ は L/K の基底として K 上 1 次独立であるから
$$\sum_{j=1}^{n} a_{ij}\beta_j = 0$$
しかるに，$\beta_j \ (j=1,\cdots,n)$ も K/F の基底として F 上 1 次独立であるから
$$a_{ij} = 0 \quad (i=1,\cdots,m : j=1,\cdots,n)$$
よって，$\alpha_i\beta_j \ (i=1,\cdots,m : j=1,\cdots,n)$ は F 上 1 次独立である．

次に，L の任意の元 γ は，L/K の基底 $\alpha_i \ (i=1,\cdots,m)$ を用いて一意的に
$$\gamma = \sum_{i=1}^{m} b_i\alpha_i \quad (b_i \in K)$$
と表される．ここでさらに，K の元として各 b_i は K/F の基底 $\beta_j \ (j=1,\cdots,n)$ を用いて一意的に
$$b_i = \sum_{j=1}^{n} c_{ij}\beta_j \quad (c_{ij} \in F)$$
と表される．したがって，L の元 γ は一意的に
$$\gamma = \sum_{i=1}^{m} b_i\alpha_i = \sum_{i=1}^{m}\sum_{j=1}^{n} c_{ij}\alpha_i\beta_j$$
のように体 F の元 c_{ij} を係数とする $\alpha_i\beta_j \ (i=1,\cdots,m : j=1,\cdots,n)$ の 1 次結合として表される．

よって，これら $\alpha_i\beta_j \ (i=1,\cdots,m : j=1,\cdots,n)$ は L/F の基底である．

例題 2 ―――――――――――（2 次体）

2 次体 $K = \boldsymbol{Q}(\sqrt{m})$ ($m \in \boldsymbol{Z}$) に対して
$$K = \{a + b\sqrt{m} \mid a, b \in \boldsymbol{Q}\}$$
であることを証明せよ．

〖ヒント〗 集合 $\{a + b\sqrt{m} \mid a, b \in \boldsymbol{Q}\}$ が加減乗除の 4 則算法で閉じていることを示せ．

【解答】 $P = \{a + b\sqrt{m} \mid a, b \in \boldsymbol{Q}\}$
とおき，P の任意の 2 元を
$$\gamma_1 = a_1 + b_1\sqrt{m},$$
$$\gamma_2 = a_2 + b_2\sqrt{m}$$
とするとき,
$$\gamma_1 \pm \gamma_2 = (a_1 \pm a_2) + (b_1 \pm b_2)\sqrt{m} \in P$$
$$\gamma_1 \cdot \gamma_2 = (a_1 a_2 + b_1 b_2 m) + (a_1 b_2 + b_1 a_2)\sqrt{m} \in P$$
さらに，$\gamma_2 \neq 0$ ならば
$$\gamma_1/\gamma_2 = a_1 a_2/(a_2^2 - m b_2^2) - m b_1 b_2/(a_2^2 - m b_2^2)$$
$$+ \{a_2 b_1/(a_2^2 - m b_2^2) - a_1 b_2/(a_2^2 - m b_2^2)\}\sqrt{m} \in P$$
よって，P は体である．

一方，$\boldsymbol{Q}$ の任意の元 x に対して
$$x = x + 0\sqrt{m} \in P$$
また，
$$\sqrt{m} = 0 + 1 \cdot \sqrt{m} \in P$$
したがって，
$$\boldsymbol{Q}(\sqrt{m}) \subset P$$
逆に，任意の有理数 a, b に対して
$$a \in \boldsymbol{Q}(\sqrt{m}), \quad b\sqrt{m} \in \boldsymbol{Q}(\sqrt{m})$$
であるから
$$\boldsymbol{Q}(\sqrt{m}) \supset P$$
よって
$$\boldsymbol{Q}(\sqrt{m}) = P$$

例題 3 ────────────── (**2 次体の合成体**) ──

2 次体 $K_1 = \mathbf{Q}(\sqrt{2})$, $K_2 = \mathbf{Q}(\sqrt{3})$ に対して
 (i) $K_1 \cap K_2 = \mathbf{Q}$
 (ii) $K_1 \cdot K_2 = \{a + b\sqrt{2} + c\sqrt{3} + d\sqrt{6} \mid a, b, c, d \in \mathbf{Q}\}$
であることを証明せよ.

【解答】(i) まず, $K_1 \cap K_2 \supset \mathbf{Q}$ は明らか.
 次に, $K_1 \cap K_2$ の任意の元 α は
$$\alpha = a_1 + b_1\sqrt{2} = a_2 + b_2\sqrt{3} \quad (a_1, b_1, a_2, b_2 \in \mathbf{Q})$$
の形に表される. このとき
$$(*) \quad (a_1 - a_2) + b_1\sqrt{2} - b_2\sqrt{3} = 0$$
において, もし $b_1(a_1 - a_2) \neq 0$ ならば
$$3{b_2}^2 = (b_2\sqrt{3})^2 = (a_1 - a_2)^2 + 2{b_1}^2 + 2b_1(a_1 - a_2)\sqrt{2}$$
から
$$\sqrt{2} = \{3{b_2}^2 - (a_1 - a_2)^2 - 2{b_1}^2\}/2b_1(a_1 - a_2) \in \mathbf{Q}$$
となり矛盾. よって $b_1(a_1 - a_2) = 0$.
 ここで, もし $b_1 \neq 0$ とすれば $a_1 - a_2 = 0$ となり, $(*)$ 式から
$$\sqrt{\frac{2}{3}} = \frac{b_2}{b_1} \in \mathbf{Q}$$
となり矛盾. よって $b_1 = 0$ が得られ, $\alpha = a_1 \in \mathbf{Q}$ となる.
 したがって, $K_1 \cap K_2 \subset \mathbf{Q}$ となり, $K_1 \cap K_2 = \mathbf{Q}$ が証明された.
 (ii) $P = \{a + b\sqrt{2} + c\sqrt{3} + d\sqrt{6} \mid a, b, c, d \in \mathbf{Q}\}$
とおき, P の任意の 2 元を
$$\gamma_i = a_i + b_i\sqrt{2} + c_i\sqrt{3} + d_i\sqrt{6} \quad (i = 1, 2)$$
とするとき, 例題 2 と同様にして
$$\gamma_1 \pm \gamma_2, \quad \gamma_1\gamma_2, \quad \gamma_1/\gamma_2 \quad (\gamma_2 \neq 0 \text{ のとき}) \in P$$
なることを証明できる. したがって, P は体である.
 一方, $\mathbf{Q}$ の任意の元 x に対して $x = x + 0\sqrt{2} + 0\sqrt{3} + 0\sqrt{6} \in P$. また,
$$\sqrt{2} = 0 + \sqrt{2} + 0\sqrt{3} + 0\sqrt{6} \in P$$
$$\sqrt{3} = 0 + 0\sqrt{2} + \sqrt{3} + 0\sqrt{6} \in P$$
から $K_1 \cdot K_2 \subset P$.
 逆に, 任意の有理数 a, b, c, d に対して
$$a, b\sqrt{2} \in K_1 \subset K_1 \cdot K_2, \quad c\sqrt{3} \in K_2 \subset K_1 \cdot K_2$$
$$d\sqrt{6} = d\sqrt{2} \cdot \sqrt{3} \in K_1 \cdot K_2$$
だから $P \subset K_1 \cdot K_2$. よって $K_1 \cdot K_2 = P$.

問題 3.1 A

1. 拡大体 L/F の 2 つの中間体 K_1, K_2 に対して，それらの共通集合 $K_1 \cap K_2$ も L/F の中間体であることを示せ．
2. 拡大体 K/F において，K の元 α, β に対して
$$(F(\alpha))(\beta) = F(\alpha, \beta)$$
が成り立つことを証明せよ．
3. $K_i = F(\alpha_i)\ (i=1,2)$ を単純拡大とすれば，それらの合成体 $K_1 \cdot K_2$ は $F(\alpha_1, \alpha_2)$ と一致することを証明せよ．
4. 有限次拡大 K/F において，その拡大次数 $[K:F]$ が素数ならば，K/F の真の中間体は存在しないことを証明せよ．
5. 有限次拡大 L/F の任意の中間体 K に対して，$L/K, K/F$ はともに有限次拡大であることを証明せよ．
6. L/F が無限次拡大であれば，その任意の中間体 K に対して，$L/K, K/F$ のいずれか一方は無限次拡大であることを証明せよ．

問題 3.1 B

1. 実または虚の 2 次体 $\boldsymbol{Q}(\sqrt{m})$ は $\boldsymbol{Q}$ 上 2 次の拡大体で，$\{1, \sqrt{m}\}$ がその基底であることを証明せよ．
2. 純 3 次体 $\boldsymbol{Q}(\sqrt[3]{a})$ は $\boldsymbol{Q}$ 上 3 次の拡大体で，$\{1, \sqrt[3]{a}, \sqrt[3]{a^2}\}$ がその基底であることを証明せよ．
3. 2 つの相異なる 2 次体 $K_i = \boldsymbol{Q}(\sqrt{m_i})\ (i=1,2)$ の合成体 $K_1 \cdot K_2$ は $\boldsymbol{Q}$ 上 4 次の拡大体で，$\{1, \sqrt{m_1}, \sqrt{m_2}, \sqrt{m_1 m_2}\}$ がその基底であることを証明せよ．
4. 2 つの単純拡大 $K_1 = \boldsymbol{Q}(\sqrt{5}), K_2 = \boldsymbol{Q}(\sqrt[3]{5})$ の合成体 $K_1 \cdot K_2$ は，単純拡大 $\boldsymbol{Q}(\sqrt[6]{5})$ と一致することを証明せよ．
5. 定理 2 を証明せよ．

―― ヒントと解答 ――

問題 3.1 A

1. 共通集合 $K_1 \cap K_2$ の任意の 2 元 a, b に対して，$a \pm b, ab \in K_1 \cap K_2$ かつ，さらに $b \neq 0$ ならば $a/b \in K_1 \cap K_2$.
2. $(F(\alpha))(\beta) \supset F(\alpha, \beta)$ は明らか．逆に，$F(\alpha) \subset F(\alpha, \beta), \beta \subset F(\alpha, \beta)$ から $(F(\alpha))(\beta) \subset F(\alpha, \beta)$ が成り立つ．
3. $F(\alpha_1) \cdot F(\alpha_2) \supset F(\alpha_1, \alpha_2)$ は明らか．逆に，$F(\alpha_1) \subset F(\alpha_1, \alpha_2)$ かつ $F(\alpha_2) \subset F(\alpha_1, \alpha_2)$ だから $F(\alpha_1) \cdot F(\alpha_1) \subset F(\alpha_1, \alpha_2)$.
4. もし，K/F の真の中間体 L が存在したとすれば，定理 1 により

$$[K:F] = [K:L][L:F] \quad \text{かつ} \quad [K:F] \neq 1, \quad [L:F] \neq 1$$
であるから $[K:F]$ は合成数となり矛盾．

5. 背理法を用いよ．
6. 定理 1 から背理法を使って証明せよ．

問題 3.1　B

1. 1 と $\sqrt{m}$ は $\boldsymbol{Q}$ 上 1 次独立である（問題 0.2A, 10 を参照）．一方，例題 2 により，$\boldsymbol{Q}(\sqrt{m})$ のすべての元は，1 と $\sqrt{m}$ の $\boldsymbol{Q}$ 上の 1 次結合である．

2. もし，$c_0 + c_1 \sqrt[3]{a} + c_2 \sqrt[3]{a^2} = 0 \ (c_i \in \boldsymbol{Q})$ かつ $c_1 \neq 0$ または $c_2 \neq 0$ ならば，$\sqrt[3]{a}$ は高高 2 次の方程式 $c_0 + c_1 x + c_2 x^2 = 0$ の解となり矛盾するから $c_1 = c_2 = 0$．よって $c_0 = 0$ でもある．したがって，$1, \sqrt[3]{a}, \sqrt[3]{a^2}$ は $\boldsymbol{Q}$ 上 1 次独立である．

次に，$(\sqrt[3]{a})^3 - a = 0$ であるから，$\sqrt[3]{a}$ の $\boldsymbol{Q}$ 上のいかなる多項式も，その 2 次以下の多項式として表される．また，$\alpha = b_0 + b_1 \sqrt[3]{a} + b_2 \sqrt[3]{a^2} \neq 0 \ (b_i \in \boldsymbol{Q})$ に対して，
$$(b_0 + b_1 x + b_2 x^2) f(x) - (a - x^3) g(x) = 1$$
となる多項式 $f(x), g(x)$ を選べば（第 2 章定理 32 を参照），$1/\alpha = f(\sqrt[3]{a})$ となるから，$\sqrt[3]{a}$ の $\boldsymbol{Q}$ 上のいかなる有理式も $\sqrt[3]{a}$ の多項式として表される．したがって，$\boldsymbol{Q}(\sqrt[3]{a})$ の任意の元は $1, \sqrt[3]{a}, \sqrt[3]{a^2}$ の $\boldsymbol{Q}$ 上の 1 次結合として表される．

3. 例題 3 を参照．

4. $\sqrt{5} = (\sqrt[6]{5})^3, \sqrt[3]{5} = (\sqrt[6]{5})^2$ であるから，$\boldsymbol{Q}(\sqrt{5}) \cdot \boldsymbol{Q}(\sqrt[3]{5}) \subset \boldsymbol{Q}(\sqrt[6]{5})$．逆に，$(2, 3) = 1$ であるから，第 0 章定理 3 により $2s + 3t = 1$ となる整数 s, t が存在する．よって，$\sqrt[6]{5} = (\sqrt[6]{5})^{2s} \cdot (\sqrt[6]{5})^{3t} = \sqrt[3]{5^s} \cdot \sqrt{5^t}$ から $\boldsymbol{Q}(\sqrt{5}) \cdot \boldsymbol{Q}(\sqrt[3]{5}) \supset \boldsymbol{Q}(\sqrt[6]{5})$．

5. 環としての準同型写像の核を J とすれば，$K_1/J \cong K_2$ であるから，J は K_1 の極大イデアルである．一方，体の極大イデアルは零イデアル (0) であるから $J = (0)$．よって $K_1 \cong K_2$．

3.2 代数拡大

◆ **代数的元** 拡大体 K/F において，K の元 α を根にもつような，F 係数の多項式 $f(x)(\neq 0)$ が存在するとき，α を F 上の**代数的元**という．

また，K の各元が F 上の代数的元であるとき，K/F は**代数的拡大**，または単に**代数拡大**であるという．

複素数体 $\boldsymbol{C}$ は実数体 $\boldsymbol{R}$ 上の代数拡大であるが，実数体 $\boldsymbol{R}$ は有理数体 $\boldsymbol{Q}$ 上の代数拡大ではない．

定理 3

有限次拡大は，代数拡大である．

◆ **最小多項式** 拡大体 K/F において，K の元 α が F 上の代数的元であるとき，α を零点とする F 係数の多項式の中で次数が最低なものを，α の F 上の**最小多項式**という．これは F の定数因数を除いて一意的に定まり，F 上既約である．その最小多項式の次数を，代数的元 α の F 上の**次数**という．

虚数単位 $i = \sqrt{-1}$ は，実数体 $\boldsymbol{R}$ 上の既約多項式 $p(x) = x^2 + 1$ の零点である．したがって，i は $\boldsymbol{R}$ 上 2 次の代数的元であり，$p(x)$ は i の $\boldsymbol{R}$ 上の最小多項式である．さらに，この $p(x)$ は有理数体 $\boldsymbol{Q}$ 上の既約多項式でもあるから，i は $\boldsymbol{Q}$ 上 2 次の代数的元でもある．

定理 4

体 F 上の代数的元 α を F に添加して得られる単純拡大 $F(\alpha)$ は，α の F 上の最小多項式 $p(x)$ を法とする多項式環 $F[x]$ の剰余類環 $F[x]/p(x)$ に F 同型である．したがって，拡大体 $F(\alpha)/F$ は有限次拡大で，その拡大次数は α の F 上の次数に等しい．

定理 5

体 F 上の代数的元 α の，F 上の次数を n とするとき，単純拡大 $F(\alpha)$ の元は
$$a_0 + a_1\alpha + \cdots + a_{n-1}\alpha^{n-1} \quad (a_i \in F)$$
の形に一意的に表される．

定理 6

拡大体 K/F が有限次拡大であるためには，F 上の代数的元を有限個 F に添加することにより，K が得られることが必要十分である．

◆ **最小分解体** 拡大体 K/F に対して，F 係数の多項式 $f(x)$ が，K において 1 次式の積に分解されるとき，すなわち $f(x) = 0$ の根がすべて K に属するとき，K を $f(x)$ の**分解体**という．とくに，K のいかなる真の部分体も $f(x)$ の分解体にならないとき，すなわち，$f(x) = 0$ の根をすべて F に添加して K が得られるとき，体 K を $f(x)$ の F 上の**最小分解体**という．

ガウスの数体 $\boldsymbol{Q}(\sqrt{-1})$ は $f(x) = x^2 + 1$ の有理数体 $\boldsymbol{Q}$ 上の最小分解体であり，複素数体 $\boldsymbol{C}$ は $f(x) = x^2 + 1$ の実数体 $\boldsymbol{R}$ 上の最小分解体である．

--- 定理 7 ---
体 F 上の任意の多項式 $f(x)$ に対して，$f(x)$ の F 上の最小分解体は必ず存在し，それは F 上の同型を除いて一意的に定まる．

◆ **代数的閉包・代数的閉体** 代数拡大 K/F において，F 上の多項式環 $F[x]$ のいかなる多項式に対しても，K がその分解体であるとき，K を F の**代数的閉包**，または**代数的閉被**といい，$\overline{F}$ で表す．また，体 Ω が自分自身以外に，その代数拡大をもたないとき，Ω は**代数的閉体**であるという．

複素数体 $\boldsymbol{C}$ は代数的閉体であり，実数体 $\boldsymbol{R}$ の代数的閉包でもある．

--- 定理 8 ---
任意の体 F の代数体閉包 $\overline{F}$ は必ず存在し，F のどの 2 つの代数的閉包の間にも F 上の同型写像が存在する．

3.2 代 数 拡 大

例題 4 ――――――――――――――― (最小多項式) ―――

(i) $\alpha = \sqrt{2} + \sqrt{3}$ の有理数体 $\boldsymbol{Q}$ 上の最小多項式を求めよ．

(ii) 体 $\boldsymbol{Q}(\sqrt{2}, \sqrt{3})$ は，実 2 次体 $\boldsymbol{Q}(\sqrt{6})$ 上 2 次の拡大体であり，かつ α を原始元とする $\boldsymbol{Q}$ 上の単純拡大 $\boldsymbol{Q}(\alpha)$ と一致することを証明せよ．

【解答】 (i) $\alpha^2 = 5 + 2\sqrt{6}$ から $\alpha^4 - 10\alpha^2 + 1 = 0$ が得られる．よって，α の $\boldsymbol{Q}$ 上の最小多項式は
$$f(x) = x^4 - 10x^2 + 1$$
である．

(ii) まず
$$\boldsymbol{Q}(\sqrt{2}, \sqrt{3}) \supset \boldsymbol{Q}(\sqrt{2} + \sqrt{3})$$
が成り立つことは定義から明らか．

次に，(i) の証明から
$$\sqrt{6} = (\alpha^2 - 5)/2$$
となり
$$\boldsymbol{Q}(\sqrt{6}) \subset \boldsymbol{Q}(\sqrt{2} + \sqrt{3})$$
が得られる．よって
$$(*) \quad \boldsymbol{Q}(\sqrt{2}, \sqrt{3}) \supset \boldsymbol{Q}(\sqrt{2} + \sqrt{3}) \supset \boldsymbol{Q}(\sqrt{6}) \supset \boldsymbol{Q}$$
が成り立つ．

一方，(i) から，α の $\boldsymbol{Q}$ 上の最小多項式 $f(x)$ は 4 次式であるから，定理 4 により $\boldsymbol{Q}(\sqrt{2} + \sqrt{3})$ は $\boldsymbol{Q}$ 上 4 次の拡大体である．

よって，定理 1 により $\boldsymbol{Q}(\sqrt{2} + \sqrt{3})$ は，実 2 次体 $\boldsymbol{Q}(\sqrt{6})$ 上 2 次の拡大体である．

さらに
$$\boldsymbol{Q}(\sqrt{2}, \sqrt{3}) = \boldsymbol{Q}(\sqrt{2}) \cdot \boldsymbol{Q}(\sqrt{3})$$
であり (問題 3.1A, 3 を参照)，かつ $\boldsymbol{Q}(\sqrt{2}) \cdot \boldsymbol{Q}(\sqrt{3})$ は $\boldsymbol{Q}$ 上 4 次の拡大体である (例題 3 および問題 3.1B, 3 を参照)．

したがって，$\boldsymbol{Q}(\sqrt{2}, \sqrt{3})$ も $\boldsymbol{Q}$ 上 4 次の拡大体であり，定理 1 および (*) 式から
$$\boldsymbol{Q}(\sqrt{2}, \sqrt{3}) = \boldsymbol{Q}(\sqrt{2} + \sqrt{3})$$
が証明される．

── 例題 5 ───────────────（代数的元・代数拡大）────

(i) 体 F 上の代数的元の和，差，積，商はいずれも F 上の代数的元であることを証明せよ．

(ii) 拡大体 L/K, K/F がともに代数拡大ならば，L/F も代数拡大であることを証明せよ．

〚ポイント〛 代数拡大であることを示すためには，定理3により有限次拡大であることを示せば十分である．

〚ヒント〛 定理1を使え．

【解答】 (i) α, β を体 F 上の代数的元とし，
$$K = F(\alpha),$$
$$L = F(\alpha, \beta)$$
とおけば，定理4により K/F, L/K はいずれも有限次拡大である（問題 3.1A, 2 と問題 3.2A, 2 を参照）．

したがって，定理1により L/F も有限次拡大となり，さらに定理3により L/F は代数拡大となる．

一方，$\alpha \pm \beta$, $\alpha \cdot \beta$, α/β はいずれも $L = F(\alpha, \beta)$ の元であるから，これらはすべて F 上の代数的元である．

(ii) 体 L の任意の元を γ とし，γ の体 K 上の最小多項式を
$$f(x) = x^m + a_1 x^{m-1} + \cdots + a_{m-1} x + a_m \quad (a_1, \cdots, a_m \in K)$$
とする．このとき
$$K_0 = F(a_1, \cdots, a_m)$$
は K の部分体である．

さらに，各 a_i は F 上の代数的元であるから，定理6により K_0/F は有限次拡大である．

一方，$f(x)$ は γ の体 K_0 上の最小多項式でもあるから，γ は K_0 上の代数的元である．したがって，$K_0(\gamma)/K_0$ は定理4により有限次拡大である．

よって，定理1により $K_0(\gamma)/F$ は有限次拡大となり，さらに定理3により $K_0(\gamma)/F$ は代数拡大となるから，γ は F 上の代数的元である．したがって，L/F は代数拡大である．

3.2 代数拡大

問題 3.2 A

1. $f(x) = x^3 - 7$ の $\boldsymbol{Q}$ 上の最小分解体を求めよ.
2. 体 F の任意の拡大体 K に対して,F 上の代数的元 α は,K 上でも代数的であることを示せ.
3. L/F が代数拡大ならば,その任意の中間体 K に対して,$L/K, K/F$ はともに代数拡大であることを証明せよ.
4. 体 F 上の代数的元 α を F に添加して得られる単純拡大 $F(\alpha)$ は,F 上の代数拡大であることを証明せよ.
5. 拡大体 K/F において,K の元 $\alpha_1, \cdots, \alpha_n$ に対して,α_1 が F 上の代数的元,かつ $\alpha_i \ (i = 2, \cdots, n)$ が $F(\alpha_1, \cdots, \alpha_{i-1})$ 上の代数的元ならば,$F(\alpha_1, \cdots, \alpha_n)/F$ は有限次拡大であることを証明せよ.
6. 有理数体 $\boldsymbol{Q}$,実数体 $\boldsymbol{R}$ はいずれも代数的閉体でないことを証明せよ.
7. 定理 3 を証明せよ.

問題 3.2 B

1. $\boldsymbol{Q}(\sqrt[3]{5})$ に $\sqrt{-3}$ を添加して得られる代数体は,$\boldsymbol{Q}$ 上 6 次の拡大体で,$\boldsymbol{Q}$ に $\sqrt[3]{5} + \sqrt{-3}$ を添加して得られる代数体と一致することを証明せよ.
2. 体 F 上の代数的元 α を根とする F 係数の多項式の中で,次数が最低なものは F 上既約で,F の因子を除いて一意的に定まることを証明せよ.
3. $\boldsymbol{Q}$ 上 m 次の代数拡大 $\boldsymbol{Q}(\theta)$ に属する数 α が,n 次の代数的数ならば,n は m の約数であり,θ を根にもつ $\boldsymbol{Q}(\alpha)$ 上の既約多項式の次数は,m/n であることを証明せよ.
4. 拡大体 K/F において,$K_0 = \{a \in K \mid a : F$ 上代数的$\}$ は,F 上代数的な K の最大部分体であることを証明せよ.
5. K/F が代数拡大であっても,必ずしも有限次拡大とは限らないことを証明せよ.
6. 体 F の代数的単純拡大 $L = F(\alpha)$ において,$f(x)$ を α の F 上の最小多項式,$g(x) = x^r + a_1 x^{r-1} + \cdots + a_r$ を,α の L/F の中間体 K における最小多項式とすれば,次の各々が成り立つことを証明せよ.
   (1) $g(x)$ は $f(x)$ の $K[x]$ における既約因子である.
   (2) $K = F(a_1, \cdots, a_r)$
7. 体 F の代数的閉包 $\overline{F}$ は代数的閉体であることを証明せよ.
8. $\overline{F}/F$ の任意の中間体 K に対して,$\overline{F}$ はまた K の代数的閉包でもあることを証明せよ.

―― ヒントと解答 ――

問題 3.2　A

1. ζ_3 を1の原始3乗根とするとき,
$$f(x) = x^3 - 7 = (x - \sqrt[3]{7})(x - \zeta_3\sqrt[3]{7})(x - \zeta_3^2\sqrt[3]{7})$$
であるから, Q 上の $f(x)$ の最小分解体は $K = Q(\sqrt[3]{7}, \zeta_3)$ である.

2. F 上代数的な元 α の F 上の最小多項式を, 体 K でいくつかの既約多項式の積に分解したとき, そのうちの1つが α の K 上の最小多項式となる（問題3.2B, 6を参照）.

3. L の任意の元は K 上代数的である（前問を参照）. そして, K の任意の元は L の元でもあるから F 上代数的である.

4. 定理4により, $F(\alpha)$ は F 上の有限次拡大であるから, 定理3により $F(\alpha)$ も F 上の代数拡大である.

5. 定理4により, 各 $F(\alpha_1, \cdots, \alpha_i)$ は $F(\alpha_1, \cdots, \alpha_{i-1})$ 上の有限次拡大であるから, 定理1により $F(\alpha_1, \cdots, \alpha_n)/F$ も有限次拡大である.

6. 2次体 $Q(\sqrt{m})$ は Q 上2次の代数拡大であり, 複素数体 $C = R(\sqrt{-1})$ も実数体 R 上2次の代数拡大である.

7. K/F が有限次拡大ならば, $[K:F] = n$ とするとき, K の任意の元 α に対して, $1, \alpha, \cdots, \alpha^n$ は F 上1次従属であるから, α は F 係数の n 次以下の多項式の根になる.

問題 3.2　B

1. $F = Q(\sqrt[3]{5})$ は Q 上3次の拡大体である. また, $\sqrt{-3}$ の F 上の最小多項式は2次式 $f(x) = x^2 + 3$ であるから, 定理4により $F(\sqrt{-3})$ は F 上2次の拡大体である. したがって, 定理1により, $F(\sqrt{-3})$ は Q 上6次の拡大体である. また, $\alpha = \sqrt[3]{5} + \sqrt{-3}$ の Q 上の最小多項式は, 6次式
$$g(x) = x^6 + 9x^4 - 10x^3 + 27x^2 + 90x + 52$$
であるから, $Q(\alpha)$ も Q 上6次の拡大体である.

一方, $Q(\alpha) \subset Q(\sqrt[3]{5}, \sqrt{-3})$ は明らかで, さらに $F(\sqrt{-3}) = Q(\sqrt[3]{5}, \sqrt{-3})$ が成り立つ（問題3.1A, 2を参照）から $Q(\alpha) \subset F(\sqrt{-3})$ も成り立つ. よって, $Q(\alpha) = F(\sqrt{-3})$.

2. α を根とする最低次数の F 係数の多項式の1つを $f(x)$ とするとき, もし $f(x) = f_1(x) \cdot f_2(x)$ のように F で分解すれば $0 = f(\alpha) = f_1(\alpha) \cdot f_2(\alpha)$ から $f_1(\alpha) = 0$ または $f_2(\alpha) = 0$ となる. よって, $f_1(x)$ または $f_2(x)$ が F の定数である.

3. $Q(\theta)$ は $Q(\alpha)$ の拡大体であるから,
$$m = [Q(\theta) : Q] = [Q(\theta) : Q(\alpha)][Q(\alpha) : Q]$$
$$= [Q(\theta) : Q(\alpha)] \cdot n$$
よって, $n | m$. また, 定理4により, θ の $Q(\alpha)$ 上の最小多項式の次数は, 体の拡大次数 $[Q(\theta) : Q(\alpha)] = m/n$ に等しい.

4. 例題 5 を参照.

5. 前問において, $K = \boldsymbol{C}$, $F = \boldsymbol{Q}$ とするとき, K_0 は $\boldsymbol{Q}$ の代数拡大であるが, 有限次拡大ではない.

6. (1) $f(\alpha) = 0$, $g(\alpha) = 0$ であるから, K において $f(x)$ は $g(x)$ で割り切れる.

(2) $a_1, \cdots, a_r \in K$ からまず $F(a_1, \cdots, a_r) \subset K$ が得られる. 次に, $g(x)$ は体 $F(a_1, \cdots, a_r)$ 上の多項式で, かつ K で既約であるから $F(a_1, \cdots, a_r)$ においても既約である. したがって, $g(x)$ は $F(a_1, \cdots, a_r)$ 上の最小多項式でもある. よって,
$$[L : K] = \deg g = [L : F(a_1, \cdots, a_r)]$$
であるから
$$F(a_1, \cdots, a_r) = K$$

7. $\overline{F}$ の真の代数拡大 K があったとすれば, $\overline{F}/F$ は代数拡大であるから, 例題 5 (ii) により, K/F も代数拡大となる. そして, K の元で $\overline{F}$ には属さない元の, F における最小多項式に対して, $\overline{F}$ はその分解体ではないから矛盾.

8. $\overline{F}/K$ は, 代数拡大であるから, $\overline{K} \supset \overline{F}$. 一方, $\overline{K}/K$ も代数拡大であるから, $\overline{K}/F$ も代数拡大であるが, $\overline{F}$ は代数的閉体であるから $\overline{K} = \overline{F}$ (前問を参照).

3.3 有限体と円分体

◆ **標　数**　体 K の部分体が必ず K と一致するとき，K を**素体**という．

> **定理 9**
> 素体は有理数体 $\boldsymbol{Q}$ か，または整数環 $\boldsymbol{Z}$ の素数 p を法とする剰余類環（p 元体）$\boldsymbol{Z}/p\boldsymbol{Z}$ に同型である．

体 K の素体が有理数体 $\boldsymbol{Q}$ に同型なとき，K の**標数**は 0 であるといい，$\mathrm{Ch}K = 0$ と書く．p 元体 $\boldsymbol{Z}/p\boldsymbol{Z}$ に同型なときは，K の標数は $p\,(>0)$ であるといって $\mathrm{Ch}K = p$ と書く．

> **定理 10**
> 標数 $p > 0$ の体においては，任意の元 a, b に対して
> (ⅰ)　$pa = 0$,　$(a \pm b)^{p^e} = a^{p^e} \pm b^{p^e}$　（複号同順）
> (ⅱ)　$x^{p^e} = c$ なる元 x は高々 1 個しか存在しない．
> 　　　存在するとき，その x を c^{1/p^e} と記す．
> (ⅲ)　$(a \pm b)^{1/p^e} = a^{1/p^e} \pm b^{1/p^e}$　（複号同順）

◆ **有限体**　有限個の元から成る体を**有限体**といって，その元の個数が q であるとき，これを $GF(q)$ で表す．

> **定理 11**
> 有限体の標数は $p > 0$ で，素体に対する拡大次数を f とするとき，元の個数は $q = p^f$ である．

> **定理 12**
> 任意の素数べき p^n に対して，元の個数が $q = p^n$ であるような有限体が必ず存在する．
> また，元の個数が等しい有限体はすべて同型である．

> **定理 13**
> 有限体 $GF(p^n)$ の 0 以外の元全体は，乗法に関して位数 $p^n - 1$ の巡回群をなす．

◆ **1 のべき根**　自然数 m に対して，素体 P の標数を 0 かまたは m と素な素数とするとき，$x^m - 1 = 0$ の（その分解体における）根を，**1 の m 乗根**という．

定理 14

1 の m 乗根全体は，乗法に関して位数 m の巡回群をなす．

1 の m 乗根全体のなす巡回群における生成元を，**1 の原始 m 乗根**という．

◆ **円分体**　1 の原始 m 乗根 ζ_m を根とする多項式

$$\Phi_m(x) = \prod_{\zeta_m}(x - \zeta_m)$$

を**円周等分多項式**，または単に**円分多項式**という．

定理 15

1 の原始 m 乗根 ζ_m は $\varphi(m)$ 個存在し，円分多項式 $\Phi_m(x)$ は素体 P 上の $\varphi(m)$ 次の多項式である．

ここで，$\varphi(m)$ はオイラーの関数である．

定理 16

円分多項式 $\Phi_m(x)$ は，次の形でも表される．
$$\Phi_m(x) = \prod_{d/m}(x^{m/d} - 1)^{\mu(d)}$$
ここで，$\mu(d)$ はメービウスの関数である．

定理 17

体の標数が 0 のとき，任意の自然数 $m\ (>1)$ に対して，円分多項式 $\Phi_m(x)$ は有理数体 $\boldsymbol{Q}$ 上既約である．

体 F 上の $x^m - 1$ の最小分解体 $F(\zeta_m)$ を，F 上の**円の m 分体**という．また一般に，円の m 分体やその部分体を総称して**円分体**，または単に**円体**という．

定理 18

1 の原始 n 乗根 ζ_n に対して
$$[\boldsymbol{Q}(\zeta_n) : \boldsymbol{Q}] = \varphi(n)$$
が成り立つ．

例題 6 ―――――――――（フロベニウスの写像）―――――

K を標数 $p\,(>0)$ の体とする．このとき

(i) K の元 a に対して，写像
$$a \longrightarrow a^p$$
は，K からその部分体 $K^p = \{k^p \mid k \in K\}$ への同型写像であることを証明せよ．

この写像をフロベニウス（**Frobenius**）の**写像**という．

(ii) K が有限体の場合には，フロベニウスの写像は，素体上の K の自己同型写像になることを証明せよ．

〖ヒント〗 定理 10 と定理 13 を利用せよ．

【解答】 (i) K の任意の元 a, b に対して
$$(ab)^p = a^p b^p,$$
$$(a/b)^p = a^p/b^p$$
は明らかに成り立つ．また，定理 10 (i) により
$$(a \pm b)^p = a^p \pm b^p$$
であるから，集合
$$K^p = \{k^p \mid k \in K\}$$
は，体 K の部分体であり，
$$\text{写像 } a \longrightarrow a^p$$
は，体 K からその部分体 K^p への全射である．

一方，定理 10 (ii) により，この写像は単射でもある．よって，写像 $a \longrightarrow a^p$ は K から K^p への全単射，すなわち同型写像である．

(ii) 標数 $p\,(>0)$ の素体は p 元体である．よって，定理 13 により，素体の元 a に対しては
$$a^p = a$$
が成り立つ．

また，写像 $a \longrightarrow a^p$ は，(i) により，K からその部分体 K^p への同型写像であるから，部分体 K^p の元の個数は，有限体 K の元の個数に等しい．

よって，
$$K = K^p$$
となり，写像 $a \longrightarrow a^p$ は，素体上の K の自己同型写像となる．

3.3 有限体と円分体

例題 7 ──────────────（円分多項式と円分体）──────────────

(i) 円分多項式 $\Phi_{12}(x)$ を求めよ．

(ii) $(m,n) = d$ のとき，
$$Q(\zeta_m) \cdot Q(\zeta_n) = Q(\zeta_{mn/d})$$
なることを証明せよ．

〖ヒント〗 (i) 定理 16 を用いる．
(ii) 第 0 章定理 3 を用いる．

【解答】 (i) 12 の各約数
$$1,\quad 2,\quad 3,\quad 4,\quad 6,\quad 12$$
に対して，メービウスの関数値はそれぞれ
$$\mu(1) = 1,\quad \mu(2) = \mu(3) = -1,\quad \mu(4) = 0,\quad \mu(6) = 1,\quad \mu(12) = 0$$
であるから，定理 16 により
$$\Phi_{12}(x) = (x^{12}-1)(x^6-1)^{-1}(x^4-1)^{-1}(x^2-1)$$
$$= x^4 - x^2 + 1$$

(ii) 第 0 章定理 3 により，
$$d = (m,n) = ms + nt$$
を満たす整数 s, t が存在する．
したがって，
$$\zeta_{mn}{}^d = (\zeta_{mn}{}^m)^s (\zeta_{mn}{}^n)^t$$
となり，かつ $\zeta_{mn}{}^m$ および $\zeta_{mn}{}^n$ は，それぞれ 1 の原始 n 乗根および原始 m 乗根である．すなわち，
$$\zeta_{mn}{}^m = \zeta_n,\quad \zeta_{mn}{}^n = \zeta_m$$
よって
$$Q(\zeta_m) \cdot Q(\zeta_n) \supset Q(\zeta_{mn/d})$$
が成り立つ．
一方，
$$m = m_0 d,\quad n = n_0 d$$
とおくとき
$$\zeta_m = \zeta_{mn}{}^n = (\zeta_{mn}{}^d)^{n_0} = (\zeta_{mn/d})^{n_0}$$
$$\zeta_n = \zeta_{mn}{}^m = (\zeta_{mn}{}^d)^{m_0} = (\zeta_{mn/d})^{m_0}$$
であるから
$$Q(\zeta_m) \cdot Q(\zeta_n) \subset Q(\zeta_{mn/d})$$
が成り立つ．よって
$$Q(\zeta_m) \cdot Q(\zeta_n) = Q(\zeta_{mn/d})$$

問題 3.3 A

1. 素体は，すべての部分体の共通集合であることを示せ．
2. 体 K の素体は，K の単位元で生成される体であることを示せ．
3. 有限体の有限次拡大は，代数的単純拡大であることを証明せよ．
4. 有限体は，その任意の部分体上の，代数的単純拡大であることを証明せよ．
5. 1 の原始 m 乗根の個数は $\varphi(m)$ 個であることを示せ．
6. 円分多項式 $\Phi_8(x)$ と $\Phi_{10}(x)$ を求めよ．
7. $x^n - 1 = \prod_{d/n} \Phi_d(x)$ が成り立つことを証明せよ．
8. n 分体 $\boldsymbol{Q}(\zeta_n)$ が 2 次体となるのは，$n = 3, 4, 6$ の場合のみであることを証明せよ．
9. 定理 18 を証明せよ．

問題 3.3 B

1. 標数は，一般に整域で定義できることを示せ．
2. 2 元体 $\boldsymbol{Z}_2 = \boldsymbol{Z}/2\boldsymbol{Z}$ 上の多項式環 $\boldsymbol{Z}_2[x]$ において，
   (1) 多項式 $f(x) = x^2 + x + 1$ は既約であることを証明せよ．
   (2) イデアル $J = (x^2 + x + 1)$ による剰余類環 $\boldsymbol{Z}_2[x]/J$ は，元の個数 4 の有限体であって，$\boldsymbol{Z}_2$ に同型な部分体 $\{J, 1 + J\}$ を含むことを証明せよ．
3. $\boldsymbol{Z}_2[x]$ において，イデアル $J = (x^4 + x + 1)$ による剰余類体 $\boldsymbol{Z}_2[x]/J$ の元の個数を求めよ．
4. 5 元体 $\boldsymbol{Z}_5$ 上の多項式環 $\boldsymbol{Z}_5[x]$ において，イデアル $J = (x^2 + 2)$ による剰余類体 $\boldsymbol{Z}_2[x]/J$ の元の個数を求めよ．
5. 元の個数が 9 である有限体をつくれ．
6. p を素数とするとき，次の (1), (2) を証明せよ．
   (1) $\Phi_p(x) = x^{p-1} + x^{p-2} + \cdots + x + 1$
   (2) $\Phi_{p^n}(x) = \Phi_p(x^{p^{n-1}})$
7. 奇数 $n\ (> 1)$ に対して，$\Phi_{2n}(x) = \Phi_n(-x)$ であることを証明せよ．
8. 素数 p に対して，$p \nmid n$ ならば，
$$\Phi_n(x^p) = \Phi_{pn}(x) \cdot \Phi_n(x)$$
が成り立つことを証明せよ．
9. 円分体 $\boldsymbol{Q}(\zeta_7)$ において，
$$\boldsymbol{Q}(\zeta_7 + \zeta_7{}^2 + \zeta_7{}^4) = \boldsymbol{Q}(\sqrt{-7})$$
であることを証明せよ．

ヒントと解答

問題 3.3　A

1. 体 K のすべての部分体の共通集合は，また（部分）体であるから，それは K の最小の部分体である．したがって，その部分体はそれ自身に等しいからそれは素体である．逆に，素体の部分体はそれ自身であるから，素体の部分体の共通集合もそれ自身と一致する．

2. 体 K の単位元 e に対して，$I = \{ne \mid n \in \mathbf{Z}\}$ は K の最小の部分環であり，I の商体 $P = \{me/ne \mid m, n \in \mathbf{Z},\ かつ\ ne \neq 0\}$ が K の素体である．

3. 有限体 $GF(p^n)$ の f 次の拡大体は，元の個数が p^{nf} の有限体である．よって，定理13により，その 0 以外の元全体は乗法に関して巡回群をなすから，その生成元を添加して得られる．

4. 有限体は，その任意の部分体上の有限次拡大であるから，前問により，代数的単純拡大である．

5. ζ_m を 1 の原始 m 乗根の 1 つとすれば，1 の原始 m 乗根全体の集合は $\{\zeta_m{}^k \mid 0 \leq k < m\ かつ\ (k, m) = 1\}$ によって表されるから，ちょうど $\varphi(m)$ 個ある．

6. 定理 16 を使えば
$$\Phi_8 = (x^8 - 1)(x^4 - 1)^{-1} = x^4 + 1,$$
$$\Phi_{10} = (x^{10} - 1)(x - 1)(x^5 - 1)^{-1}(x^2 - 1)^{-1}$$
$$= x^4 - x^3 + x^2 - x + 1$$

7. $x^m - 1 = 0$ の根は 1 の m 乗根であり，それは m の適当な約数 d に対して，1 の原始 d 乗根である．逆に，m の任意の約数 d に対して，1 の原始 d 乗根は 1 の m 乗根である．

8. $\varphi(n) = 2$ となるのは，$n = 3, 4, 6$ のみ（第 0 章定理 8 を参照）．このあとは，定理 18 を使え．

9. 円分多項式 $\Phi_n(x)$ は，定理 17 により $\mathbf{Q}$ 上既約で，かつ定理 15 により $\varphi(n)$ 次である．一方，定義により $\Phi_n(\zeta_n) = 0$ であるから，$\Phi_n(x)$ が ζ_n の $\mathbf{Q}$ 上の最小多項式である．あとは定理 4 を使え．

問題 3.3　B

1. 整域の単位元を e とするとき，$2e, 3e, \cdots$ がすべて 0 と異なるとき，その標数を 0 と定義する．0 となる項があるときは，その最初の項を $pe\ (\neq 0)$ とすれば，p は素数となり，この $p\ (>0)$ をその標数とすればよい．

2. (1) $\mathbf{Z}_2[x]$ における 1 次式は x と $x + 1\ (= x - 1)$ だけであり，かつ $f(0) = 1$，$f(1) = 3 = 1$ はともに 0 とならないから，$f(x)$ は x でも $x + 1$ でも割り切れない（第 2 章定理 27 を参照）．

(2) イデアル $J = (x^2 + x + 1)$ による剰余類は，0次と1次の多項式で代表されるから，$J, 1+J, x+J, 1+x+J$ の4個であることに着目せよ．

3. $\mathbf{Z}_2[x]$ においては，$x^2 + 1 = (x+1)^2$ であるから，2次の既約多項式は $x^2 + x + 1$ のみである．一方，$x^4 + x + 1$ は，$x, x+1, x^2+x+1$ のいずれでも割り切れないから既約である（前問の解答を参照）．

4. $\mathbf{Z}_5[x]$ において，$g(x) = x^2 + 2$ は1次因数をもたないから既約である（問題3.3B, 2を参照）．また，その剰余類は $a_i + b_j x + J$ $(0 \leqq a_i, b_j < 5)$ の合計25個から成る．

5. $\mathbf{Z}_3[x]$ において，イデアル $J = (x^2 + 1)$ による剰余類体 $\mathbf{Z}_3[x]/J$ をつくればよい．

6. (1) $\Phi_p(x) = (x^p - 1)/(x - 1)$

(2) 定理16および(1)により
$$\Phi_{p^n}(x) = (x^{p^n} - 1)(x^{p^{n-1}} - 1)^{-1} = \Phi_p(x^{p^{n-1}})$$

7. ある1つの1の原始 $2n$ 乗根 ζ_{2n} に対して，任意の1の原始 $2n$ 乗根は $\zeta_{2n}{}^k, (k, 2n) = 1$ で表される．このとき，n と k はともに奇数であるから，
$$n + k = 2j \quad かつ \quad (j, n) = 1$$
よって $\zeta_{2n}{}^k = \zeta_{2n}{}^{2j-n} = -\zeta_{2n}{}^{2j}$ となり，$\zeta_{2n}{}^{2j}$ は1の原始 n 乗根である．したがって，$\zeta_{2n}{}^k$ は $\Phi_n(-x)$ の根である．

8. ζ を $\Phi_n(x^p)$ の根とすれば，ζ^p は1の原始 n 乗根である．よって，$(n, p) = 1$ から ζ は1の原始 n 乗根か，または1の原始 np 乗根である．逆に，ζ が1の原始 n 乗根か，または1の原始 np 乗根であれば，$(n, p) = 1$ から ζ^p は1の原始 n 乗根である．よって，ζ は $\Phi_n(x^p)$ の根となる．

9. $\eta = \zeta_7 + \zeta_7{}^2 + \zeta_7{}^4, \eta' = \zeta_7{}^3 + \zeta_7{}^5 + \zeta_7{}^6$ とおくとき，
$$(x - \eta)(x - \eta') = x^2 + x + 2$$
となる．よって $\eta, \eta' = (-1 \pm \sqrt{-7})/2$ であるから
$$\mathbf{Q}(\eta) = \mathbf{Q}(\eta') = \mathbf{Q}(\sqrt{-7})$$

3.4 分離拡大

◆ **分離性** 体 F の元を係数とする多項式 $f(x)$ が重根をもたないとき，$f(x)$ は**分離的**であるといい，重根をもつとき，**非分離的**であるという．

定理 19

体 F 上の多項式 $f(x)$ が分離的であるためには，$f(x)$ とその導関数 $f'(x)$ が互いに素となることが必要十分である．

標数 $p\,(>0)$ の体 F 上の既約多項式 $f(x)$ が，x^{p^e} の多項式 $g(x^{p^e})$ であるが $x^{p^{e+1}}$ の多項式にはならないとき，p^e を $f(x)$ の F 上の**非分離次数**といい，$g(x)$ の次数を $f(x)$ の F 上の**被約次数**という．

定理 20

標数 $p\,(>0)$ の体 F 上の，n 次の既約多項式 $f(x)$ の非分離次数を p^e，被約次数を m とすれば $n = mp^e$ であり，かつ
$$f(x) = \{(x-\alpha_1)\cdots(x-\alpha_m)\}^{p^e}$$
$$(\alpha_1, \cdots, \alpha_m \text{はすべて相異なる根})$$
となる．すなわち，$f(x)$ は m 個の相異なる根をもち，かつそれらはすべて p^e 重根である．

また，体 F 上代数的な元 α の F 上の最小多項式が，分離的であるか非分離的であるかにしたがって，元 α は F 上**分離的**あるいは**非分離的**であるという．さらに，α の F 上の最小多項式の根が α に限るとき，α は F 上**純非分離的**であるという．

代数拡大 K/F において，K の元がすべて F 上分離的なとき，K/F を**分離拡大**，そうでないとき**非分離拡大**という．K の各元が F 上純非分離的であるとき，K/F は**純非分離拡大**という．

2 次体 $\boldsymbol{Q}(\sqrt{m})$ や純 3 次体 $\boldsymbol{Q}(\sqrt[3]{a})$ は，有理数体 $\boldsymbol{Q}$ 上の分離拡大である．

定理 21

有限次分離拡大は代数的単純拡大である．

定理 22

$\alpha_1, \cdots, \alpha_n$ が体 F 上の分離的元であれば，$F(\alpha_1, \cdots, \alpha_n)$ は F 上の分離拡大である．

第3章 体

定理 23

有限次代数拡大 K/F において，F 上分離的な K の元全体は，K/F の中間体をなす．

この体を，K における F の**最大分離拡大**，または**分離(的)閉包**という．

K における F の分離閉包 K_0 に対して，拡大次数 $[K_0:F]$ と $[K:K_0]$ を，それぞれ K の F 上の**分離次数**，**非分離次数**といい，$[K:F]_s$, $[K:F]_i$ で表す．

定理 24

代数拡大 L/F の任意の中間体 K に対して，
$$[L:F]_s = [L:K]_s[K:F]_s,$$
$$[L:F]_i = [L:K]_i[K:F]_i$$
が成り立つ．

◆ 完全体

定理 25

体 F に関する次の2条件は，互いに同値である．
 (i) 体 F 上の既約多項式がすべて分離的である．
 (ii) 体 F は非分離拡大をもたない．

定理 25 の条件をみたす体を**完全体**という．完全体でない体を**非完全体**という．

数体はすべて完全体である．しかし，p 元体 $\boldsymbol{Z}_p$ 上の1変数有理関数体 $\boldsymbol{Z}_p(x)$ は非完全体である．

定理 26

 (i) 標数 0 の体はすべて完全体である．
 (ii) 標数 $p\,(>0)$ の体 F が完全体であるためには，F の任意の元 a に対して $a^{1/p}$ も F に属することが必要十分である．

3.4 分離拡大

── 例題 8 ──────────── （多項式の分離性）──────

体 F の標数が $p\,(>0)$ のとき，次の (i)〜(iii) を証明せよ．
(i)　$f(x) = x^{p^n} - x\ (n \geq 1)$ は分離的である．
(ii)　$g(x) = x^{p^n} - a\ (n \geq 1,\ a \in F)$ は非分離的で，かつ重複を考えなければただ 1 個の根しかもたない．
(iii)　F 上既約な F 係数の多項式は分離的であるか，または x^p の多項式である．
また，体 F の標数が $(p =)\,0$ のときは，F 上既約な F 係数の多項式はすべて分離的であることを証明せよ．

【解答】　(i)　$f'(x) = p^n x^{p^n - 1} - 1 = -1 \neq 0$（定理 10 を参照）．よって，定理 19 により $f(x) = 0$ は重根をもたないから $f(x)$ は分離的である．

(ii)　$g(x) = x^{p^n} - a = 0$ の任意の根を α とすれば，$\alpha^{p^n} = a$ だから定理 10 (i) により

$$x^{p^n} - a = x^{p^n} - \alpha^{p^n}$$
$$= (x - \alpha)^{p^n}$$

が得られる．よって，$g(x)$ は非分離的で，かつ重複を除けばただ 1 個の根しかもたない．

(iii)　体 F の元を係数とする多項式 $h(x)$ に対して，その導関数 $h'(x)$ も F 係数の多項式であるから，それらの最大公約式 $(h(x), h'(x))$ も F 係数の多項式である．

したがって，$h(x)$ が F 上既約であれば，$(h(x), h'(x))$ は定数（F の元）かまたは $h(x)$ 自身である．

$(h(x), h'(x))$ が定数の場合は，定理 19 により $h(x)$ は F 上分離的である．

一方，一般に $h'(x)$ の次数は $h(x)$ の次数より低いから，$(h(x), h'(x)) = h(x)$ の場合には $h'(x) = 0$ の場合に限る．しかるに，体 F の標数が $(p =)\,0$ の場合には，$h'(x) \neq 0$ であるから，$h'(x) = 0$ となるのは，体 F の標数が $p\,(>0)$ の場合で，かつ定理 10 (i) により $h(x)$ が x^p の多項式の場合に限る．

したがって，既約多項式が分離的にならない場合は，体 F の標数が $p\,(>0)$ で，かつ $h(x)$ が x^p の多項式である場合に限る．

── 例題 9 ──────────────────────（純非分離性）──────────

標数 $p\,(>0)$ の体 F 上の代数的元 α に対して，α が F 上純非分離的であるためには，$\alpha^{p^n} \in F$ なる整数 $n\,(\geqq 0)$ が存在することが必要十分であることを証明せよ．

〚ポイント〛 体 F 上の代数的元 α の，F における最小多項式の形を，定理 10 を使って定める．

【解答】 **十分性** $\alpha^{p^n} \in F$ なる整数 $n\,(\geqq 0)$ が存在したと仮定する．このとき，$b = \alpha^{p^n}$ とおけば，$b \in F$ であるから，α は F 上の多項式
$$f(x) = x^{p^n} - b \in F[x]$$
の根である．したがって，α の F 上の最小多項式を $p(x)$ とすれば，$f(x)$ は $p(x)$ で割り切れる．

一方，体 F の標数は $p\,(>0)$ であるから，定理 10 により
$$\begin{aligned} f(x) &= x^{p^n} - \alpha^{p^n} \\ &= (x - \alpha)^{p^n} \end{aligned}$$
と分解される．よって，
$$1 \leqq m \leqq p^n$$
なる整数 m に対して
$$p(x) = (x - \alpha)^m$$
となり，α は F 上純非分離的元となる．

必要性 逆に，α が F 上純非分離的元であったと仮定する．

このとき，定義により，α の F 上の最小多項式 $p(x)$ は
$$p(x) = (x - \alpha)^m \quad (m \geqq 1)$$
なる形に表される．このとき，
$$m = p^e d, \quad (d, p) = 1$$
とおけば，$e\,(\geqq 0)$ は整数であるから，
$$\begin{aligned} p(x) &= (x - \alpha)^{p^e d} = (x^{p^e} - \alpha^{p^e})^d \\ &= x^m - d\alpha^{p^e} x^{p^e(d-1)} + \cdots \end{aligned}$$
となる．

しかるに，$p(x)$ は F 上の多項式であるから
$$d\alpha^{p^e} \in F$$
となり，さらに $(d, p) = 1$ であるから
$$\alpha^{p^e} \in F$$
が得られる．

3.4 分離拡大

||||||| 問題 3.4 A |||||||||||||||||||||||||||||||||||||||||||||||||||||||||||

1. 体 F 上の多項式 $f(x)$ が重根をもつためには，$f(x)$ とその導関数 $f'(x)$ が互いに素にならないことが必要十分であることを証明せよ．
2. 標数 0 の体の代数拡大は，すべて分離的拡大であることを証明せよ．
3. 体 F 上の分離的，かつ純非分離的元は F の元に限ることを証明せよ．
4. 代数拡大 L/F が分離拡大であるためには，その任意の中間体 K に対して，L/K および K/F がともに分離拡大であることが必要十分であることを証明せよ．
5. 体 F 上の分離拡大の，そのまた分離拡大は，F の分離拡大であることを証明せよ．
6. 体 F 上の代数的元 α が，F 上分離的であるためには，$[F(\alpha):F] = [F(\alpha):F]_s$ なることが必要十分であることを証明せよ．
7. 定理 23 を証明せよ．
8. 非完全体は非分離拡大をもつことを証明せよ．
9. 代数的閉体は完全体であることを示せ．

||||||| 問題 3.4 B |||||||||||||||||||||||||||||||||||||||||||||||||||||||||

1. 代数拡大 K/F における F の分離閉包を K_0 とするとき，K/K_0 は純非分離拡大であることを証明せよ．
2. 代数拡大 K/F において，K/F が純非分離拡大であるためには，$[K:F]_s = 1$ であることが必要十分であることを証明せよ．
3. 代数拡大 L/F が純非分離拡大であるためには，その任意の中間体 K に対して，L/K および K/F がともに純非分離拡大であることが必要十分であることを証明せよ．
4. 代数拡大 K/F の非分離次数 $[K:F]_i$ は，体 F の標数 $p\,(>0)$ のべきであることを証明せよ．
5. 完全体 F の代数拡大は，F 上の分離拡大であることを証明せよ．
6. 標数 $p\,(>0)$ の体が完全体であるためには，F のフロベニウスの写像が，F の自己同型写像となることが必要十分であることを証明せよ．
7. 有限体は完全体であることを証明せよ．
8. 定理 25 を証明せよ．

━━━ ヒントと解答 ━━━

問題 3.4 A

1. $f(x) = (x-\alpha)^e g(x), \ g(\alpha) \neq 0$ ならば，
$$f'(x) = (x-\alpha)^{e-1}\{eg(x) + (x-\alpha)g'(x)\}$$
したがって，$(f(x), f'(x)) = (x-\alpha)^{e-1}$ であることに着目せよ．

2. 例題 8 を参照.

3. 体 F 上代数的な元 α に対して,その最小多項式を $f(x)$ とすれば,定理 20 により
$$\alpha \text{ が分離的} \iff f(x) \text{ の非分離次数は } (p^e =) 1$$
$$\alpha \text{ が純非分離的} \iff f(x) \text{ の被約次数は } (m =) 1$$
であるから,$n = mp^e = 1$.よって $\alpha \in F$.

4. 定理 24 から,
$$L/F \text{ が分離的} \iff [L : F]_i = 1$$
$$\iff [L : K]_i = 1 \text{ かつ } [K : F]_i = 1$$
$$\iff L/K,\ K/F \text{ がともに分離的}$$

5. 前問を参照.

6. $K = F(\alpha)$ における F の分離閉包を K_0 とすれば,定理 22 から
$$[F(\alpha) : F] = [F(\alpha) : F]_s \iff [F(\alpha) : F]_i = 1$$
$$\iff F(\alpha) = K_0 \iff \alpha \text{ が } F \text{ 上分離的}$$

7. 定理 22 を参照.

8. 定理 25 を参照.

9. 代数的閉体上の既約多項式は,すべて 1 次式であるから分離的である.あとは定理 25 を参照.

問題 3.4 B

1. K の任意の元 α に対して,α の F 上の最小多項式を $f(x)$,その被分離次数を p^e とし,$f(x) = g(x^{p^e})$ とおけば,定理 20 により $g(x)$ は F 上の分離的既約多項式で,かつ $g(\alpha^{p^e}) = f(\alpha) = 0$ となる.よって,α^{p^e} は F 上分離的な元であるから K_0 に属する.あとは例題 9 を参照.

2. K における F の分離閉包を K_0 とすれば,$[K : F]_s = [K_0 : F]$ であるから
$$[K : F]_s = 1 \iff K_0 = F \iff K/F \text{ は純非分離拡大} \quad (\text{前問を参照})$$

3. 前問と定理 24 により
$$L/F \text{ が純非分離拡大} \iff [L : F]_s = 1$$
$$\iff [L : K]_s = 1 \text{ かつ } [K : F]_s = 1$$

4. K/F の分離閉包を K_0 とすれば,$[K : F]_i = [K : K_0]$.一方,K/K_0 は有限次純非分離拡大であるから,K の元 $\alpha_1, \cdots, \alpha_r$ があって $K = K_0(\alpha_1, \cdots, \alpha_r)$ かつ α_i $(i = 1, \cdots, r)$ は $K_{i-1} = K_0(\alpha_1, \cdots, \alpha_{i-1})$ 上純非分離的となる(前問を参照).よって,α_i の K_{i-1} における最小多項式を $f_i(x)$ とすれば,その被約次数は $(m_i =) 1$ であるから,定理 20 により $f_i(x)$ の次数は $n_i = p^{e_i}$ である.したがって,

3.4 分離拡大

$$[K_i : K_{i-1}] = p^{e_i}$$
$$\therefore \ [K : K_0] = \prod_{i=1}^{r}[K_i : K_{i-1}]$$
$$= \prod_{i=1}^{r} p^{e_i}$$

5. 定理 25 を参照.

6. 定理 26 と例題 6 を参照.

7. 有限体においては，フロベニウスの写像 $a \longrightarrow a^p$ は例題 6 により自己同型写像であるから，定理 26 により有限体は完全体である．

8. （ⅰ）$\Longrightarrow$（ⅱ）　代数拡大 K/F において，K の任意の元 α の F 上の最小多項式は，F 上既約であるから分離的である．よって，α は F 上分離的であり，K/F は分離拡大である．

（ⅱ）$\Longrightarrow$（ⅰ）　F 上の既約多項式 $f(x)$ が非分離的であったと仮定すれば，$f(x) = 0$ の根はすべて F 上非分離的であるから，それらの元を F に添加して得られる体は F の非分離拡大となる．

3.5 超越拡大

◆ **超越的元** 拡大体 K/F において, K の元 α が F 上代数的でないとき, α を F 上**超越的元**といい, K が F 上超越的元を含むとき, すなわち K/F が代数拡大でないとき, K/F は**超越的拡大体**, または単に**超越拡大**であるという.

◆ **代数的独立** 超越拡大 K/F において, K の元 $\alpha_1, \cdots, \alpha_n$ と β に対して, F に $\alpha_1, \cdots, \alpha_n$ を添加して得られる体 $F(\alpha_1, \cdots, \alpha_n)$ 上 β が代数的であるとき, β は $\alpha_1, \cdots, \alpha_n$ に F 上**代数的従属**であるという. また, n 個の変数 $X_1, \cdots, X_n$ の, F 上の 0 と異なる多項式
$$f(X_1, \cdots, X_n) \quad (\neq 0)$$
が存在し,
$$f(\alpha_1, \cdots, \alpha_n) = 0$$
となるとき, $\alpha_1, \cdots, \alpha_n$ は F 上**代数的従属**であるという.

$\alpha_1, \cdots, \alpha_n$ が F 上代数的従属でないとき, $\alpha_1, \cdots, \alpha_n$ は F 上**代数的独立**, または **F 上自由**であるという.

体 F 上の n 変数 $X_1, \cdots, X_n$ の有理関数体 $F(X_1, \cdots, X_n)$ において, $X_1, \cdots, X_n$ は F 上代数的独立である.

◆ **超越基・次元** 拡大体 K/F において, K の元 $\alpha_1, \cdots, \alpha_n$ が F 上代数的独立で, かつ K が, F にこれらの元を添加して得られる体 $F(\alpha_1, \cdots, \alpha_n)$ 上の代数拡大であるとき, $\alpha_1, \cdots, \alpha_n$ を K の F 上の**超越基**という.

さらに, K が $F(\alpha_1, \cdots, \alpha_n)$ 上分離的であるとき, $\alpha_1, \cdots, \alpha_n$ を K の F 上の**分離超越基**という.

定理 27

体 F 上有限的に生成された体 $K = F(\alpha_1, \cdots, \alpha_n)$ において, K の F 上の超越基は必ず存在し, それは有限個の元から成る. また, その元の個数は一定である.

さらに, K の F 上の超越基を, 元 $\alpha_1, \cdots, \alpha_n$ の中から選ぶことができる.

超越拡大 K/F における超越基の元の個数を, K の F 上の**超越次元**, または**超越次数**といい, trans $\dim_F K$, または trans $\deg_F K$ で表す.

体 F 上の n 変数有理関数体 $K = F(X_1, \cdots, X_n)$ において, $X_1, \cdots, X_n$ は 1 つの超越基で, trans $\deg_F K = n$ である.

◆ **純超越拡大** 超越拡大 K/F において, $\alpha_1, \cdots, \alpha_n$ をその超越基とするとき,
$$K = F(\alpha_1, \cdots, \alpha_n)$$
ならば, K/F を**純超越拡大**という.

体 F 上の n 変数有理関数体 $K = F(X_1, \cdots, X_n)$ は，F 上の純超越拡大である．

定理 28

純超越拡大 K/F において，$\operatorname{trans deg}_F K = n$ ならば，K は F 上の n 変数の有理関数体 $F(X_1, \cdots, X_n)$ と F 同型である．

定理 29

体 F 上超越次数 1 の純超越拡大 $F(X)/F$ において，θ を $F(X)$ の元とするとき

（ i ） θ が F に属さないならば，θ は F 上超越的である．

さらに

（ii） $\theta = f(X)/g(X)$ 　　($f(X), g(X)$ は $F(X)$ の元で，互いに素)
$$n = \operatorname{Max}(\deg f, \deg g)$$
とおけば
$$[F(X) : F(\theta)] = n$$
である．

定理 30（リューロート（Lüroth））

$L = F(x)$ を，体 F 上超越次数 1 の純超越拡大とするとき，F と異なる L/F の任意の中間体 K に対して，F 上超越的な K の元 θ が存在し，$K = F(\theta)$ となる．

─── **例題 10** ─────────────────────── （代数的独立）───

超越拡大 K/F において, K の元 $\alpha_1, \cdots, \alpha_n$ が F 上代数的独立であるためには, 任意の α_i $(i = 1, \cdots, n)$ が, 残りの $\alpha_1, \cdots, \alpha_{i-1}, \alpha_{i+1}, \cdots, \alpha_n$ に F 上代数的従属でないことが必要十分であることを証明せよ.

【解答】 **必要性** 一般性を失うことなく, α_1 が $L = F(\alpha_2, \cdots, \alpha_n)$ 上代数的であると仮定すれば, L 上の多項式
$$f(X) = X^m + a_1 X^{m-1} + \cdots + a_{m-1} X + a_m \neq 0$$
で, $f(\alpha_1) = 0$ なるものが存在する. ここで, 各 $a_i \in L$ に対して $F[X_2, \cdots, X_n]$ の元
$$b_i(X) = b_i(X_2, \cdots, X_n), \quad c_i(X) = c_i(X_2, \cdots, X_n)$$
が存在し,
$$b_i = b_i(\alpha_2, \cdots, \alpha_n), \quad c_i = c_i(\alpha_2, \cdots, \alpha_n)$$
とおくとき, $a_i = b_i/c_i$ と表される.

そこでさらに, $a_i(X) = b_i(X)/c_i(X)$ とおき,
$$X_1^m + a_1(X) X_1^{m-1} + \cdots + a_{m-1}(X) X_1 + a_m(X)$$
を考え, これに $\prod_{i=1}^m c_i = (X)$ を乗じたものを $g(X_1, \cdots, X_n)$ とおけば, これは F 係数の変数 $X_1, X_2, \cdots, X_n$ に関する多項式となり, かつ
$$g(\alpha_1, \alpha_2, \cdots, \alpha_n) = 0$$
となる. よって, $\alpha_1, \cdots, \alpha_n$ は F 上代数的従属である.

十分性 $\alpha_1, \cdots, \alpha_n$ が F 上代数的従属であると仮定する.
このとき, $X_1, \cdots, X_n$ の F 上の多項式
$$0 \neq f(X_1, \cdots, X_n) \in F[X_1, \cdots, X_n]$$
が存在し, $f(\alpha_1, \cdots, \alpha_n) = 0$ となる.

いま, $f(X_1, \cdots, X_n)$ の中に現れる 1 つの変数（簡単のため, それを X_1 とする）X_1 について整頓し
$$f(X_1, \cdots, X_n) = a_0(X) X_1^m + a_1(X) X_1^{m-1} + \cdots + a_{m-1}(X) X_1 + a_m(X),$$
$$a_i(X) = a_i(X_2, \cdots, X_n) \in F(X_2, \cdots, X_n)$$
となったとする. このとき $a_i = a_i(\alpha_2, \cdots, \alpha_n)$ において
$$a_0 = \cdots = a_{j-1} = 0, \quad a_j \neq 0$$
となる j $(1 \leq j < m)$ が存在する. そして
$$g(X) = a_j X^{m-j} + \cdots + a_{m-1} X + a_m \in F(\alpha_2, \cdots, \alpha_n)[X]$$
に対して $g(\alpha_1) = f(\alpha_1, \cdots, \alpha_n) = 0$ となる.

したがって, α_1 は $\alpha_2, \cdots, \alpha_n$ に代数的従属である.

3.5 超越拡大

例題 11 ──────────── （純超越単純拡大の自己同型写像）

体 F 上の純超越単純拡大 $F(x)$ の，F 上の自己同型写像は
$$x' = (ax+b)/(cx+d)$$
$$ad - bc \neq 0, \quad a,b,c,d \in F$$
により与えられることを証明せよ．

【解答】　まず，定理 28 により，F 上の純超越単純拡大は，F 上の 1 変数有理関数体 $F(x)$ に F 同型である．

さらに．定理 28 により，
$$x \longrightarrow \theta \in F(x)$$
が $F(x)$ の F 自己同型写像になるためには
$$\theta = f(x)/g(x)$$
（$f(x)$, $g(x)$ は $F(x)$ の元で，互いに素）

と表したとき，
$$\theta \notin F \quad \text{かつ} \quad \text{Max}(\deg f, \deg g) = 1$$
なることが必要十分である．

そこで
$$\theta = (ax+b)/(cx+d),$$
$$a, b, c, d \in F$$
とおくとき，
$$a = c = 0 \quad \text{ならば} \quad \theta \in F$$
となり，$x \longrightarrow \theta$ は同型写像とならない．

よって，
$$c \neq 0 \quad \text{または} \quad a \neq 0$$
とするとき，
$$ad - bc = 0 \iff a/c = b/d \quad \text{または} \quad c/a = d/b$$
$$\iff \theta \in F$$
したがって，$F(x)/F$ の自己同型写像は
$$x \longrightarrow x' = (ax+b)/(cx+d),$$
$$(\text{ただし } ad - bc \neq 0)$$
により与えられる．

問題 3.5 A

1. 拡大体 K/F が代数的であるためには，
$$\operatorname{trans\ deg}_F K = 0$$
となることが必要十分であることを示せ．

2. 体 $K = F(\alpha_1, \cdots, \alpha_n)$ が F 上有限生成ならば
$$\operatorname{trans\ deg}_F K \leqq n$$
であることを示せ．

3. 拡大体 K/F において，K の元 α が F 上超越的であるためには，α が F 上代数的独立であることが必要十分であることを示せ．

4. 拡大体 K/F において，K の元 $u_1, \cdots, u_m$ が F 上代数的独立で，K の元 $v_1, \cdots, v_n$ が $F(u_1, \cdots, u_m)$ 上代数的独立ならば，$u_1, \cdots, u_m, v_1, \cdots, v_n$ は F 上代数的独立であることを証明せよ．

問題 3.5 B

1. 標数 $p\ (>0)$ の体 F 上の有理関数体 $F(X)$ の，$F(X^p)$ 上の自己同型写像を求めよ．

2. 拡大体 K/F において，F 上代数的な K の元 $\alpha\ (\neq 0)$ と，F 上超越的な K の元 γ に対して，$\alpha+\gamma,\ \alpha\gamma$ はともに F 上超越的であることを証明せよ．

3. 体 F 上の 2 変数有理関数体 $K = F(x, y)$ において，F に属さないような K の元はすべて F 上超越的であることを証明せよ．

4. 拡大体 L/F の中間体 K に対して
$$\operatorname{trans\ deg}_F L = \operatorname{trans\ deg}_K L + \operatorname{trans\ deg}_F K$$
が成り立つことを証明せよ．

ヒントと解答

問題 3.5 A

1. K/F が代数的でない $\Longleftrightarrow$ $\operatorname{trans\ deg}_F K \geqq 1$ を示せ．

2. 定理 27 を参照．

3. α が F 上代数的独立 $\Longleftrightarrow$ α が F 上代数的従属でない
$\Longleftrightarrow$ α が F 上超越的

4. $\sum a_{i_1\cdots i_m j_1\cdots j_n} u_1{}^{i_1} \cdots u_m{}^{i_m} v_1{}^{j_1} \cdots v_n{}^{j_n} = 0\ (a_{i_1\cdots i_m j_1\cdots j_n} \in F)$ ならば
$$\sum_j (\sum_i a_{i_1\cdots i_m j_1\cdots j_n} u_1{}^{i_1} \cdots u_m{}^{i_m}) v_1{}^{j_1} \cdots v_n{}^{j_n} = 0$$
かつ $\{v_j\}$ が $F(u_1, \cdots, u_m)$ 上代数的独立であることから
$$\sum_i a_{i_1\cdots i_m j_1\cdots j_m} u_1{}^{i_1} \cdots u_m{}^{i_m} = 0$$
また，$u_1, \cdots, u_m$ の F 上代数的独立なことから $a_{i_1\cdots i_m j_1\cdots j_n} = 0$．

問題 3.5 B

1. $F(x)/F(x^p)$ の任意の自己同型写像を σ とすれば，
$$x^p = (x^p)^\sigma = (x^\sigma)^p \qquad \therefore \quad x^\sigma = x$$
よって，自己同型写像は恒等写像のみ．

2. $L = F(\gamma)$ とおけば，$F(\alpha, \gamma) = L(\alpha)$ は L 上代数的であるから
$$\operatorname{trans\ deg}_F F(\alpha, \gamma) = 1$$
一方，$F(\alpha, \gamma) = F(\alpha, \alpha + \gamma)$ は $F(\alpha + \gamma)$ 上代数的であるから，もし $\alpha + \gamma$ が F 上代数的，すなわち $F(\alpha + \gamma)$ が F 上代数的ならば，$F(\alpha, \alpha + \gamma)$ が F 上代数的となり矛盾．よって，$\alpha + \gamma$ が F 上超越的．$\alpha\gamma$ についても同様にして証明できる．

3. F に属さない $K = F(x, y)$ の元 θ が，$F(x)$ に属するならば，定理 29 により θ は F 上超越的である．θ が $F(x)$ に属さないときは，
$$L = F(x), \quad \theta = f(y)/g(y), \quad f(X), g(X) \in L[X] \quad (f(X), g(X)) = 1$$
とおけば，$g(y)\theta - f(y) = 0$ から，$L(\theta)$ 上の Y の多項式 $F(Y) = \theta g(Y) - f(Y)$ は $y \in L(y) = K$ を根にもつから y は $L(\theta)$ 上代数的である．したがって，もし θ が L 上代数的ならば，y は L 上代数的となり矛盾．よって，θ は L 上超越的であるから，F 上でも超越的である．

4. $u_1, \cdots, u_m$ を K/F の超越基，$v_1, \cdots, v_n$ を L/K の超越基とするとき，$u_1, \cdots, u_m, v_1, \cdots, v_n$ が L/F の超越基であることを示せ（問題 3.5A，4 を参照）．

4 ガロアの理論

ここでは，ある1つの体 F とその代数的閉包 $\Omega = \overline{F}$ を固定して考える．そして，いつも Ω の中での基礎体 F の拡大体，すなわち Ω/F の中間体を考えることにする．

4.1 ガロア拡大

◆ **共役写像** 代数拡大 K/F において，K からある体 $K^\sigma (\subset \Omega)$ の上への F 上の同型写像 $\sigma : K \longrightarrow K^\sigma$ を K の F 上の**共役写像**といい，K^σ を K の F 上の**共役体**という．また，Ω/F の自己同型写像 τ による Ω の元 α の像 α^τ を α の F 上の**共役元**という．

--- **定理 1** ---
代数拡大 K/F において，K の F 上の共役写像は，Ω/F の自己同型写像に延長できる．

--- **定理 2** ---
有限次拡大 K/F が分離拡大であるためには，K/F の相異なる共役写像の個数が，体の拡大次数 $[K:F]$ に等しいことが必要十分である．

◆ **ノルム・スプール** 有限次拡大 K/F の1つの基底を $\omega_1, \omega_2, \cdots, \omega_n$ とするとき，K の任意の元 α に対して
$$\alpha \omega_i = \sum_{j=1}^n a_{ij} \omega_j \quad (a_{ij} \in F, \ i = 1, \cdots, n)$$
とおくとき，F の元を成分とする n 次の行列
$$A(\alpha) = (a_{ij})$$
が一意的に対応する．この対応は，体 K から F の元を成分とする n 次の行列 $M_n(F)$ への単射である．

このとき，α は行列 $A(\alpha)$ の固有方程式
$$f(x) = \det(xE - A(\alpha)) = 0$$
の根である．この方程式 $f(x) = 0$ を K/F に関する α の**主方程式**という．

また行列 $A(\alpha)$ の
$$\text{固有和} \sum_{i=1}^n a_{ii}, \quad \text{および} \quad \text{行列式} \det A(\alpha)$$
をそれぞれ α の K/F に関する**スプール**（または**トレイス**）および**ノルム**といって $S_{K/F}\alpha$，$N_{K/F}\alpha$ と書く．

4.1 ガロア拡大

定理 3

有限次拡大 K/F に関する K の元 α の主方程式 $f(x) = 0$ は, K/F の基底のとり方に無関係に定まり, $[K:F] = n$ とおくとき次のようになる.
$$f(x) = x^n - (S_{K/F}\alpha)x^{n-1} + \cdots + (-1)^n N_{K/F}\alpha$$
したがって, $S_{K/F}\alpha$ および $N_{K/F}\alpha$ も K/F の基底に無関係に定まる体 F の元である.

定理 4

K/F を n 次の分離拡大,
$$K \ni \alpha \longrightarrow \alpha^{(i)} \in K^{(i)} \quad (i = 1, \cdots, n)$$
をその共役写像とするとき.
(i) $S_{K/F}\alpha = \sum_{i=1}^{n} \alpha^{(i)}$
(ii) $N_{K/F}\alpha = \prod_{i=1}^{n} \alpha^{(i)}$
(iii) K の元 $\omega_1, \cdots, \omega_n$ が K/F の基底となるためには,
$$\text{行列式 } \det(\omega_j^{(i)}) \quad \text{または} \quad \det(S_{K/F}\omega_i\omega_j)$$
が 0 とならないことが必要十分である.

定理 5

有限次拡大 K/F において, K の元 α, β に対して次が成り立つ.
(i) $S_{K/F}(\alpha + \beta) = S_{K/F}\alpha + S_{K/F}\beta$
(ii) $N_{K/F}(\alpha\beta) = N_{K/F}\alpha \cdot N_{K/F}\beta$

◆ **ガロア拡大** 代数拡大 K/F において, K の F 上の共役体がすべて K に一致するとき, K/F を**ガロア拡大**, または**正規拡大**という.

定理 6

F 係数の多項式の F 上の最小分解体 K は, F 上有限次のガロア拡大である. 逆に, K/F が有限次ガロア拡大であれば, K は F 係数のある多項式の F 上の最小分解体である.

定理 7

有限次拡大 K/F がガロア拡大であるためには, K の元を根とする F 上の既約多項式は, すべて $K[x]$ において 1 次式の積に分解されることが必要十分である.

> **定理 8**
>
> $K/F, L/K$ をともに有限次ガロア拡大とするとき,L/F がガロア拡大となるためには,F 係数の多項式で,その K 上の最小分解体が L と一致するものが存在することが必要十分である.

◆ **ガロア群** ガロア拡大 K/F において,2 つの共役写像 σ, τ に対して
$$\alpha^{\sigma\tau} = (\alpha^{\sigma})^{\tau} \quad (\alpha \in K)$$
によって σ と τ の積 $\sigma\tau$ を定義すれば,K/F の共役写像全体は群をなす.この群を $\mathrm{Gal}(K/F)$ と書いて,K/F の**ガロア群**という.

また,ガロア群 $\mathrm{Gal}(K/F)$ の元,すなわち K/F の自己同型写像を K/F の**ガロア置換**,または**ガロア写像**という.

ガロア群がアーベル群,巡回群,可解群であるようなガロア拡大をそれぞれ**アーベル拡大**,**巡回拡大**,**可解拡大**という.

> **定理 9**
>
> K/F を n 次分離的ガロア拡大,$\mathrm{Gal}(K/F)$ をそのガロア群とするとき,K の元 ω で
> $$\{\omega^{\sigma}\}, \quad \sigma \in \mathrm{Gal}(K/F)$$
> が K/F の基底となるものが存在する.

このような基底を K/F の**正規(基)底**という.

> **定理 10**
>
> K_i/F $(i = 1, 2)$ を有限次分離的ガロア拡大,$G_i = \mathrm{Gal}(K_i/F)$ をそのガロア群とするとき,
> (i) 合成体 $K_1 \cdot K_2$ も F 上の有限次分離的ガロア拡大
> (ii) ガロア群 $\mathrm{Gal}(K_1 \cdot K_2/F)$ は,G_1 と G_2 の直積 $G_1 \times G_2$ の部分群に同型
> (iii) $K_1 \cap K_2 = F$ ならば $\mathrm{Gal}(K_1 \cdot K_2/F) \cong G_1 \times G_2$

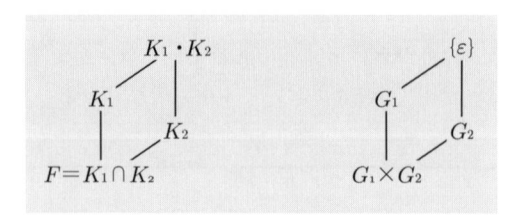

---- 定理 11 ----

K/F を有限次分離的ガロア拡大, L/F を任意の拡大とするとき, 合成体 $K \cdot L$ もまた L 上の有限次分離的ガロア拡大で,
$$[K \cdot L : L] = [K : K \cap L]$$
かつ,
$$\mathrm{Gal}(K \cdot L / L) \cong \mathrm{Gal}(K / K \cap L)$$
となる.

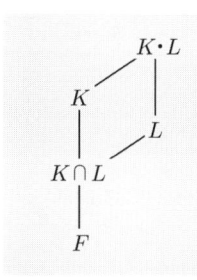

```
        K·L
    K  /
    |  L
  K∩L /
    |
    F
```

---- 定理 12 ----

有理数体 $\bm{Q}$ 上の円分体 $\bm{Q}(\zeta_n)$ は, $\bm{Q}$ 上 $\varphi(n)$ 次のアーベル拡大で, そのガロア群は, 整数環 $\bm{Z}$ における n を法とした既約剰余類群 $\bm{Z}'_n$ に同型である.

逆に, $\bm{Q}$ 上の任意のアーベル拡大は, 円分体である.

後半をクロネッカー (**Kronecker**) の定理という.

---- 定理 13 ----

p を素数とするとき, 有限体 $GF(p^n)$ は素体上 n 次の巡回拡大である.

---- 定理 14 ----

円の 2^n 分体 ($n \geqq 2$) のガロア群は, 位数 2 の群と位数 2^{n-2} の巡回群との直積である.

---- 定理 15 ----

p を奇素数とするとき, 円の p^n 分体 ($n \geqq 1$) のガロア群は, 位数が $p^{n-1}(p-1)$ の巡回群である.

第4章 ガロアの理論

例題 1 ────────（ノルム・スプールと共役な元）────────

(i) $\alpha = \sqrt[3]{5}$ の有理数体 $\boldsymbol{Q}$ 上のノルムとスプールを求めよ．

(ii) 体 F の代数的閉包 $\overline{F}$ の2元 α, β が，F 上共役であるためには，α と β が $F[x]$ の同一既約多項式の根となることが必要十分であることを証明せよ．

【解答】 (i) $1, \alpha, \alpha^2$ は $K = \boldsymbol{Q}(\alpha)$ の $\boldsymbol{Q}$ 上の1つの基底である．そして

$$\alpha \begin{bmatrix} 1 \\ \alpha \\ \alpha^2 \end{bmatrix} = \begin{bmatrix} 0 & 1 & 0 \\ 0 & 0 & 1 \\ 5 & 0 & 0 \end{bmatrix} \begin{bmatrix} 1 \\ \alpha \\ \alpha^2 \end{bmatrix}$$

であるから，α の $K/\boldsymbol{Q}$ に関する主方程式は $f(x) = x^3 - 5 = 0$ である．

よって，$S_{K/\boldsymbol{Q}}\alpha = 0, N_{K/\boldsymbol{Q}}\alpha = 5$．

【別解】 α の $\boldsymbol{Q}$ 上の最小多項式は

$$x^3 - 5 = (x - \alpha)(x - \zeta\alpha)(x - \zeta^2\alpha) \quad (\zeta は 1 の原始 3 乗根)$$

であるから，α の $\boldsymbol{Q}$ 上の共役元は

$$\alpha^{(1)} = \alpha, \quad \alpha^{(2)} = \zeta\alpha, \quad \alpha^{(3)} = \zeta^2\alpha$$

である．よって

$$S_{K/\boldsymbol{Q}}\alpha = \alpha + \zeta\alpha + \zeta^2\alpha = (1 + \zeta + \zeta^2)\alpha = 0$$
$$N_{K/\boldsymbol{Q}}\alpha = \alpha \cdot \zeta\alpha \cdot \zeta^2\alpha = 5$$

(ii) **必要性** $\overline{F}$ の元 α と β が F 上共役ならば，$\beta = \alpha^\tau$ となるような $\overline{F}/F$ の自己同型写像 τ が存在する．

一方，α の F 上の最小多項式を $f(x)$ とすれば，$f(x)$ は F 上既約で，かつ $f(\alpha) = 0$ となる．したがって，この式の両辺に同型写像 τ を施せば

$$f(\alpha^\tau) = 0 \quad \text{すなわち} \quad f(\beta) = 0$$

となる．

十分性 逆に，$F[x]$ のある既約多項式 $g(x)$ に対して

$$g(\alpha) = g(\beta) = 0 \quad \text{ならば，第 3 章定理 4 により}$$
$$F(\alpha) \cong F[x]/(g(x)) \cong F(\beta)$$

となる．したがって，α を β にうつす F 上の同型写像 σ が存在して

$$\beta = \alpha^\sigma \quad \text{かつ} \quad F(\alpha) \cong F(\beta)$$

となる．そして，この F 上の同型写像 σ は，定理 1 により $\overline{F}/F$ の自己同型写像に延長できるから，α と β は F 上共役である．

4.1 ガロア拡大

━━ **例題 2** ━━━━━━━（ガロア拡大とそのガロア群）━━━━━━━

$\alpha = \sqrt[3]{5}$ を含む有理数体 $\boldsymbol{Q}$ 上の最小のガロア拡大 K と，そのガロア群 $\mathrm{Gal}(K/\boldsymbol{Q})$ を求めよ．

【解答】 例題 1 により，$\alpha = \sqrt[3]{5}$ の共役元は
$$\alpha, \quad \zeta\alpha, \quad \zeta^2\alpha \quad (\zeta\text{は}1\text{の原始}3\text{乗根})$$
であるから，α を含む $\boldsymbol{Q}$ 上の最小のガロア拡大 K は
$$K = \boldsymbol{Q}(\alpha, \zeta)$$
である．

ガロア群 $G = \mathrm{Gal}(K/\boldsymbol{Q})$ の各元は，$\{\alpha, \zeta\alpha, \zeta^2\alpha\}$ から自分自身への全単射をひきおこすから，G は 3 次の対称群 S_3 のある部分群に同型である．しかるに，$G = [K:\boldsymbol{Q}] = 6$ であるから
$$G \cong S_3$$
でなければならない．

一方，
$$S_3 = \{\varepsilon = (1), \; \sigma = (1,2), \; \tau = (1,3), \; \rho = (2,3), \; \eta = (1,2,3), \; \eta^2\}$$
とすれば，$G = \{\overline{\varepsilon}, \overline{\sigma}, \overline{\tau}, \overline{\rho}, \overline{\eta}, \overline{\eta}^2\}$ に対して，
$$\overline{\sigma}(\alpha) = \zeta\alpha, \quad \overline{\sigma}(\zeta\alpha) = \alpha, \quad \overline{\sigma}(\zeta^2\alpha) = \zeta^2\alpha$$
から
$$\overline{\sigma}(\zeta) = \overline{\sigma}(\zeta\alpha)/\overline{\sigma}(\alpha) = \zeta^{-1} = \zeta^2$$
$$\overline{\tau}(\alpha) = \zeta^2\alpha, \quad \overline{\tau}(\zeta\alpha) = \zeta\alpha, \quad \overline{\tau}(\zeta^2\alpha) = \alpha$$
から
$$\overline{\tau}(\zeta) = \overline{\tau}(\zeta\alpha)/\overline{\tau}(\alpha) = \zeta^{-1} = \zeta^2$$
$$\overline{\rho}(\alpha) = \alpha, \quad \overline{\rho}(\zeta\alpha) = \zeta^2\alpha, \quad \overline{\rho}(\zeta^2\alpha) = \zeta\alpha$$
から
$$\overline{\rho}(\zeta) = \overline{\rho}(\zeta\alpha)/\overline{\rho}(\alpha) = \zeta^2$$
$$\overline{\eta}(\alpha) = \zeta\alpha, \quad \overline{\eta}(\zeta\alpha) = \zeta^2\alpha, \quad \overline{\eta}(\zeta^2\alpha) = \alpha$$
から
$$\overline{\eta}(\zeta) = \overline{\eta}(\zeta\alpha)/\overline{\eta}(\alpha) = \zeta$$
$$\overline{\eta}^2(\alpha) = \zeta^2\alpha, \quad \overline{\eta}^2(\zeta\alpha) = \alpha, \quad \overline{\eta}^2(\zeta^2\alpha) = \zeta\alpha$$
から
$$\overline{\eta}^2(\zeta) = \overline{\eta}^2(\zeta\alpha)/\overline{\eta}^2(\alpha) = \zeta$$

例題 3 ────────────────── (円分体)

$(m, n) = 1$ のとき,
(ⅰ) $\boldsymbol{Q}(\zeta_m) \cdot \boldsymbol{Q}(\zeta_n) = \boldsymbol{Q}(\zeta_{mn})$
(ⅱ) $\boldsymbol{Q}(\zeta_m) \cap \boldsymbol{Q}(\zeta_n) = \boldsymbol{Q}$
(ⅲ) $\mathrm{Gal}(\boldsymbol{Q}(\zeta_{mn})/\boldsymbol{Q}) \cong \mathrm{Gal}(\boldsymbol{Q}(\zeta_m)/\boldsymbol{Q}) \times \mathrm{Gal}(\boldsymbol{Q}(\zeta_n)/\boldsymbol{Q})$

が成り立つことを証明せよ.

【解答】 (ⅰ) $(m, n) = 1$ であるから,第 0 章定理 3 により $ms + nt = 1$ となる整数 s, t が存在する.したがって

$$\zeta_{mn} = (\zeta_{mn}{}^m)^s (\zeta_{mn}{}^n)^t$$

となり,かつ

$$\zeta_{mn}{}^m \quad \text{および} \quad \zeta_{mn}{}^n$$

はそれぞれ 1 の原始 n 乗根および m 乗根であるから

$$\boldsymbol{Q}(\zeta_m) \cdot \boldsymbol{Q}(\zeta_n) \supset \boldsymbol{Q}(\zeta_{mn})$$

が成り立つ.
　一方,この逆は明らかであるから次式が成り立つ.

$$\boldsymbol{Q}(\zeta_m) \cdot \boldsymbol{Q}(\zeta_n) = \boldsymbol{Q}(\zeta_{mn})$$

(ⅱ) まず,

$$[\boldsymbol{Q}(\zeta_{mn}) : \boldsymbol{Q}] = [\boldsymbol{Q}(\zeta_{mn}) : \boldsymbol{Q}(\zeta_m)][\boldsymbol{Q}(\zeta_m) : \boldsymbol{Q}]$$

において,定理 12 により

$$[\boldsymbol{Q}(\zeta_{mn}) : \boldsymbol{Q}] = \varphi(mn) = \varphi(m)\varphi(n)$$
$$[\boldsymbol{Q}(\zeta_m) : \boldsymbol{Q}] = \varphi(m)$$

であるから,

$$[\boldsymbol{Q}(\zeta_{mn}) : \boldsymbol{Q}(\zeta_m)] = \varphi(n)$$

一方,(ⅰ) の結果および定理 11 により

$$[\boldsymbol{Q}(\zeta_{mn}) : \boldsymbol{Q}(\zeta_m)] = [\boldsymbol{Q}(\zeta_m) \cdot \boldsymbol{Q}(\zeta_n) : \boldsymbol{Q}(\zeta_m)]$$
$$= [\boldsymbol{Q}(\zeta_n) : \boldsymbol{Q}(\zeta_n) \cap \boldsymbol{Q}(\zeta_m)]$$

かつ

$$\boldsymbol{Q}(\zeta_n) \supset \{\boldsymbol{Q}(\zeta_n) \cap \boldsymbol{Q}(\zeta_m)\} \supset \boldsymbol{Q},$$
$$[\boldsymbol{Q}(\zeta_n) : \boldsymbol{Q}] = \varphi(n)$$

であるから

$$[\boldsymbol{Q}(\zeta_m) \cap \boldsymbol{Q}(\zeta_n) : \boldsymbol{Q}] = 1$$

よって

$$\boldsymbol{Q}(\zeta_m) \cap \boldsymbol{Q}(\zeta_n) = \boldsymbol{Q}$$

(ⅲ) (ⅰ) および (ⅱ) の結果から,定理 10 を用いて (ⅲ) が直接得られる.

4.1 ガロア拡大

例題 4 ────────────────── （有限体の拡大体）

有限体 $GF(q)$ の f 次の拡大体は巡回拡大であり，そのガロア群は $\alpha \longrightarrow \alpha^q$ ($\alpha \in GF(q)$) によって定まる同型写像で生成される位数 f の巡回群であることを証明せよ．

〖ヒント〗 (1) 定理 6 と定理 2 を使う．
(2) 有限体の自己同型写像を考える．

【解答】 有限体 $K = GF(q)$ の f 次の拡大体を L とすれば，
$$L = GF(q^f)$$
であり，かつ L は
$$f(x) = x^{q^f} - x$$
の K 上の最小分解体である．したがって，定理 6 により L/K は f 次のガロア拡大体である．

また，K は完全体であるから（第 3 章問題 3.4B，7 を参照），L/K は分離拡大である．したがって，定理 2 により，そのガロア群 $\mathrm{Gal}(L/K)$ の位数は f である．

一方，有限体 K の標数を $p > 0$ とすれば，p の任意のべき p^m に対して，
$$L \ni \alpha \longrightarrow \alpha^{p^m} \in L$$
は素体上の L の自己同型写像になるが（第 3 章例題 6 を参照），とくに K の元 β に対しては
$$\beta^q = \beta$$
であるから
$$L \ni \alpha \longrightarrow \alpha^q \in L$$
は L/K のガロア群の元 σ ($\in \mathrm{Gal}(L/K)$) を定める．
すなわち，
$$\alpha^\sigma = \alpha^q$$
しかるに，有限体 L から 0 を除いた巡回群 $L^\times$ の生成元 γ に対しては，q^f 乗して初めて γ に等しくなる．
すなわち，
$$\gamma^{q^f} = \gamma$$
となる．

したがって，σ の $\mathrm{Gal}(L/K)$ における位数は f で，$\mathrm{Gal}(L/K)$ はこの σ によって生成される位数 f の巡回群である．

問題 4.1 A

1. $\alpha = \sqrt{-1}$ の有理数体 $\boldsymbol{Q}$ 上のノルムとスプール，および主方程式を求めよ．
2. 4次体 $K = \boldsymbol{Q}(\sqrt{2}, \sqrt{3})$ において，$\sqrt{2}$ と $\sqrt{3}$ のノルム $N_{K/Q}$，および $\sqrt{2} + \sqrt{3}$ のスプール $S_{K/Q}$ を求めよ．
3. 1 の原始 12 乗根 ζ_{12} のノルムとスプールを求めよ．
4. 有限次拡大 K/F において，K の元 α は，K/F に関する α の主方程式の根であることを証明せよ．
5. n 次の分離拡大 K/F において，K の元 α_i $(i = 1, \cdots, n)$ の共役元を $\alpha_i^{(j)}$ $(j = 1, \cdots, n)$ とするとき，
$$\det(S_{K/F}\alpha_i\alpha_j) = (\det \alpha_j^{(i)})^2$$
が成り立つことを証明せよ．
6. 拡大体 K/F が 2 次であれば，K/F はガロア拡大であることを示せ．
7. K/F がガロア拡大であれば，K/F の任意の中間体 L に対して，K/L もガロア拡大であることを示せ．
8. $\boldsymbol{Q}(\sqrt{5})/\boldsymbol{Q}$ および $\boldsymbol{Q}(\sqrt[4]{5})/\boldsymbol{Q}(\sqrt{5})$ はガロア拡大であるが，$\boldsymbol{Q}(\sqrt[4]{5})/\boldsymbol{Q}$ はガロア拡大でないことを証明せよ．

問題 4.1 B

1. 有限次拡大 K/F の共役写像 σ_i $(i = 1, \cdots, m)$ の $\overline{F}$ への 1 つの延長を $\overline{\sigma}_i$ とする．また，有限次拡大 L/K の共役写像を τ_j $(j = 1, \cdots, n)$ とするとき，$\tau_j \cdot \overline{\sigma}_i$ $(i = 1, \cdots, m, j = 1, \cdots, n)$ は L/F の共役写像の全体であることを証明せよ．
2. 定理 5 を証明せよ．
3. 体 F のいかなる有限次拡大も，F のある有限次ガロア拡大に含まれることを証明せよ．
4. K/F が有限次分離的ガロア拡大ならば，そのガロア群のすべての元で不変な K の元は，F の元に限ることを証明せよ．
5. ζ_n を 1 の原始 n 乗根とするとき，$\boldsymbol{Q}(\zeta_7)/\boldsymbol{Q}$ および $\boldsymbol{Q}(\zeta_{12})/\boldsymbol{Q}$ のガロア群を求めよ．
6. 次の各体を含む最小の $\boldsymbol{Q}$ 上のガロア拡大と，そのガロア群を求めよ．
   (1) $\boldsymbol{Q}(\sqrt{3})$
   (2) $\boldsymbol{Q}(\sqrt{2}, \sqrt{5})$
   (3) $\boldsymbol{Q}(\sqrt[4]{5})$
7. 素数 p に対して，有理数体 $\boldsymbol{Q}$ に 1 の原始 p 乗根 ζ_p を添加して得られる円分体 $\boldsymbol{Q}(\zeta_p)$ は，$\boldsymbol{Q}$ 上 $p-1$ 次の巡回拡大であることを証明せよ．

4.1 ガロア拡大

——ヒントと解答——

問題 4.1　A

1. $1, \alpha$ は $F = \boldsymbol{Q}(\alpha)/\boldsymbol{Q}$ の1つの基底であり，$\alpha \begin{bmatrix} 1 \\ \alpha \end{bmatrix} = \begin{bmatrix} 0 & 1 \\ -1 & 0 \end{bmatrix} \begin{bmatrix} 1 \\ \alpha \end{bmatrix}$ であるから
$$N_{F/\boldsymbol{Q}}\alpha = 1, \quad S_{F/\boldsymbol{Q}}\alpha = 0, \quad \text{主方程式 } f(x) = x^2 + 1$$

2. $1, \sqrt{2}, \sqrt{3}, \sqrt{6}$ は $K/\boldsymbol{Q}$ の1つの基底であり

$$\sqrt{2}\begin{bmatrix} 1 \\ \sqrt{2} \\ \sqrt{3} \\ \sqrt{6} \end{bmatrix} = \begin{bmatrix} 0 & 1 & 0 & 0 \\ 2 & 0 & 0 & 0 \\ 0 & 0 & 0 & 1 \\ 0 & 0 & 2 & 0 \end{bmatrix}\begin{bmatrix} 1 \\ \sqrt{2} \\ \sqrt{3} \\ \sqrt{6} \end{bmatrix}, \quad \sqrt{3}\begin{bmatrix} 1 \\ \sqrt{2} \\ \sqrt{3} \\ \sqrt{6} \end{bmatrix} = \begin{bmatrix} 0 & 0 & 1 & 0 \\ 0 & 0 & 0 & 1 \\ 3 & 0 & 0 & 0 \\ 0 & 3 & 0 & 0 \end{bmatrix}\begin{bmatrix} 1 \\ \sqrt{2} \\ \sqrt{3} \\ \sqrt{6} \end{bmatrix}$$

であるから $N_{K/\boldsymbol{Q}}\sqrt{2} = 4, \ N_{K/\boldsymbol{Q}}\sqrt{3} = 9,$ かつ $S_{K/\boldsymbol{Q}}\sqrt{2} = S_{K/\boldsymbol{Q}}\sqrt{3} = 0$. よって定理 5 から $S_{K/\boldsymbol{Q}}(\sqrt{2} + \sqrt{3}) = S_{K/\boldsymbol{Q}}(\sqrt{2}) + S_{K/\boldsymbol{Q}}(\sqrt{3}) = 0$.

3. 円分体 $\boldsymbol{Q}(\zeta_{12})/\boldsymbol{Q}$ に関する ζ_{12} の主方程式は，円分多項式 $\Phi_{12}(X)$ であることに着目し，定理3および第3章例題7を適用すれば，$N\zeta_{12} = 1, \ S\zeta_{12} = 0$.

4. K/F の基底 $\omega_1, \cdots, \omega_n$ に対して，$\alpha \omega_i = \sum_{j=1}^n \alpha_{ij}\omega_j, \ A(\alpha) = (a_{ij})$ とおくとき，$\det(\alpha E - A(\alpha))$ であることに着目せよ．

5. $(S_{K/F}\alpha_i\alpha_j) = {}^t(\alpha_j^{(i)}) \cdot (\alpha_j^{(i)})$ を適用せよ．

6. K の元 θ の F 上の最小多項式は高々2次式であるから，$\theta = a + b\sqrt{m} \ (a, b, m \in F)$ とおくとき，θ の共役元は $\theta' = a - b\sqrt{m}$ となり $\theta' \in F(\sqrt{m}) = K$.

7. K の元 θ を根とする $L[X]$ の既約多項式 $f_L(x)$ は，θ の L 上の最小多項式であるから，θ の F 上の最小多項式 $f_F(x)$ の因子であることに着目し，定理7を適用せよ．

8. $\boldsymbol{Q}(\sqrt{5})/\boldsymbol{Q}$ および $\boldsymbol{Q}(\sqrt[4]{5})/\boldsymbol{Q}(\sqrt{5})$ は2次拡大であるからいずれもガロア拡大（問題 4.1A, 6 を参照）．一方，$\theta = \sqrt[4]{5}$ の $\boldsymbol{Q}$ 上の最小多項式は
$$f(x) = (x + i\theta)(x - i\theta)(x + \theta)(x - \theta)$$
であるから，$\boldsymbol{Q}(\sqrt[4]{5})$ の $\boldsymbol{Q}$ 上の共役体は $\boldsymbol{Q}(-\sqrt[4]{5}), \boldsymbol{Q}(i\sqrt[4]{5}), \boldsymbol{Q}(-i\sqrt[4]{5})$. しかるに，$\boldsymbol{Q}(i\sqrt[4]{5}) \neq \boldsymbol{Q}(\sqrt[4]{5})$.

問題 4.1　B

1. L/F の共役写像 ρ の K 上への制限 ρ_K は，K/F の共役写像となるから，ある i に対して $\rho_K = \sigma_i$ となる．よって，$\rho \cdot \overline{\sigma}_i^{-1}$ は L/K の共役写像をひきおこすから，L 上では $\rho \cdot \overline{\sigma}_i^{-1} = \tau_j$ すなわち $\rho = \tau_j \cdot \overline{\sigma}_i$ となる τ_j がある．逆に，$\tau_j \cdot \overline{\sigma}_i$ が L/F の相異なる共役写像をひきおこすことは明らか．

2. α の主方程式を $A(\alpha)$ とするとき，対応 $\alpha \longrightarrow A(\alpha)$ は，体 K から行列環 $M_n(F)$ への環としての準同型写像になることに着目せよ．

3. K/F を有限次拡大とし，$K = F(\alpha_1, \cdots, \alpha_r)$ かつ $f_i(x)$ を α_i の F 上の最小多項式とすれば，$g(x) = \prod_{i=1}^{r} f_i(x)$ は F 係数の多項式で，定理 6 により，その F 上の最小分解体は，K を含む F の有限次ガロア拡大である．

4. ガロア拡大 K/F のガロア群のすべての元で不変な K の元全体は，K/F の中間体を成す．いまそれを L とするとき，K/F のガロア群の元はガロア拡大 K/L のガロア群の元でもあるから，$\mathrm{Gal}(K/L) = \mathrm{Gal}(K/F)$. よって，$L = F$.

5. $\bm{Q}(\zeta_7)$ における ζ_7 の共役元は
$$\zeta_7{}^5, \quad \zeta_7{}^5 = \zeta_7{}^4, \quad \zeta_7{}^5 = \zeta_7{}^6, \quad \zeta_7{}^5 = \zeta_7{}^2, \quad \zeta_7{}^5 = \zeta_7{}^3$$
であるから，$\bm{Q}(\zeta_7)/\bm{Q}$ のガロア群は $\sigma: \zeta_7 \longrightarrow \zeta_7{}^5$ を生成元とする位数 6 の巡回群．

$\bm{Q}(\zeta_{12})$ における ζ_{12} の共役元は $\zeta_{12}{}^5, \zeta_{12}{}^7, \zeta_{12}{}^{5\cdot 7} = \zeta_{12}{}^{11}$ であるから，$\bm{Q}(\zeta_{12})/\bm{Q}$ のガロア群は $\sigma: \zeta_{12} \longrightarrow \zeta_{12}{}^5, \tau: \zeta_{12} \longrightarrow \zeta_{12}{}^7$ とするとき，$\{\sigma, \sigma^2 = \varepsilon, \tau, \sigma\tau\}$ で，クライン (Klein) の 4 元群である（定理 12 を参照）．

6. (1) ガロア拡大で，そのガロア群は $\sigma: \sqrt{3} \longrightarrow -\sqrt{3}$ を生成元とする位数 2 の巡回群．

(2) ガロア拡大で，そのガロア群は
$$\sigma: \sqrt{2} \longrightarrow -\sqrt{2}, \sqrt{5} \longrightarrow \sqrt{5}; \quad \tau: \sqrt{2} \longrightarrow \sqrt{2}, \sqrt{5} \longrightarrow -\sqrt{5}$$
とおくとき，$\{\sigma, \sigma^2 = \varepsilon, \tau, \sigma\tau\}$ でクラインの 4 元群．

(3) $\bm{Q}(\sqrt[4]{5})$ を含む最小のガロア拡大は $\bm{Q}(\sqrt[4]{5}, \sqrt{-1})$ で，そのガロア群は $\theta = \sqrt[4]{5}$ とおくとき，$\sigma: \theta \longrightarrow i\theta, i \longrightarrow i; \tau: \theta \longrightarrow \theta, i \longrightarrow -i$ を生成元とする位数 8 の 2 面体群 $\{\sigma, \sigma^2, \sigma^3, \sigma^4 = \varepsilon, \tau, \sigma\tau, \sigma^2\tau, \sigma^3\tau\}$.

7. 定理 12 により円分体 $\bm{Q}(\zeta_p)$ の $\bm{Q}$ 上のガロア群は，整数環 $\bm{Z}$ の既約剰余類群 $\bm{Z}_p^{\times}$ に同型であるが，$\bm{Z}_p'$ は p 元体 $\bm{Z}/p\bm{Z}$ の乗法群に同型であるから，第 3 章定理 13 により位数 $\varphi(p) = p - 1$ の巡回群である．

4.2 ガロアの基本定理

◆ **固定部分群**　K/F を分離的ガロア拡大とするとき，その任意の中間体 L に対し，L の各元を固定するような K/F のガロア置換全体
$$G(L) = \{\sigma \in \mathrm{Gal}(K/F) \mid a^\sigma = a,\ a \in L\}$$
は，$\mathrm{Gal}(K/F)$ の1つの部分群をなす．この部分群を中間体 L の**固定部分群**，または**不変部分群**という．

また逆に，K/F のガロア群 $\mathrm{Gal}(K/F)$ の任意の部分群 H に対して，その各元が固定するような K の元全体
$$F(H) = \{a \in K \mid a^\sigma = a,\ \sigma \in H\}$$
は，K/F の1つの中間体となる．この中間体を部分群 H の**固定体**，または**不変体**という．

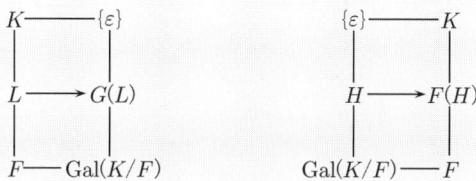

```
K ——— {ε}           {ε} ——— K
|      |              |      |
L ——→ G(L)           H ——→ F(H)
|      |              |      |
F ——— Gal(K/F)       Gal(K/F) ——— F
```

定理 16

K/F を有限次分離的ガロア拡大，$G = \mathrm{Gal}(K/F)$ をそのガロア群とするとき，K/F の各中間体と G の各部分群との間には1対1の対応が存在する．

すなわち，K/F の中間体 L に対して，L の固定部分群を H とすれば，H の固定体は L と一致する．$F(G(L)) = L$.

逆に，$\mathrm{Gal}(K/F)$ の部分群 H に対して，H の固定体を L とすれば，L の固定部分群は H に一致する．$G(F(H)) = H$.

これを**ガロアの基本定理**という．

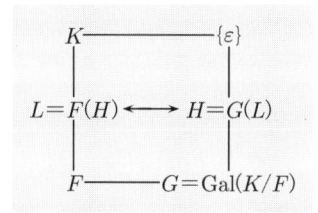

```
K ——————— {ε}
|           |
L=F(H) ←—→ H=G(L)
|           |
F ————— G=Gal(K/F)
```

定理 17

有限次分離的ガロア拡大 K/F において，K/F の中間体 $L_i\ (i=1,2)$ の固定部分群を $F(L_i)$，K/F のガロア群 $\mathrm{Gal}(K/F)$ の部分群 H_i の固定体を $G(H_i)$ とおくとき，

(i) $L_1 \subset L_2 \iff G(L_1) \supset G(L_2)$,
  $H_1 \subset H_2 \iff F(H_1) \supset F(H_2)$

(ii) $F(H_1 \cap H_2) = F(H_1) \cdot F(H_2)$,
  $F([H_1 \cdot H_2]) = F(H_1) \cap F(H_2)$

(iii) $G(L_1 \cap L_2) = [G(L_1) \cdot G(L_2)]$,
  $G(L_1 \cdot L_2) = G(L_1) \cap G(L_2)$

ここで，群 G の 2 つの部分群 G_1, G_2 に対して，$[G_1 \cdot G_2]$ は G_1, G_2 で生成される部分群を表す．

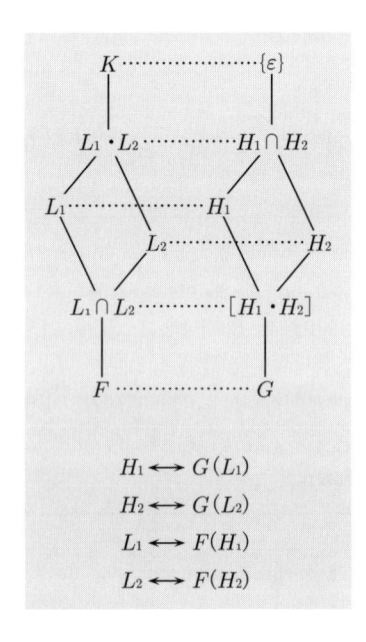

$$
\begin{array}{ccc}
K & \cdots\cdots & \{\varepsilon\} \\
L_1 \cdot L_2 & \cdots\cdots & H_1 \cap H_2 \\
L_1 \quad L_2 & & H_1 \quad H_2 \\
L_1 \cap L_2 & \cdots\cdots & [H_1 \cdot H_2] \\
F & \cdots\cdots & G
\end{array}
$$

$H_1 \longleftrightarrow G(L_1)$
$H_2 \longleftrightarrow G(L_2)$
$L_1 \longleftrightarrow F(H_1)$
$L_2 \longleftrightarrow F(H_2)$

4.2 ガロアの基本定理

──── 例題 5 ──────────── (共役体の固定部分群) ────

K/F を有限次分離的ガロア拡大,L をその中間体とするとき,L の固定部分群 H と,$\mathrm{Gal}(K/F)$ の任意の元 σ に対して,L^σ の固定部分群は $\sigma^{-1}H\sigma$ であることを証明せよ.

【解答】 $\sigma^{-1}H\sigma$ の任意の元を $\sigma^{-1}\tau\sigma$ $(\tau \in H)$ とすれば,L の任意の元 x に対して
$$(x^\sigma)^{\sigma^{-1}\tau\sigma} = (x^\tau)^\sigma = x^\sigma$$
となるから,$\sigma^{-1}H\sigma$ の各元は L^σ の各元を固定する.

逆に,$(x^\sigma)^\rho = x^\sigma$ $(\rho \in \mathrm{Gal}(K/F))$ ならば $x^{\sigma\rho\sigma^{-1}} = x$ だから,
$$\sigma\rho\sigma^{-1} \in H \quad \text{すなわち} \quad \rho \in \sigma^{-1}H\sigma$$
となる.したがって,L^σ の固定部分群は $\sigma^{-1}H\sigma$ である.

──── 例題 6 ──────────── (ガロア拡大の部分体) ────

有理数体 $\boldsymbol{Q}$ 上のガロア拡大 $K = \boldsymbol{Q}(\sqrt[3]{5}, \zeta_3)$ のすべての中間体を求めよ.

【解答】 例題 2 により,$\boldsymbol{Q}$ 上のガロア拡大 $K = \boldsymbol{Q}(\sqrt[3]{5}, \zeta_3)$ のガロア群 $\mathrm{Gal}(K/\boldsymbol{Q})$ は 3 次の対称群 S_3 と同型である.したがって,ガロアの基本定理により,K のすべての部分体は S_3 の部分群と 1 対 1 に対応する.

そこで
$$\mathrm{Gal}(K/\boldsymbol{Q}) = \{\overline{\varepsilon}, \overline{\sigma}, \overline{\tau}, \overline{\rho}, \overline{\eta}, \overline{\eta}^2\}$$
$$\varepsilon = (1), \quad \sigma = (1,2), \quad \tau = (1,3), \quad \rho = (2,3), \quad \eta = (1,2,3)$$
とおけば,
$$\overline{\sigma}(\sqrt[3]{5}) = \sqrt[3]{5}\zeta_3, \quad \overline{\sigma}(\zeta_3) = \zeta_3{}^2, \quad \overline{\sigma}(\sqrt[3]{5}\zeta_3{}^2) = \sqrt[3]{5}\zeta_3{}^2$$
$$\overline{\tau}(\sqrt[3]{5}) = \sqrt[3]{5}\zeta_3{}^2, \quad \overline{\tau}(\zeta_3) = \zeta_3{}^2, \quad \overline{\tau}(\sqrt[3]{5}\zeta_3) = \sqrt[3]{5}\zeta_3$$
$$\overline{\rho}(\sqrt[3]{5}) = \sqrt[3]{5}, \quad \overline{\rho}(\zeta_3) = \zeta_3{}^2,$$
$$\overline{\eta}(\sqrt[3]{5}) = \sqrt[3]{5}\zeta_3, \quad \overline{\eta}(\zeta_3) = \zeta_3$$
だから,3 次の交代群 A_3 の固定体は 2 次体 $\boldsymbol{Q}(\zeta_3)$ であり,位数 2 の部分群
$$H_1 = \{\overline{\sigma}\}, \quad H_2 = \{\overline{\tau}\}, \quad H_3 = \{\overline{\rho}\}$$
の固定群はそれぞれ 3 次体
$$L_1 = \boldsymbol{Q}(\sqrt[3]{5}\zeta_3{}^2), \quad L_2 = \boldsymbol{Q}(\sqrt[3]{5}\zeta_3), \quad L_3 = \boldsymbol{Q}(\sqrt[3]{5})$$
である.よって,$K/\boldsymbol{Q}$ の中間体は 2 次体 $\boldsymbol{Q}(\zeta_3)$ と 3 つの 3 次体 L_1, L_2, L_3 である.

例題 7 ────────── (中間ガロア拡大)

有限次分離的ガロア拡大 K/F の中間体 L に対して，L/F がガロア拡大であるためには，L の固定部分群 H が，ガロア群 $\mathrm{Gal}(K/F)$ の正規部分群であることが必要十分であることを証明せよ．

またこのとき，
$$\mathrm{Gal}(L/F) \cong \mathrm{Gal}(K/F)/H$$
が成り立つことを証明せよ．

〚ヒント〛 (1) ガロアの基本定理の中で例題 4 を考える．
(2) 定理 1 を適用する．

【解答】 **必要性** 代数拡大 L/F の共役写像は，定理 1 により $\overline{F}/F$ の自己同型写像に延長できるから，ガロア群 $\mathrm{Gal}(K/F)$ の元によってひきおこされる．したがって，L/F がガロア拡大であれば，

$$\text{任意の } \sigma \in \mathrm{Gal}(K/F) \text{ に対して } L^\sigma = L$$

が成り立ち，定理 16 により L^σ の固定部分群 $\sigma^{-1}H\sigma$ は L の固定部分群 H と一致する．

よって，$\sigma^{-1}H\sigma = H$ となり，H は $\mathrm{Gal}(K/F)$ の正規部分群である．

十分性 逆に，H が $\mathrm{Gal}(K/F)$ の正規部分群であれば，

$$\text{任意の } \sigma \in \mathrm{Gal}(K/F) \text{ に対して } \sigma^{-1}H\sigma = H$$

となるから，定理 16 により $\sigma^{-1}H\sigma$ の固定体 L^σ と H の固定体 L は一致する．すなわち，$L^\sigma = L$ となる．

よって L/F はガロア拡大である．

次に，$\mathrm{Gal}(K/F)$ の元 σ に対して，σ の作用を (K から) L の元に制限したものを σ' とすれば，

$$\sigma \longrightarrow \sigma'$$

は $\mathrm{Gal}(K/F)$ から $\mathrm{Gal}(L/F)$ の上への準同型写像となる．

このとき，$\mathrm{Gal}(K/F)$ の任意の 2 元 σ, τ が，L/F の同一共役写像をひきおこすならば $x^{\sigma'} = x^{\tau'}$ $(x \in L)$ となるから

$$(\sigma\tau^{-1})' = \sigma'\tau'^{-1} = \varepsilon_L \quad (\varepsilon_L \text{は } L \text{ の恒等写像})$$

よって $\sigma\tau^{-1} \in H$.

したがって，群の同型定理（第 1 章定理 5）により

$$\mathrm{Gal}(L/F) = \mathrm{Gal}(K/F)/H$$

が得られる．

4.2 ガロアの基本定理

問題 4.2 A

1. 分離的ガロア拡大 K/F の任意の中間体 L の各元を固定するようなガロア群 $\mathrm{Gal}(K/F)$ の元全体 $G(L)$ は，$\mathrm{Gal}(K/F)$ の部分群であることを証明せよ．
2. 分離的ガロア拡大 K/F の任意の中間体 L に対して，$F(G(L))$ は L を含むことを証明せよ．
3. 分離的ガロア拡大 K/F において，そのガロア群 $\mathrm{Gal}(K/F)$ の任意の部分群 H に対し，H の各元が固定するような K の元全体 $F(H)$ は，K/F の中間体となることを証明せよ．
4. 分離的ガロア拡大 K/F において，そのガロア群 $\mathrm{Gal}(K/F)$ の任意の部分群 H に対し，$G(F(H))$ は H を含むことを証明せよ．

問題 4.2 B

1. 次の各ガロア拡大に対して，その中間体をすべて求めよ．
   (1) $\boldsymbol{Q}(\sqrt{5})/\boldsymbol{Q}$
   (2) $\boldsymbol{Q}(\sqrt{2},\sqrt{5})/\boldsymbol{Q}$
   (3) $\boldsymbol{Q}(\sqrt[4]{3})/\boldsymbol{Q}(\sqrt{3})$
   (4) $\boldsymbol{Q}(\zeta_{25})/\boldsymbol{Q}$
2. 次の各体に対して，それを含む $\boldsymbol{Q}$ 上の最小のガロア拡大と，その中間体をすべて求めよ．
   (1) $\boldsymbol{Q}(\sqrt[3]{5})$
   (2) $\boldsymbol{Q}(\sqrt[4]{3})$
3. 次の $\boldsymbol{Q}$ 上の各ガロア拡大において，$\boldsymbol{Q}$ 上の最小のガロア拡大になっているような中間体をすべて求めよ．
   (1) $\boldsymbol{Q}(\zeta_{16})$
   (2) $\boldsymbol{Q}(\sqrt[3]{2},\zeta_3)$
   (3) $\boldsymbol{Q}(\sqrt[4]{2},\sqrt{-1})$
4. 有限次分離的ガロア拡大の中間体は，有限個しか存在しないことを証明せよ．

----ヒントと解答----

問題 4.2 A

1. $G(L)$ の任意の元 σ, τ と L の任意の元 x に対して
$x = x^\sigma \Longrightarrow x^{\sigma^{-1}} = x^{\sigma\sigma^{-1}} = x \Longrightarrow x^{\sigma^{-1}\tau} = (x^{\sigma^{-1}})^\tau$
$= x \Longrightarrow \sigma^{-1}\tau \in G(L)$

2. L の任意の元 x を固定したとき，$G(L)$ の任意の元

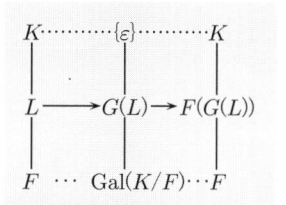

σ に対して $x^\sigma = x$.
∴ $x \in F(G(L))$.

3. $F(H)$ の任意の元 x, y と H の任意の元 σ に対して
$$(x \pm y)^\sigma = x^\sigma \pm y^\sigma = x \pm y$$
$$(x/y)^\sigma = x^\sigma/y^\sigma = x/y \quad (\text{ただし } y \neq 0)$$

4. H の任意の元 σ を固定したとき，$F(H)$ の任意の元 x に対して $x^\sigma = x$.
∴ $\sigma \in G(F(H))$.

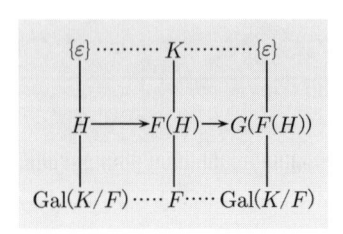

```
         {ε}·········K··········{ε}
          |          |           |
          |          |           |
          H────→F(H)─→G(F(H))
          |          |           |
          |          |           |
         Gal(K/F)····F····Gal(K/F)
```

問題 4.2 B

1. (1) 真の中間体はない．
   (2) $\boldsymbol{Q}(\sqrt{2}),\ \boldsymbol{Q}(\sqrt{5}),\ \boldsymbol{Q}(\sqrt{10})$
   (3) 真の中間体はない．
   (4) $\boldsymbol{Q}(\sqrt{5}),\ \boldsymbol{Q}(\zeta_5),\ \boldsymbol{Q}(\zeta_{25} + \zeta_{25}^7 + \zeta_{25}^{-7} + \zeta_{25}^{-1}),\ \boldsymbol{Q}(\zeta_{25} + \zeta_{25}^{-1})$

2. (1) ガロア拡大：$\boldsymbol{Q}(\sqrt[3]{5}, \zeta_3)$，中間体：$\boldsymbol{Q}(\zeta_3),\ \boldsymbol{Q}(\sqrt[3]{5})$（例題 2 と 6 を参照）.
   (2) ガロア拡大：$\boldsymbol{Q}(\sqrt[4]{3}, \sqrt{-1})$，中間体：$\boldsymbol{Q}(\sqrt{3}),\ \boldsymbol{Q}(\sqrt{-1}),\ \boldsymbol{Q}(\sqrt{-3}),\ \boldsymbol{Q}(\sqrt[4]{3}),\ \boldsymbol{Q}(\sqrt{3}, \sqrt{-1})$（問題 4.1B, 6 を参照）．

3. (1) アーベル拡大であるからすべての中間体が $\boldsymbol{Q}$ 上のガロア拡大．したがって，
   $\boldsymbol{Q}(\sqrt{-1}),\ \boldsymbol{Q}(\sqrt{2}),\ \boldsymbol{Q}(\sqrt{-2}),\ \boldsymbol{Q}(\zeta_8),\ \boldsymbol{Q}(\zeta_{16} + \zeta_{16}^{-1}),\ \boldsymbol{Q}(\zeta_{16} - \zeta_{16}^{-1})$
   (2) $\boldsymbol{Q}(\zeta_3)$　（例題 6 を参照）．
   (3) $\boldsymbol{Q}(\sqrt{2}),\ \boldsymbol{Q}(\sqrt{-1}),\ \boldsymbol{Q}(\sqrt{-2}),\ \boldsymbol{Q}(\sqrt{2}, \sqrt{-1})$

4. 定理 16 により，有限次分離的ガロア拡大においては，K/F の中間体とそのガロア群 $\mathrm{Gal}(K/F)$ の部分群とは 1 対 1 に対応するが，定理 2 により $\mathrm{Gal}(K/F)$ は有限群であるから，その部分群は有限個しか存在しない．

4.3 方程式の可解性

◆ **クンマー拡大** 自然数 n に対して，体 F の標数が 0，または n を割らない素数であるとする．このとき，F が 1 の原始 n 乗根を含むならば，F 上の多項式
$$g(x) = (x^n - a_1)(x^n - a_2)\ldots(x^n - a_r)$$
$$(a_i \in F,\ i = 1, ..., r)$$
の F 上の最小分解体 K を，F 上の**指数 n のクンマー拡大**，または単に **n クンマー拡大**という．

定理 18

n クンマー拡大のガロア群はアーベル群で，その各元の位数は n の約数である．

定理 19

体 F が 1 の原始 n 乗根を含むとき，F の n 次分離的巡回拡大 K は，F 上既約なある n 次の 2 項多項式
$$g(x) = x^n - a \in F[x]$$
に対する F 上の n クンマー拡大である．

定理 20

K/F を有限次分離的アーベル拡大で，そのガロア群の各元の位数の最小公倍数を n とするとき，F は 1 の原始 n 乗根を含むものとする．このとき K/F は n クンマー拡大である．

◆ **2 項拡大** 一般に，基礎体 F が必ずしも 1 の原始 n 乗根を含まないとき，2 項方程式
$$x^n - a = 0 \quad (0 \neq a \in F)$$
の F 上の最小分解体 K を，F 上の **2 項拡大**という．

定理 21

2 項拡大のガロア群は可解群である．

◆ **多項式のガロア群** 体 F 上の任意の多項式 $f(x)$ に対して，$f(x)$ の F 上の最小分解体を K とすれば，K/F は有限次ガロア拡大である．このとき，K/F のガロア群 $\mathrm{Gal}(K/F)$ を**多項式 $f(x)$ のガロア群**という．

また，多項式のガロア群が巡回群，アーベル群，可解群などのとき，その多項式をそれぞれ**巡回多項式**，**アーベル多項式**，**可解多項式**などという．

---- 定理 22 ----

体 F 上の n 次の分離多項式 $f(x) \in F[x]$ のガロア群は，方程式 $f(x) = 0$ の根の上の置換群として同型に表現される．

この置換群を，多項式 $f(x)$ の**ガロア置換群**という．

---- 定理 23 ----

K を標数 $p\ (\neq 2, 3)$ の体とし，$f(x) = x^3 + bx + c$ を K 上の既約多項式とすれば，$f(x)$ は分離的で，かつその K 上のガロア群 G は

$$G \cong \begin{cases} A_3 \cdots\cdots D\text{ が }K\text{ の元の平方のとき，} \\ S_3 \cdots\cdots D\text{ が }K\text{ の元の平方でないとき} \end{cases}$$

である．ここで，

$$D = -4b^3 - 27c^2$$

は $f(x)$ の判別式を表し，A_3, S_3 はそれぞれ 3 次の交代群と対称群を表す．

---- 定理 24 ----

p を素数とするとき，有理数体 $\boldsymbol{Q}$ 上既約な p 次の多項式 $f(x)$ が，$p-2$ 個の実根と 2 個の虚根をもてば，$f(x)$ のガロア群は p 次の対称群 S_p と同型である．

---- 定理 25 ----

体 F 上の n 変数の有理関数体

$$F(x_1, \cdots, x_n)$$

は，対称式全体のなす部分体上のガロア拡大で，そのガロア群は n 次の対称群 S_n と同型である．

◆ **代数方程式** 標数 0 の体 F の元を係数とする多項式

$$f(x) = a_0 x^n + a_1 x^{n-1} + \cdots + a_{n-1} x + a_n$$

に対して，代数方程式 $f(x) = 0$ の根がすべて，方程式の係数 $a_i\ (i = 0, 1, \cdots, n)$ から加減乗除の四則算法とべき乗根による算法を有限回施すことにより書き表されるとき，

『方程式 $f(x) = 0$ は**代数的に解ける**』

という．

---- 定理 26 ----

F 係数の代数方程式 $f(x) = 0$ が，代数的に解けるためには，多項式 $f(x)$ の F 上のガロア群が，可解群となることが必要十分である．

標数 0 の体 F の拡大体 K に対して，中間体の列
$$F = L_0 \subset L_1 \subset \cdots \subset L_r = K,$$
$$L_{i+1} = L_i(\alpha_i) \quad (\alpha_i^{n_i} = a_i \in L_i,\ 0 \leqq i \leqq r-1)$$
が存在するとき，K を F の**べき根拡大**という．

定理 27

F 係数の代数方程式 $f(x) = 0$ が代数的に解けるためには，多項式 $f(x)$ の F 上の最小分解体が，F のべき根拡大であることが必要十分である．

◆ **一般方程式** 体 F に n 個の独立変数 $x_1, \cdots, x_n$ を添加して得られる体を
$$L = F(x_1, \cdots, x_n)$$
とするとき，L 係数の方程式
$$g(X) = X^n - a_1 X^{n-1} + \cdots + (-1)^n a_n = 0$$
を n 次の**一般方程式**という．

定理 28

n 次の一般方程式のガロア群は，n 次の対称群 S_n に同型である．したがって，n 次の一般方程式が代数的に解けるためには，
$$n \leqq 4$$
であることが必要十分である．

例題 8 ───────────（クンマー拡大）───────────

体 F 上の多項式 $g(x) = (x^n - a_1)\cdots(x^n - a_r)$ に対する n クンマー拡大を K/F とするとき, 次の式が成り立つことを証明せよ.
$$K = F(\sqrt[n]{a_1}, \cdots, \sqrt[n]{a_r})$$

【解答】 $(x^n - a_i)' = nx^{n-1} \neq 0 \quad (i = 1, \cdots, r)$
であるから $x^n - a_i = 0$ は重根をもたない. したがって $g(x)$ は分離的である.

また, K は 1 の原始 n 乗根 $\zeta = \zeta_n$ を含むから, K において,
$$x^n - a_i = (x - \sqrt[n]{a_i})(x - \zeta\sqrt[n]{a_i})\cdots(x - \zeta^{n-1}\sqrt[n]{a_i})$$
と分解される. よって
$$K = F(\sqrt[n]{a_1}, \cdots, \sqrt[n]{a_r})$$

例題 9 ───────────（分離的多項式の既約性）───────────

体 F 上の分離的多項式 $f(x)$ が, F 上既約であるためには, $f(x)$ のガロア置換群が推移的であることが必要十分であることを証明せよ.

【解答】 $f(x)$ が F 上既約であるならば, 例題 1 により, $f(x) = 0$ の任意の 2 根 α_i, α_j は互いに共役である. 逆に, $f(x)$ が F 上可約であると仮定する. そして, $f_1(x), f_2(x)$ を $f(x)$ の相異なる既約因子とし, α_1, α_2 をそれぞれの根とする, すなわち, $f_i(\alpha_i) = 0, i = 1, 2$. ここで, α_1 と α_2 が F 上互いに共役ならば, α_1 を α_2 にうつす F 上の共役写像 σ が存在し,
$$\begin{aligned} 0 &= (f_1(\alpha_1))^\sigma \\ &= f_1(\alpha_1^\sigma) \\ &= f_1(\alpha_2) \end{aligned}$$
となる. よって, α_2 も $f_1(x) = 0$ の根となり, α_2 は $f(x) = 0$ の 2 重根となるから, $f(x)$ が分離的であることに反する.

したがって, $f(x)$ が F 上既約であるためには, 方程式 $f(x) = 0$ の任意の 2 根 α_i, α_j ($f(x)$ は分離的であるから $\alpha_i \neq \alpha_j$ が) F 上互いに共役であることが必要十分である.

一方, α_i と α_j が F 上互いに共役であることは, α_i を α_j にうつすような F 上の, $f(x) = 0$ の最小分解体 K の自己同型写像, すなわち $\mathrm{Gal}(K/F)$ の元が存在することと同等である.

これは, $f(x)$ のガロア置換群が推移群となることを意味している.

4.3 方程式の可解性

― 例題 10 ―　　　　　　　　　（円分多項式のガロア群）

体 F の標数 p が n と素ならば，F 上の円分多項式 $\Phi_n(x)$ のガロア群はアーベル群であることを証明せよ．

とくに $F = \boldsymbol{Q}$ の場合には，$\Phi_n(x)$ のガロア群は有理整数環 $\boldsymbol{Z}$ における n を法とした既約剰余類群 $\boldsymbol{Z}'_n$ に同型であることを証明せよ．

【解答】 1 の原始 n 乗根を ζ_n とするとき，円分多項式 $\Phi_n(x)$ の F 上の最小分解体は，
$$K = F(\zeta_n)$$
である．

したがって，$G = \mathrm{Gal}(K/F)$ とくとき，G の元 σ に対して
$$\zeta_n^\sigma = \zeta_n^{i(\sigma)}$$
$$1 \leqq i(\sigma) < n, \quad (i(\sigma), n) = 1$$
となる自然数 $i(\sigma)$ が一意的に定まり，かつ，G の元 τ に対して，
$$\begin{aligned}\zeta_n^{\sigma\tau} &= (\zeta_n^\sigma)^\tau \\ &= (\zeta_n^{i(\sigma)})^\tau \\ &= (\zeta_n^\tau)^{i(\sigma)} \\ &= \zeta_n^{i(\sigma) \cdot i(\tau)}\end{aligned}$$
であるから，
$$i(\sigma\tau) \equiv i(\sigma)i(\tau) \pmod{n}$$
となる．

よって，G から $\boldsymbol{Z}'_n$ への準同型写像
$$\psi : \sigma \longrightarrow i(\sigma) + nZ$$
が得られる．

しかし，G の元 σ には ζ_n の像 ζ_n^σ によって定まるから，この準同型写像 ψ は単射となり，G は $\boldsymbol{Z}'_n$ の部分群と同型になる．

したがって，G はアーベル群である．

とくに，$K = \boldsymbol{Q}$ の場合には，第 3 章定理 17 および定理 18 により，円分多項式 $\Phi_n(x)$ は $\boldsymbol{Q}$ 上既約となり，かつ円分体 $\boldsymbol{Q}(\zeta_n)$ の拡大次数は
$$[\boldsymbol{Q}(\zeta_n) : \boldsymbol{Q}] = \varphi(n)$$
であるから，定理 2 によりそのガロア群 G の位数も $\varphi(n)$ である．

一方，既約剰余類群 $\boldsymbol{Z}'_n$ の位数も $\varphi(n)$ であるから，この場合には上記単射 ψ は全射となる．

したがって，ガロア群 G は既約剰余類群 $\boldsymbol{Z}'_n$ に同型となる（定理 12 を参照）．

問題 4.3 A

1. 次の各多項式の Q 上のガロア群を調べよ．
   (1) $x^2 - 3$
   (2) $x^3 + 3x + 3$
   (3) $x^3 - 3x + 1$
   (4) $x^4 + 1$
   (5) $x^4 - 2$

2. 次の各多項式の Q 上のガロア群，および Q 上の最小分解体を求めよ．
   (1) $x^3 - 2$
   (2) $x^4 + x^3 + x^2 + x + 1$
   (3) $x^4 - 4x^2 + 16$
   (4) $(x^2 - 2)(x^3 - 3)$

3. 標数 0 の体で，3 次，4 次の代数方程式は代数的に解けることを証明せよ．

問題 4.3 B

1. K/F を，$g(x) = x^n - a\ (a \in F)$ に対する n クンマー拡大とすれば，そのガロア群 $\mathrm{Gal}(K/F)$ は巡回群で，その位数は n の約数であることを証明せよ．

2. 体 F 上の多項式 $g(x) = x^n - a\ (a \in F)$ に対する n クンマー拡大 K のガロア群 $\mathrm{Gal}(K/F)$ が位数 n の巡回群であるためには，$g(x)$ が F 上既約であることが必要十分であることを証明せよ．

3. 体 F 上の 2 項方程式 $x^n - a = 0\ (a \in F)$ に対する 2 項拡大 K/F において，次の各々を証明せよ．
   (1) F が 1 の原始 n 乗根を含めば，ガロア群 $\mathrm{Gal}(K/F)$ は巡回群である．
   (2) $a = 1$ ならば，$\mathrm{Gal}(K/F)$ は整数環 Z における n を法とした既約剰余類群 Z'_n と同型である．

4. $f(x) = x^5 - 10x^4 + 2x^3 - 24x^2 + 2$ は Q 上代数的には解けないことを証明せよ．

5. $f(x) = x^5 - 2px + p\ (p$ は素数$)$ は，Q 上代数的には解けないことを証明せよ．

———— ヒントと解答 ————

問題 4.3 A

1. (1) 位数 2 の巡回群 C_2．
   (2) 3 次の対称群 S_3（定理 23 を参照）．
   (3) 3 次の交代群 A_3（定理 23 を参照）．
   (4) クラインの 4 元群（$x^4 + 1 = \Phi_8(x)$ に注意）．
   (5) 2 面体群の D_4（問題 4.1B, 6 (3) を参照）．

4.3 方程式の可解性

2. (1) S_3, $\boldsymbol{Q}(\sqrt[3]{2}, \zeta_3)$ （例題 1 と例題 2 を参照）．
(2) C_4, $\boldsymbol{Q}(\zeta_5)$ （$x^4+x^3+x^2+x+1 = \Phi_5(x)$ に注意）．
(3) クラインの 4 元群, $\boldsymbol{Q}(\sqrt{-1}, \sqrt{3})$ （$x = \pm(\sqrt{3} \pm \sqrt{-1})$ に注意）．
(4) $S_3 \times C_2$, $\boldsymbol{Q}(\sqrt{2}, \sqrt[3]{3}, \zeta_3)$

3. n 次の対称群 S_n は，$n \leqq 4$ のとき可解群であることに着目し，定理 27 を適用．

問題 4.3 B

1. $g(x)$ は K で
$$x^n - a = (x - \sqrt[n]{a})(x - \zeta_n \sqrt[n]{a}) \cdots (x - \zeta_n^{n-1} \sqrt[n]{a})$$
と分解されるから，$\mathrm{Gal}(K/F)$ の元 σ に対して $(\sqrt[n]{a})^\sigma = \zeta_n^i \sqrt[n]{a}$ によって，$\mathrm{Gal}(K/F)$ から加法群 $\boldsymbol{Z}/n\boldsymbol{Z}$ の中への同型写像 $\sigma \longrightarrow i$ が定義できる．一方，$\boldsymbol{Z}/n\boldsymbol{Z}$ の加法群は位数 n の巡回群であることに注意．

2. $K = F(\sqrt[n]{a})$ であり，かつ $g(x)$ は分離的であることに注意すれば，前問により
$$g(x) \text{ が } F \text{ 上既約} \iff [K:F] = n \iff \mathrm{Gal}(K/F) \text{ は位数 } n \text{ の巡回群}$$

3. (1) 問題 4.3B, 1 を参照．
(2) 定理 12 を参照．

4. $f(x)$ は $\boldsymbol{Q}$ 上既約で，$f(x) = 0$ がちょうど 3 個の実根（したがって 2 個の虚根）をもつ．よって定理 24 により，そのガロア群は 5 次の対称群 S_5 に同型である．あとは定理 28 を適用．

5. $f(x)$ は $\boldsymbol{Q}$ 上既約で，$f(x) = 0$ がちょうど 3 個の実根（したがって 2 個の虚根）をもつことを確かめ，前問を参照せよ．

索　引

あ　行

アイゼンシュタインの定理　144
アーベル拡大　192
アーベル群　26
アーベル群の基本定理　90
アーベル正規列　67
アーベル多項式　207
余り　9, 140
位数　26
一意分解整域　124
1次独立　150
1対1の写像　16
1のm乗根　170
1の原始m乗根　171
一般化された結合法則　27
一般線形群　27
一般方程式　209
イデアル　101
　　自明な――　101
イデアル商　112
ウィルソンの定理　138
上に有界　3
上への写像　16
演算　26
円周等分多項式　171
円体　171
円のm分体　171
円分体　171
円分多項式　171
オイラー　133
　　――の関数　11

か　行

階数　90, 150
ガウスの数体　101

ガウスの整数　99
下界　3
可解拡大　192
可解群　67
可解多項式　207
可換環　99
可換群　26
可換体　100
可逆元　100
核　47
拡大次数　156
拡大体　156
拡張　16
加群　26
型　57
合併集合　1
合併体　156
加法群　26
可約　141
　　――イデアル　113
ガロア拡大　191
ガロア群　192
ガロア写像　192
ガロア置換　192
ガロア置換群　208
ガロアの基本定理　201
環　99
　　――の構造　99
　　――の公理　99
関係　2
完全系列　48
完全体　178
完全代表系　22
奇置換　57
基底　90, 150, 156
軌道　58
帰納的順序集合　3

索　引

基本アーベル群　　91
既約　　113, 141
既約元　　123
逆元　　26
逆写像　　16
既約剰余類　　133
　　——　群　　133
逆像　　16
共通集合　　1
共役　　58, 104
　　——　元　　190
　　——　写像　　190
　　——　体　　190
　　——　部分群　　41
　　——　類　　58
極小元　　3
極小条件　　3
極大イデアル　　113
極大元　　3
極大条件　　3, 114
極大部分群　　35
虚 2 次体　　157
空集合　　1
偶置換　　57
クラインの 4 元群　　27
クロネッカーの定理　　193
群　　26
　　——　の構造　　26
　　——　の公理　　26
群表　　27
形式的べき級数環　　145
結合　　26
ケーリー　　57
元　　1
原始元　　156
原始多項式　　142
原像　　16
元の位数　　35
交換子　　67
　　——　群　　67
　　——　群列　　68
降鎖律　　6
合成写像　　17

合成数　　10
合成体　　156
交代群　　57
降中心列　　68
合同　　102, 132
　　——　式　　133
恒等写像　　16
公倍数　　9
公約数　　9
互換　　57
固定群　　58
固定体　　201
固定部分群　　201
根基　　112

さ　行

最小元　　3
最小公倍イデアル　　118
最小公倍元　　123
最小公倍数　　9
最小多項式　　163
最小分解体　　164
最大元　　3
最大公約イデアル　　118
最大公約元　　123
最大公約数　　9
最大分離拡大　　178
細分　　67
差集合　　2
作用　　58
4 元数群　　33
4 元数体　　105
自己準同型　　48, 102
　　——　環　　103
　　——　写像　　48, 102
自己同型　　48, 102
　　——　群　　48
　　——　写像　　48, 102, 157
　　——　写像（K/F の）　　157
指数　　36
　　——　n のクンマー拡大　　207
次数　　140, 163

索　引

下に有界　3
実数体　101
実2次体　157
指標　91
　—— 群　91
　—— の直交性　91
写像　16
斜体　100
シューアの補題　152
自由アーベル群　90
自由加群　90
自由基底　150
集合　1
重複度　141
縮小　16
主方程式　190
シュライアーの細分定理　67
巡回拡大　192
巡回群　35
巡回多項式　207
巡回置換　57
純3次体　157
順序　2
　—— 集合　2
準素イデアル　113
　—— 分解　114
準素成分　114
純超越拡大　184
準同型　47, 102
　—— 写像　47, 102
　—— 写像（体としての）　157
　—— 定理　47, 102
　自然な——　47, 102
　標準的——　47, 102
純非分離拡大　177
純非分離的　177
商　9, 140
上界　3
商環　124
昇鎖律　113
商集合　22
乗積表　27
商体　124

昇中心列　68
乗法的関数　14
剰余　9, 140
　—— 加群　149
　—— 環　102
　—— 群　36
　—— 群列　67
　—— 類　36, 102, 132
初等整数論の基本定理　10
除法定理　9
ジョルダン-ヘルダー　67
シロー　81
　—— p 部分群　81
シンプレクティック群　32
推移的　58
推移律　2, 22
数体　156
数論的関数　10
スプール　190
整域　100
正規（基）底　192
正規拡大　191
正規化群　38
正規鎖　67
正規部分群　36
正規分解　114
正規列　67
制限　16
整数環　99, 132
　ガウスの——　99
整数論的関数　10
生成　156
　—— 系　35
　—— 元　35, 112
　—— される　149
正則表現　59
正多面体群　27
整列集合　3
整列順序　3
積　17, 26, 112
　—— 集合　1
全行列環　100
線形独立　150

全射　16
全順序集合　3
全商環　124
全単射　16
素イデアル　112
素因数　10
像　16, 47
相似　24
双対加群　151
双対順序　5
属する　1
素元　123
素元分解整域　124
素数　10
組成列　67
――剰余群　67
素体　170

た　行

対称群　29, 57
対称律　22
代数拡大　163
代数系　26
代数的拡大　163
代数的元　163
代数的従属　184
代数的独立　184
代数的に解ける　208
代数的閉体　164
代数的閉被　164
代数的閉包　164
代表元　22
互いに素　1, 9, 112
多項式環　100, 140
多項式のガロア群　207
単位イデアル　112
単位群　26
単位元　26, 99
単位指標　91
単元　100
――群　100
単項イデアル　112

――整域　123
単射　16
　　標準的――　16
単純　149
――拡大　156
――群　36
単数群　100
値域　16
置換　29
置換群　57
中間体　156
中心　36, 107
――化群　38
――列　68
超越拡大　184
超越基　184
超越次元　184
超越次数　184
超越的拡大体　184
超越的元　184
直既約　67
――分解　67
直積　66
――因子　66
――集合　2
――分解　66
直和　1, 66, 149
――環　108
――分割　22
直交群　39
ツァッセンハウスの補題　53
ツォルンの補題　3
定義域　16
添加　156
ド・モルガンの法則　2
同型　47, 67, 102, 157
――写像　47, 102, 157
――写像（F 上の）　157
同値関係　22
同値律　22
同値類　22
同伴　123
特殊線形群　39

特殊直交群　39
特性部分群　48
トーション元　90
トーション自由　90
トーション部分群　90
トーラス群　47
トレイス　190

な 行

内部自己同型　48
内容　142
中への写像　16
2項拡大　207
2項関係　2
2面体群　31
ねじれ加群　153
ねじれ部分群　90
ネター環　114
ノルム　102, 104, 190

は 行

倍イデアル　112
倍元　123
倍数　9
半群　27
反射律　2, 22
反対称律　2
非可換体　100
非完全体　178
左 R 加群　149
左イデアル　101
左逆元　28
左合同　36
左剰余類　36
左単位元　28
左分解　36
等しい　1, 16
微分　145
非分離拡大　177
非分離次数（拡大体の）　178
非分離次数（多項式の）　177

非分離的（元の）　177
非分離的（多項式の）　177
被約次数（多項式の）　177
標準的　47
標数　170
フェルマの定理　133
複素数体　101
含まれる　1
含む　1
不定元　140
部分環　101
　自明な——　101
　生成される——　101
部分群　35
　自明な——　35
　真の——　35
　生成される——　35
部分集合　1
　真の——　1
部分体　156
不変系　90
不変体　201
不変部分群　48, 201
ブール環　104
フロベニウスの写像　172
分解体　164
分割　61
分配法則　2
分離（的）閉包　178
分離拡大　177
分離次数（拡大体の）　178
分離超越基　184
分離的（元の）　177
分離的（多項式の）　177
分裂　152
べき根拡大　209
べき等元　100
べき零群　68
べき零元　100
べき零根基　107
部屋割論法　15
変換群　58
法　102, 132

補集合　2

ま 行

右 R 加群　149
右イデアル　101
右逆元　28
右合同　36
右剰余類　36
右単位元　28
右分解　36
無限群　26
無限次拡大　156
無限集合　1
メタアーベル　68
メービウスの関数　11
メービウスの反転公式　11
モニック　140

や 行

約イデアル　112
約元　123
約数　9
　自明な——　9
　真の——　9
有限拡大　156
有限群　26
有限次拡大　156
有限集合　1
有限生成　149
　——アーベル群　90
有限体　170
有限的に生成　156
有理関数体　101
有理数体　101
有理整数環　99, 132
ユークリッド整域　123
ユークリッドの互除法　9
ユークリッドの定理　10
ユニタリ群　39
要素　1

ら 行

ラスカー-ネター　114
両側イデアル　101
両側同値類　40
両側分解　40
類　22
類等式　58
類別　22
零イデアル　101
零因子　100
零化イデアル　107, 153
零環　99
零元　99
零点　140

わ 行

和集合　1
割り切る　112, 123
割り切れる　9, 112, 123

欧　字

Chinese Remainder Theorem　116, 135
F 上自由　184
F 同型　157
k 重根　141
n クンマー拡大　207
n 変数多項式環　140
P 準素　113
p 群　81
p 元体　106
p シロー群　81
R 加群　149
R 自由加群　150
R 準同型　150
R 同型　150
R 部分加群　149

著者略歴

横井 英夫
1955年　名古屋大学理学部数学科卒業
2019年　逝去
　　　　名古屋大学名誉教授　理学博士

主要著書
「線形代数学演習と解法」（共著）
「整数論入門」
「線形代数学入門」

硲野 敏博
1969年　名古屋大学理学部数学科卒業
現　在　名城大学名誉教授　理学博士

主要著書
「理工系の基礎線形代数学」（共著）
「理工系の基礎複素解析」（共著）

数学演習ライブラリ＝5

代数演習 [新訂版]

1989年 4月10日 ©	初　版　発　行
2002年 2月25日	初版第15刷発行
2003年 6月10日 ©	新訂第1刷発行
2023年 5月10日	新訂第10刷発行

著　者　横井英夫　　　発行者　森平敏孝
　　　　硲野敏博　　　印刷者　大道成則

発行所　　株式会社　サイエンス社

〒151-0051　東京都渋谷区千駄ヶ谷1丁目3番25号
営業　☎ (03)5474-8500(代)　振替 00170-7-2387
編集　☎ (03)5474-8600(代)
FAX　☎ (03)5474-8900

印刷・製本　太洋社
《検印省略》

本書の内容を無断で複写複製することは，著作者および出版社の権利を侵害することがありますので，その場合にはあらかじめ小社あて許諾をお求め下さい．

サイエンス社のホームページのご案内
http://www.saiensu.co.jp
ご意見・ご要望は
rikei@saiensu.co.jp まで

ISBN4-7819-1040-8

PRINTED IN JAPAN

理工基礎　**代数系**
　　　　佐藤・田谷共著　　２色刷・Ａ５・本体1850円

数理・情報系のための　**代数系の基礎**
　　　　寺田文行著　　Ａ５・本体1380円

応用代数講義
　　　　金子　晃著　　２色刷・Ａ５・本体2000円

暗号のための代数入門
　　　　萩田真理子著　　２色刷・Ａ５・本体1950円

モーデル−ファルティングスの定理
　−ディオファントス幾何からの完全証明−
　　　　森脇・川口・生駒共著　　Ａ５・本体2770円

複素代数多様体
　−正則シンプレクティック構造からの視点−
　　　　並河良典著　　Ａ５・本体2500円

複素シンプレクティック代数多様体
　−特異点とその変形−
　　　　並河良典著　　Ａ５・本体2600円

　＊表示価格は全て税抜きです．

サイエンス社

━━━━ 新版 演習数学ライブラリ ━━━━

新版 演習線形代数
寺田文行著　2色刷・A5・本体1980円

新版 演習微分積分
寺田・坂田共著　2色刷・A5・本体1850円

新版 演習微分方程式
寺田・坂田共著　2色刷・A5・本体1900円

新版 演習ベクトル解析
寺田・坂田共著　2色刷・A5・本体1700円

＊表示価格は全て税抜きです．

━━━━ サイエンス社 ━━━━

線形代数演習　［新訂版］
　　　　横井・尼野共著　　Ａ５・本体1980円

解析演習
　　　　　　　野本・岸共著　　Ａ５・本体1845円

微分方程式演習　［新訂版］
　　　　加藤・三宅共著　　Ａ５・本体1950円

集合・位相演習
　　　　　　篠田・米澤共著　　Ａ５・本体1800円

＊表示価格は全て税抜きです．

サイエンス社